职业形象与礼仪

主　编　赵亚琼　秦艳梅
副主编　魏庆华　苏伦高娃　陈　程
　　　　郭建飞　任　静　张雅红
参　编　李文艳　张莉杰　王文娟
　　　　郝晓春　王亚男　宁　宇

北京理工大学出版社
BEIJING INSTITUTE OF TECHNOLOGY PRESS

内 容 简 介

本书结合现代礼仪发展的要求和高校礼仪教育的实际，提出从外在形象与内在素养培养学生的职业修养。围绕旅游职场工作需要，以就业为导向，按照"以行业通用能力的培养为核心"的理念，突出"以岗位专业工学结合"的人才培养模式和"模块教学，项目导向，任务驱动"的教学模式，紧密联系行业核心岗位，找准岗位礼仪项目的核心任务，明确礼仪标准，强调知识技能训练和社会实践相结合，内容精练，重点突出。

版权专有　侵权必究

图书在版编目（CIP）数据

职业形象与礼仪 / 赵亚琼，秦艳梅主编. —北京：北京理工大学出版社，2018.8（2022.2重印）

ISBN 978-7-5682-6044-2

Ⅰ.①职… Ⅱ.①赵… ②秦… Ⅲ.①个人-形象-设计-教材 ②礼仪-教材 Ⅳ.①B834.3 ②K891.26

中国版本图书馆 CIP 数据核字（2018）第 181783 号

出版发行 / 北京理工大学出版社有限责任公司	
社　　址 / 北京市海淀区中关村南大街 5 号	
邮　　编 / 100081	
电　　话 /（010）68914775（总编室）	
（010）82562903（教材售后服务热线）	
（010）68944723（其他图书服务热线）	
网　　址 / http://www.bitpress.com.cn	
经　　销 / 全国各地新华书店	
印　　刷 / 三河市华骏印务包装有限公司	
开　　本 / 787 毫米×1092 毫米　1/16	责任编辑 / 徐艳君
印　　张 / 20	文案编辑 / 徐艳君
字　　数 / 461 千字	责任校对 / 周瑞红
版　　次 / 2018 年 8 月第 1 版　2022 年 2 月第 6 次印刷	责任印制 / 李　洋
定　　价 / 49.00 元	

图书出现印装质量问题，请拨打售后服务热线，本社负责调换

前　言

职业形象与礼仪是当今大学生步入社会的一个基本素养，是求职应聘、飞跃职场的一块敲门砖，是立足工作岗位、完成工作任务、协调工作关系的一项基本能力。无论是从业于行政公务、商务管理还是服务经营，只要是社会职场人员，就必须跟社会人打交道，就离不开职业形象塑造与礼仪规范。

高等职业院校培养的是各行各业一线高素质、高技能、应用型人才，专业技能的教育和培养无疑非常重要。而对于旅游行业从业人员来说，掌握旅游服务礼仪，不仅是树立旅游企业形象的基础，更是提高旅游接待服务质量的重要保障。良好的职业形象、礼貌的个人教养、积极开朗的沟通习惯、爱岗敬业的忠诚意识、与人为善的合作精神，作为求职就业、胜任工作的必备素质，缺一不可，同时，具备这些素质也是个人立足职场并持续发展的核心竞争力之一。

为满足高职高专旅游类专业对新型教材的需求，以及旅游行业接待工作的实际需要，编者编写了《职业形象与礼仪》一书。本书是一本集实用性、综合性和应用性为一体的教材。在内容选择上，根据旅游从业人员礼仪的要求，结合高职院校人才的培养目标，重点突出职业形象塑造和交际礼仪技能培养，实训项目明确，操作性和指导性突出，尤其是详细的训练步骤和具体方法，具有很强的指导性。在本书的各模块内容中，增加了知识链接及典型案例，提高了可读性。因此，本书可供旅游院校的专业教学使用，也可作为旅游企业的培训教材，还可作为各行业在职人员岗位礼仪培训的参考书。

本书结合现代礼仪发展的要求和高校礼仪教育的实际，提出从外在形象与内在素养两方面培养学生的职业修养。本书围绕旅游职场工作需要，以就业为导向，按照"以行业通用能力的培养为核心"的理念，突出"以岗位专业工学结合"的人才培养模式和"模块教学，项目导向，任务驱动"的教学模式，紧密联系行业核心岗位，找准岗位礼仪项目的核心任务，明确礼仪标准，强调知识技能训练和社会实践相结合，内容精练，重点突出，实用够用，学以致用。本书作为实用性教材，主要特点体现在以下三个方面：

1. 打破传统，课程内容避免交叉

在内容的选取上，本书打破了以往大而全的内容格局，对于与前厅客房服务、餐饮服务、导游业务等课程内容严重交叉的酒店岗位和旅行社岗位礼仪等内容予以调整，避免学生重复学习课程内容的枯燥和乏味；对于与主要客源地概况、旅游民俗等课程部分交叉的内容突出特色，避免交叉。

2. 礼仪标准定位明确

本书所编写的礼仪标准规范均以职业场合为背景，以基于交往为主要工作方式的行业为实践基地，以行业核心岗位上典型的工作过程为礼仪标准的载体，内容注重科学性、系统性、实用性、操作性的统一，阐述了现代旅游活动的礼仪规范和要求。职业形象与礼仪是一门跨越不同学科的边缘课程，本书在编写上突破传统社交礼仪教材惯常的写作思路，突出礼仪课程的层次性和衍射性，将课程结构分为四大篇章，即理论篇、核心篇、交际篇和知识篇，并呈现出一种独特的同心圈层结构，如下图所示：

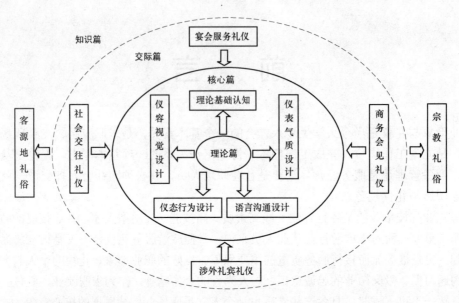

3. 项目任务教学化设计

本书中每一个篇章里的模块都相对独立，每个模块里都包含了"任务要求""案例导入""知识认知""案例分享""知识链接""技能训练""综合实训"等教学设计板块。其中，"任务要求"是针对本模块的核心任务提出要求，鲜明指出知识要点和学习目标。"知识认知"是新授知识的理论阐述。"案例导入"是针对本模块主题的职场案例，起到知识点导入的作用。"案例分享"是针对与本模块主题有关的职场案例、职场岗位规范或职场调研报告等进行评析，导入任务分解。"知识链接"是针对相关理论知识进行延展，突出本书的可读性。"技能训练"是针对本模块的各小环节进行随堂练习和实践指导。"综合实训"是以学生日后的工作实际需要为核心，紧密结合行业实际，根据行业的具体工作方式，设计相关实训内容，加强本书的可操作性。本书的各个环节与教学流程基本吻合，因此，各个模块可以供教师在面对不同专业背景的学生时自行选择组合，从而形成更加灵活、实用而又有针对性、个性化的教学方案。这一编写特点既突出了礼仪的实用价值，又引导学生学以致用，最终达到培养学生的学习兴趣，提升学生的礼仪实践能力的目的。

本书的编者均为高职院校礼仪课程骨干授课教师，赵亚琼和秦艳梅任主编，魏庆华、苏伦高娃、陈程、郭建飞、任静、张雅红任副主编。具体编写分工如下：魏庆华、苏伦高娃编写理论篇奠定理论基础；赵亚琼编写核心篇塑造职业形象；秦艳梅编写交际篇培养职业礼仪；任静、张雅红编写知识篇提升职业素养。主审统稿工作由赵亚琼和秦艳梅担任。陈程、郭建飞承担了本书图片的拍摄工作。

本书的编写得到了许多专家学者的帮助，同时，在编写过程中参考了大量文献资料，因受篇幅限制，未能一一注明出处，在此一并表示衷心感谢！

由于编者水平所限，书中错漏和不妥之处在所难免，敬请专家和读者批评指正。

编　者
2018 年 4 月

目 录

理论篇　奠定理论基础

模块一　礼仪理论概述 ……………………………………………………（3）
　　任务一　礼仪的相关概念 ………………………………………………（4）
　　任务二　礼仪的形成发展 ………………………………………………（7）
　　任务三　礼仪的特征类型 ………………………………………………（12）

模块二　服务礼仪法则 ………………………………………………………（20）
　　任务一　服务礼仪理论概述 ……………………………………………（21）
　　任务二　服务礼仪的白金法则 …………………………………………（23）
　　任务三　服务礼仪的三A法则 …………………………………………（26）
　　任务四　服务礼仪的首轮效应 …………………………………………（30）
　　任务五　服务礼仪的亲和效应 …………………………………………（34）
　　任务六　服务礼仪的末轮效应 …………………………………………（37）

核心篇　塑造职业形象

模块一　职业形象理论基础认知 ……………………………………………（43）
　　任务一　职业形象认知 …………………………………………………（44）
　　任务二　职业形象培养 …………………………………………………（48）

模块二　职业形象仪容视觉设计 ……………………………………………（56）
　　任务一　职场仪容整洁端庄 ……………………………………………（56）
　　任务二　职业妆容清新淡雅 ……………………………………………（67）

        任务三　职业发型成熟干练………………………………………………（81）

模块三　职业形象仪表气质设计 …………………………………………（90）

        任务一　职场着装得体规范………………………………………………（91）
        任务二　男士西装穿着得体………………………………………………（97）
        任务三　女士套装搭配高雅……………………………………………（110）

模块四　职业形象仪态行为设计 …………………………………………（122）

        任务一　完美形体整体塑造……………………………………………（123）
        任务二　表情神态亲和友善……………………………………………（126）
        任务三　基本姿态规范标准……………………………………………（130）
        任务四　行为举止文明优雅……………………………………………（141）

模块五　职业形象语言沟通设计 …………………………………………（151）

        任务一　语言谈吐恰当得体……………………………………………（152）
        任务二　接打电话礼貌高效……………………………………………（163）
        任务三　网络沟通诚信有规……………………………………………（170）

交际篇　培养职业礼仪

模块一　社会交往礼仪 ……………………………………………………（179）

        任务一　见面礼仪………………………………………………………（179）
        任务二　介绍礼仪………………………………………………………（184）
        任务三　拜访与接待礼仪………………………………………………（190）

模块二　商务会见礼仪 ……………………………………………………（197）

        任务一　名片礼仪………………………………………………………（197）
        任务二　馈赠礼仪………………………………………………………（202）
        任务三　会见与会谈礼仪………………………………………………（206）
        任务四　舞会、酒会、年会礼仪………………………………………（209）
        任务五　乘车礼仪………………………………………………………（215）

模块三　宴会服务礼仪 ……………………………………………………（220）

        任务一　宴请形式………………………………………………………（220）
        任务二　宴请组织礼仪…………………………………………………（223）
        任务三　参与宴请礼仪…………………………………………………（227）
        任务四　中餐宴会礼仪…………………………………………………（231）
        任务五　西餐宴会礼仪…………………………………………………（239）

模块四　涉外礼宾礼仪 …………………………………………………………（248）
任务一　涉外基本礼仪 ………………………………………………………（248）
任务二　迎送礼仪 ……………………………………………………………（251）
任务三　礼宾次序和国旗悬挂 ………………………………………………（255）

知识篇　提升职业素养

模块一　主要客源地礼俗 ……………………………………………………（261）
任务一　亚洲部分国家的礼俗 ………………………………………………（261）
任务二　欧洲部分国家的礼俗 ………………………………………………（268）
任务三　美洲部分国家的礼俗 ………………………………………………（274）
任务四　非洲部分国家的礼俗 ………………………………………………（277）
任务五　我国港澳台地区的礼俗 ……………………………………………（280）

模块二　宗教礼俗 ……………………………………………………………（282）
任务一　基督教礼俗 …………………………………………………………（283）
任务二　伊斯兰教礼俗 ………………………………………………………（289）
任务三　佛教礼俗 ……………………………………………………………（296）

参考文献 ………………………………………………………………………（305）

理论篇

奠定理论基础

　　当历史掀开第一页的时候，礼就伴随着人的活动，伴随着原始宗教而产生了。礼包含着礼貌、礼节、礼仪等多方面的内容，涉及人类社会生活的方方面面。由于礼仪具有传承性、规范性、操作性、差异性和时代性等特征，所以学习礼仪可以帮助我们培养高尚的道德情操，培养优雅的气质，培养优美的仪表风度，建立良好的人际关系并促进事业的发展。

　　本着真诚尊重、平等适度、自律自信、宽容关怀、遵守信用的礼仪原则，按照不同的礼仪场合规范自己的行为，可以营造良好的人际关系。

　　针对服务行业，"客人总是对的"不仅仅是服务提倡的口号，更是具有强烈服务意识的表现。有了强烈的服务意识才能正确实现服务的白金法则、3A法则。有了强烈的服务意识才能真正重视服务礼仪，才能在服务时考虑顾客的心理效应对服务的影响。

模块一

礼仪理论概述

任务要求

1. 了解礼仪的基本概念及内涵，掌握礼仪、礼貌、礼节三者的关系。
2. 掌握礼仪的基本特征及功能。
3. 掌握礼仪的发展历程。

案例导入

礼贤下士

齐桓公（公元前716年—公元前643年），中国春秋时齐国国君（公元前685年—公元前643年在位）。齐桓公礼贤下士的事颇多，《新序·杂事》中载，齐桓公听说小臣稷是个贤士，渴望见他一面，与他交谈一番。一天，齐桓公连着三次去见他，小臣稷托故不见。跟随桓公的人就说："主公，您贵为万乘之主，他是个布衣百姓，一天中您来了三次，既然未见他，也就算了吧。"齐桓公却颇有耐心地说："不能这样，贤士傲视爵禄富贵，才能轻视君主，如果其君主傲视霸主也就会轻视贤士。纵有贤士傲视爵禄，我哪里又敢傲视霸主呢？"这一天，齐桓公接连五次前去拜见，才得以见到小臣稷。

古人说："世治则礼详，世乱则礼简。"随着社会文明的不断进步和发展，人们在追求物质生活的同时，更注重精神文明的提高和发展。讲究风度和涵养，注重礼仪已成为时尚，这是因为激烈的竞争使得人们意识到，要想保持良好的信誉，就必须注重企业和自己的形象。同时，这也是人们文化水平提高、社会文明进步的一种体现。掌握礼仪，遵守礼仪规范，是人们展现自我、更好地与他人进行交往和增进感情的法宝。社会生活中时时处处都要讲究礼仪，讲究礼仪是一个社会文明与开化的象征，也是一个国家、民族进步与兴旺的标志。

任务一　礼仪的相关概念

知识认知

礼仪是人们步入文明社会的"通行证"。人类自诞生那天起，便开始了对文明与美的追求。礼仪体现了人类社会不断摆脱愚昧、野蛮、落后的进化程度，它是一个国家和一个民族进步、开化与兴旺的标志。我国作为东方文明古国和东方文化的发源地，素有"礼仪之邦"的美誉，数千年对文明的不懈追求，形成了丰富多彩的东方文化和礼仪。

今天，随着社会生产力的不断发展，物质生活条件的逐步改善，社会文明程度的日益提高，人们对礼仪倍加推崇。讲文明、懂礼貌、尊重他人、服务社会已成为人们的共识。无论是人际的、社会的以至国际的交往，抑或是商业、旅游业等服务行业的接待服务工作，都离不开对礼仪规范的遵守。

一、礼的概述

礼是一个抽象的概念，它的本意是"敬神"。礼经中国几千年历史的浸润和熏染，其含义在不断地演变，时至今日，礼已经深入到人类的日常生活和社会活动之中，引申为表示人与人之间、组织与组织之间或国与国之间的友好和敬意。因此，礼是指人们在长期的生活实践中约定俗成的行为规范与准则。

案例分享

何　为　礼？

子路问孔子："老师，请问什么是礼啊？"孔子回答说："简单地说，礼就是爱人，礼是出于爱人之心的。"

子路想了想，说："老师，我还是不明白，您能不能说得详细一点？"孔子说："礼，就是要天子爱天下人，诸侯爱自己管辖境内的人，士大夫爱自己的职责，读书人与老百姓爱自己的家人，难道这还不清楚吗？"

子路想了想，又问："您说礼就是爱人，那不就与老师说的'仁者爱人'一样了吗？"孔子抚掌大笑道："本来两个就是一回事！'仁者爱人'说的是人的内在素质，'礼者爱人'说的是人的外在表现，两者是一致的啊！"子路这才点了点头说："我懂了。"

（资料来源：孙慧竹，《礼仪规范教程》，南开大学出版社，2010）

东汉许慎的《说文解字》对"礼"的解释是："礼，履也，所以事神致福也。"把"礼"与"福"紧紧地联系在了一起，即像敬神拜祖那样虔诚、适度的讲礼，礼必定会带来幸福。《辞海》对"礼"的解释是：礼，一是指表示敬意；二是指表示敬意或隆重而举行的仪式；三是指奴隶社会或封建社会贵族等级制的社会规范和道德规范；四是指礼物。《中国大百科全书》对"礼"的解释是：礼是中国奴隶社会的典章制度，奴隶社会和封建社会的道德规范。作为典章制度是指维护宗法等级制度的上层建筑以及与之相适应的人与人交往中的礼节仪式；作为道德规范是指奴隶主贵族和封建地主阶级一切行为的准则。《简明不列颠百科全书》中指出，"礼"是中国儒家的社会道德规范，一般是指礼节；把"礼节"解释为规定社会行为和职业行为的习俗和准则的体系。

由此可见，"礼"有广义和狭义之分。广义的"礼"，即与一定的社会上层建筑相适应的人与人交往的礼节仪式，它也指一个时代的典章制度。从现代意义上讲，"礼"是指人们在社会交往中由于受历史传统、风俗习惯、宗教信仰、时代潮流等因素的影响而形成的，以建立和谐关系为目标的，符合"礼"的精神的行为准则和规范的总和。而狭义的"礼"，是指人们在社会的各种具体交往中，为了互相尊重，在仪表、仪态、仪式、仪容、言谈举止等方面约定俗成的、共同认可的规范和程序，是对礼节、礼貌、仪态和仪式的统称。

二、与礼相近的词语辨析

一般而言，与"礼"相关的词常见的有三个，即礼貌、礼节、礼仪。在大多数情况下，它们通常被视为一体并有所混淆。但从实际运用即内涵来看，三者不宜简单地混为一谈，它们之间既有区别，又有联系。

（一）礼貌

礼貌是人们在交往过程中，相互表示谦虚恭敬和友好的言行规范，是向他人表示敬意的统称。它一般是指在人际交往中，通过言语、动作向交往对象表示谦虚和恭敬。它主要侧重于体现个人的品质与素养，是一个人在待人接物时的外在表现。同时也展现了时代的风尚与道德水平，展示了人们的文化层次和文明程度。

礼貌可以分为礼貌行为和礼貌语言两部分。礼貌行为是一种无声的语言，通过人的行为，即点头、欠身、鞠躬、握手、拥抱、接吻、鼓掌等动作来表示对他人的尊重和友好。礼貌语言是一种有声的语言，通过对他人的称谓、问候、寒暄、赞美等语言来表达对对方的敬意。如用"先生""女士"等称呼敬语，"久仰大名""幸会幸会"等寒暄谦语，"贵姓""几位"等称谓雅语来表达对他人的尊重和善意。人们在交往时讲究礼貌，不仅有助于建立相互尊重或友好合作的新型关系，而且能调节公共场所人际间的相互关系，有利于缓解或避免某些不必要的冲突。

（二）礼节

礼节，是向他人表示敬意的一种形式，是人们在日常生活和交际过程中表示问候、致意、致谢、慰问、哀悼等的惯用形式或具体规定，是礼貌的具体表现方式。如熟人路遇相互打招呼、宾主见面相互握手、逢年过节互相拜访、亲朋好友遇喜事送礼物、宴会中相互敬酒、对遇病痛灾难的人们进行慰问等。

礼节与礼貌之间的关系是：没有礼节，就无所谓礼貌；有了礼貌，就必然伴有具体的礼节。礼节是一个人待人态度的外在表现和行为规范，是礼貌在语言、行为、仪态等方面的具体形式。不同国家、不同民族、不同种族由于生活背景不同，有着各自的礼节，旅游服务人员在工作中要注意了解和尊重这些礼节，并要适应这些礼节。

（三）礼仪

在现代社会中，礼仪是一个常用词语。礼仪一词最早见于法语的 etiquette，原意是"法庭上的通行证"。etiquette 一词进入英文后，便有了礼仪的含义，意即"人际交往的通行证"。它有三层含义：一是指谦恭有礼的言词和举动；二是指教养、规矩和礼节；三是指仪式、典礼、习俗等。后来，经过不断的演变和发展，礼仪一词的含义逐渐变得明确起来，并独立出来。

礼仪是人们在社会交往中由于受历史传统、风俗习惯、时代潮流等因素的影响而形成的，既为人们所认同，又为人们所遵守，以建立和谐关系为目的的各种符合礼的精神与要求的行为准则或规范的总和。语言（包括书面和口头语言）、行为表情、服饰器物是构成礼仪的最基本的三大要素。一般来说，任何重大典礼活动都需要同时具备这三种要素才能完成。

在礼学体系中，与礼貌和礼节相比，礼仪的内涵要深一些，主要有以下几点：

（1）礼仪是一种行为准则或规范。它是一种程序，表现为一定的章法，如果你要进入某一地域，就要对那里的习俗与行为规范有所了解，只有遵守这种习俗和行为规范，才能融入当地的环境。

（2）礼仪是一定社会关系中人们约定俗成、共同认可的行为规范。在人们的交往活动中，礼仪首先表现为一些不成文的规矩、习惯，然后才逐渐上升为大家认可的，可以用语言、文字、动作进行准确描述和规定的行为准则，并成为人们有章可循、可以自觉学习和遵守的行为规范。

（3）礼仪是一种情感互动的过程。在礼仪的实施过程中，既有施礼者的控制行为，也有受礼者的反馈行为，即礼是施礼者与受礼者情感互动的过程。

（4）礼仪的目的是实现社会交往各方面的互相尊重，从而达到人与人之间关系的和谐。在现代社会，礼仪可以有效地展现施礼者和受礼者的教养、风度与魅力，它体现着一个人对他人和社会的认知水平、尊重程度，是一个人的学识、修养和价值的外在表现。只有处于互相尊重的环境中，人与人之间的和谐关系才能建立并逐步发展。

知识链接

《论语·泰伯第二》

子曰："恭而无礼则劳，慎而无礼则葸，勇而无礼则乱，直而无礼则绞。君子笃于亲，则民兴于仁，故旧不遗，则民不偷。"

【译文】

孔子说："只是恭敬而不以礼来指导，就会徒劳无功；只是谨慎而不以礼来指导，就会畏缩拘谨；只是勇猛而不以礼来指导，就会闯祸。只是率直而不以礼来指导，就会说话尖刻。在上位的人如果厚待自己的亲属，老百姓当中就会兴起仁的风气；君子如果不遗弃老朋友，老百姓就不会对人冷漠无情了。"

三、礼貌、礼节、礼仪的关系

礼貌、礼节、礼仪都有一个"礼"字，都是在人际交往中表示对他人尊重、友好与恭敬的具体表现。但三者的表现形式有所区别，礼貌是表示尊重的言行规范；礼节是表示尊重的一种惯用形式和具体要求；而礼仪则是表示敬意的约定俗成的规范和程序。因此，礼节是礼貌的具体表现；礼貌是礼节的规范；礼仪则是通过礼貌、礼节而得以体现的。三者相辅相成，密不可分。

技能训练

1. 案例资料

世博园的不和谐音

2010年5月25日，一封署名为"刘辰子"的给上海市委书记俞正声的信，经媒体报道后，引起社会的强烈反响。

这位上海音乐学院的应届毕业生，在信中反映了她在世博园中看到的种种假借轮椅、滥用绿色通道的不文明现象，并希望政府尽快采取措施遏制种种不文明行为，"维护上海这座城市的形象，向世人展示我国国民素质的提高和软实力的提升"。

然而，还没等到市政府的对策出台，世博园瑞典馆、波兰馆和西班牙馆等国家馆，就因不堪忍受中国游客的"假残障"坐轮椅、8岁"巨婴"躺婴儿车、多人挟一名老人强闯绿色通道等行为，而做出了关闭或限制绿色通道的决定。

复旦大学社会学系教授于海认为："体面是一种感觉，中国人缺乏'公共场所感'。在公共场所不懂得采取适宜的行为，依旧我行我素。"

2. 案例分析

2010年在中国召开的上海世博会，吸引了大量的海外游客，也成了中国和世界交流的一次良好途径。不过，在世博会召开期间，很多不文明、不符合礼仪规范的行为屡见不鲜。根据你所了解的情况和所收集到的资料，谈谈你对这些事情的看法。

任务二 礼仪的形成发展

知识认知

礼仪作为人类文明的表现形式之一，是随着人类的发展、社会的进步而不断充实和完善的，是人类不断摆脱野蛮、愚昧，逐渐走向开化、文明的标志。了解礼仪的起源及发展过程有助于我们全面地了解礼仪文化，深刻地把握礼仪的本质；同时，有利于我们继承优良的礼仪传统，更好地在实践中加以应用。

一、中国礼仪的起源

关于礼的起源，说法不一。归纳起来有五种起源说：一是天神生礼仪；二是礼为天、地、人的统一体；三是礼产生于人的自然本性；四是礼为人性和环境矛盾的产物；五是礼生于理，起源于俗。

（一）从理论上说，礼的产生是人类为了协调主客观矛盾的需要

首先，礼的产生是为了维护自然的"人伦秩序"的需要。人类为了生存和发展，必须与大自然抗争，不得不以群居的形式相互依存，人类的群居性使得人与人之间既相互依赖又相

互制约。在群体生活中，男女有别，老少有异，既是一种天然的人伦秩序，又是一种需要被所有成员共同认定、保证和维护的社会秩序。人类面临着的内部关系必须妥善处理，因此，人们逐步积累和自然约定出一系列人伦秩序，这就是最初的礼。其次，礼起源于人类寻求满足自身欲望的条件与实现欲望的条件之间动态平衡的需要。人对欲望的追求是人的本能，人们在追寻实现欲望的过程中，人与人之间难免会发生矛盾与冲突。为了避免这些矛盾和冲突，就需要为"止欲制乱"而制礼。

（二）从具体的仪式上看，礼产生于原始宗教的祭祀活动

原始宗教的祭祀活动是最早也是最简单的以祭天、敬神为主要内容的"礼"。这些祭祀活动在历史发展中逐步完善了相应的规范和制度，正式形成祭祀礼仪。随着人类对自然与社会各种关系认识的逐步深入，仅以祭祀天地鬼神祖先为礼，已经不能满足人类日益发展的精神需要和调节日益复杂的现实关系的需要，于是，人们将事神致福活动中的一系列行为，从内容和形式都扩展到了各种人际交往活动之中，从最初的祭祀之礼扩展到社会各个领域的各种各样的礼仪之中。

二、中国礼仪的发展

中国自古就以"礼仪之邦"著称于世，礼仪的形成和发展，经历了一个从无到有、从低级到高级、从零散到完整的渐进过程，主要包括：古代礼仪的发展、现代礼仪的发展和当代礼仪的发展。

（一）古代礼仪的发展

中国古代礼仪的历史是漫长的，其发展史大致可以分为礼仪的萌芽时期、礼仪的草创时期、礼仪的形成时期、礼仪的发展和变革时期、礼仪的强化时期、礼仪的衰落时期。

1. 礼仪的萌芽时期（约公元前5万年—约公元前1万年）

礼仪起源于原始社会时期，在长达100多万年的原始社会历史中，人类逐渐开化。在原始社会中、晚期（约旧石器时期）出现了早期礼仪的萌芽。例如，生活在距今约1.8万年前的北京周口店山顶洞人，就已经知道打扮自己，他们用穿孔的兽齿、石珠作为装饰品，挂在脖子上。他们在去世的族人身旁撒赤铁矿粉，举行原始宗教仪式，这是迄今为止在中国发现的最早的葬仪。

2. 礼仪的草创时期（约公元前1万年—约公元前22世纪）

公元前1万年左右，人类进入新石器时期，不仅能制作精细的磨光石器，并且开始从事农耕和畜牧。在其后数千年岁月里，原始礼仪渐具雏形。例如在西安附近的半坡遗址中，发现了生活距今约5 000年的半坡村人的公共墓地，墓地中坑位排列有序，死者的身份有所区别，有带殉葬品的仰身葬，还有无殉葬品的俯身葬等。此外，仰韶文化时期的其他遗址及有关资料表明，当时人们已经有了尊卑有序、男女有别的概念了。而长辈坐上席，晚辈坐下席，男子坐左边，女子坐右边等礼仪日趋明确。

3. 礼仪的形成时期（约公元前21世纪—公元前771年）

约公元前21世纪至公元前771年，中国由金石并用时代（又称铜石并用时代，是新石器时代和青铜时代之间的人类物质文化发展过渡性阶段。在这个阶段，人类开始运用金属器物，以铜器为主，但因冶炼技术较差，不能生成较坚硬的器物，因此仍然以石器为主要的工具，

铜器等则以装饰作用为主）进入青铜时代。金属器的使用，使农业、畜牧业、手工业生产跃上了一个新台阶。随着生活水平的提高，社会财富除消费外有了剩余并逐渐集中在少数人手里，因而出现了阶级对立，原始社会开始解体。

公元前21世纪至公元前15世纪的夏朝，是中国原始社会末期向早期奴隶社会过渡的时期。在此期间，尊神活动日益升温。

在原始社会，由于缺乏科学知识，人们不理解一些自然现象，人们猜想，照耀大地的太阳是神，风有风神，河有河神……因此，人们敬畏"天神"，祭祀"天神"。从某种意义上说，早期礼仪包含着原始社会人类生活的若干准则，又是原始社会宗教信仰的产物。"礼"的繁体字"禮"，左边代表神，右边是向神进贡的祭物。因此，汉代学者许慎说："礼，履也，所以事神致福也。"以殷墟为中心展开活动的殷人，在公元前14世纪至公元前11世纪活跃在华夏大地上，他们建造了中国第一个古都——地处现河南安阳的殷都，而他们在婚礼习俗上的建树，被其尊神、信鬼的狂热所掩盖。

推翻殷王朝并取而代之的周朝，对礼仪建树颇多。特别是周武王的兄弟、辅佐周成王的周公，对周朝礼制的确立起了重要作用。他制作礼乐，将人们的行为举止、心理情操等统统纳入一个尊卑有序的模式之中。全面介绍周朝制度的《周礼》，是中国流传至今的第一部礼仪专著。《周礼》（又名《周官》）本为一官职表，后经整理，成为讲述周朝典章制度的书。《周礼》原有6篇，详细介绍了6类官名及其职权，现存5篇，第6篇用《考工记》弥补。六官分别称为天官、地官、春官、夏官、秋官、冬官。其中，天官主管宫事、财货等；地官主管教育、市政等；春官主管五礼、乐舞等；夏官主管军旅、边防等；秋官主管刑法、外交等；冬官主管土木建筑等。春官主管的五礼，即吉礼、凶礼、宾礼、军礼、嘉礼，是周朝礼仪制度的重要方面。吉礼，指祭祀的典礼；凶礼，主要指丧葬礼仪；宾礼，指诸侯对天子的朝觐及诸侯之间的会盟等礼节；军礼，主要包括阅兵、出师等仪式；嘉礼，包括冠礼、婚礼、乡饮酒礼等。由此可见，许多基本礼仪在商末周初已基本形成。此外，成书于商周之际的《易经》和在周朝大体定型的《诗经》，也有一些涉及礼仪的内容。

在西周，青铜礼器是个人身份的表征。礼器的多寡代表身份、地位的高低，形制的大小显示权力等级。此外，尊老爱幼等礼仪，也已明显确立。

4. 礼仪的发展和变革时期（公元前770年—公元前221年）

西周末期，王室衰落，诸侯纷起争霸。公元前770年，周平王东迁洛邑，史称东周。承继西周的东周王朝已无力全面恪守传统礼制，出现了所谓"礼崩乐坏"的局面。

春秋战国时期是我国的奴隶社会向封建社会转型的时期。在此期间，相继涌现出孔子、孟子、荀子等思想巨人，发展和革新了礼仪理论。孔子是中国古代的思想家、教育家，他首开私人讲学之风，打破了贵族垄断教育的局面。他删《诗》《书》，定《礼》《乐》，赞《周易》，修《春秋》，为历史文化的整理和保存做出了重要贡献。他编订的《仪礼》，详细记录了战国以前贵族生活的各种礼节仪式。《仪礼》与前述《周礼》和孔门后学编的《礼记》，合称"三礼"，是中国古代最早、最重要的礼仪著作。

孔子认为，"不学礼，无以立"（《论语·季氏篇》）。"质胜文则野，文胜质则史。文质彬彬，然后君子。"（《论语·雍也》）他要求人们用道德规范约束自己的行为，要做到"非礼勿视，非礼勿听，非礼勿言，非礼勿动"。（《论语·颜渊》）他倡导的"仁者爱人"，强调人与人之间要有同情心，要互相关心，彼此尊重。总之，孔子较系统地阐述了礼及礼仪的本质与功能,把礼仪理论提高到了一个新的高度。

孟子是战国时期儒家的主要代表人物。在政治思想上,孟子把孔子的"仁学"思想加以发展,提出了"王道""仁政"的学说和"民贵君轻"说,主张"以德服人";在道德修养方面,他主张"舍生而取义"(《孟子·告子上》),讲究"修身"和培养"浩然之气"等。

荀子是战国末期的思想家。他主张"隆礼""重法",提倡礼法并重。他说:"礼者,贵贱有等,长幼有差,贫富轻重皆有称者也。"(《荀子·富国》)荀子指出:"礼之于正国家也,如权衡之于轻重也,如绳墨之于曲直也。故人无礼不生,事无礼不成,国家无礼不宁。"(《荀子·大略》)荀子还提出不仅要有礼治,还要有法治。只有尊崇礼,法制完备,国家才能安宁。荀子重视客观环境对人性的影响,倡导学而至善。

5. 礼仪的强化时期(公元前 221 年—1796 年)

公元前 221 年,秦王嬴政最终吞并六国,统一中国,建立起中国历史上第一个中央集权的封建王朝,秦始皇在全国推行"书同文""车同轨""行同伦"。秦朝制定的集权制度,成为后来延续两千余年的封建体制的基础。

西汉初期,叔孙通协助汉高帝刘邦制定了朝礼之仪,突出发展了礼的仪式和礼节。而西汉思想家董仲舒(公元前 179 年—公元前 104 年),把封建专制制度的理论系统化,提出"唯天子受命于天,天下受命于天子"的"天人感应"之说。他把儒家礼仪具体概括为"三纲五常"。"三纲"即"君为臣纲,父为子纲,夫为妻纲。""五常"即"仁、义、礼、智、信。"汉武帝刘彻采纳了董仲舒"罢黜百家,独尊儒术"的建议,使儒家礼教成为定制。

汉朝时,孔门后学编撰的《礼记》问世。《礼记》共计 49 篇,包罗万象。其中,有讲述古代风俗的《曲礼》(第 1 篇);有谈论古代饮食居住进化概况的《礼运》(第 9 篇);有记录家庭礼仪的《内则》(第 12 篇);有记载服饰制度的《玉藻》(第 13 篇);有论述师生关系的《学记》(第 18 篇);还有教导人们道德修养的途径和方法,即"修身、齐家、治国、平天下"的《大学》(第 42 篇)等。总之,《礼记》堪称集上古礼仪之大成,是上承奴隶社会、下启封建社会的礼仪汇集,是封建时代礼仪的主要源泉。

盛唐时期,《礼记》由"记"上升为"经",成为"礼经"三书之一。宋朝时,出现了以儒家思想为基础,兼容道学、佛学思想的理学,程颢兄弟和朱熹为其主要代表。二程认为:"父子君臣,天下之定理,无所逃于天地间。"(《二程遗书》卷五)"礼即是理也。"(《二程遗书》卷二十五)朱熹进一步指出:"仁莫大于父子,义莫大于君臣,是谓三纲之要,五常之本。人伦天理之至,无所逃于天地间。"(《朱子文集·未垂拱奏礼·二》)朱熹的论述使二程的"天理"说更加严密、精致。

家庭礼仪研究硕果累累,是宋朝礼仪发展的另一个特点。在大量家庭礼仪著作中,以撰写《资治通鉴》而名垂青史的北宋史学家司马光的《涑水家仪》和以《四书集注》名扬天下的南宋理学家朱熹的《朱子家礼》最为著名。明朝时,交友之礼更加完善,而忠、孝、节、义等礼仪日趋繁多。

6. 礼仪的衰落时期(1796 年—1911 年)

满族入关后,逐渐接受了汉族的礼制,并且使其复杂化,导致一些礼仪显得虚浮、烦琐。例如清朝的品官相见礼,当品级低者向品级高者行拜礼时,动辄一跪三叩,重则三跪九叩。清朝后期,清王朝政府腐败,民不聊生,古代礼仪盛极而衰。而伴随着西学东渐,一些西方礼仪开始传入中国,北洋新军时期的陆军便采用西方军队的举手礼等,以代替不合时宜的作揖礼等。

（二）现代礼仪的发展（1911年—1949年）

1911年末，清王朝土崩瓦解，当时远在美国的孙中山火速赶回中国，于1912年1月1日在南京就任中华民国临时大总统。孙中山和战友们破旧立新，用民权代替君权，用自由、平等取代宗法等级制，普及教育，禁止祭孔读经，改易陋俗，剪辫子、禁缠足等，从而正式拉开了现代礼仪的帷幕。民国期间，由西方传入中国的握手礼开始流行于上层社会，后来逐渐在民间普及。20世纪三四十年代，中国共产党领导的苏区、解放区，重视文化教育事业及移风易俗，进而谱写了现代礼仪的新篇章。

（三）当代礼仪的发展

1949年10月1日，中华人民共和国宣告成立，中国的礼仪建设从此进入了一个崭新的历史时期，礼仪的发展大致可以分为三个阶段：

1. 礼仪的革新阶段（1949年—1966年）

1949年—1966年，是中国当代礼仪发展史上的革新阶段。此间，摒弃了昔日束缚人们的"神权天命""愚忠愚孝"以及严重束缚妇女的"三从四德"等封建礼教，确立了同志式的合作互助关系和男女平等的新型社会关系，而尊老爱幼、讲究信义、以诚待人、先人后己、礼尚往来等中国传统礼仪中的精华，则得到继承和发扬。

2. 礼仪的退化阶段（1966年—1976年）

1966年—1976年，中国进行了"文化大革命"。10年动乱使国家遭受了难以弥补的严重损失，同时也是礼仪的一场浩劫。许多优良的传统礼仪，被当作"封资修"扫进垃圾堆。礼仪受到摧残，社会风气逆转。

3. 礼仪的复兴阶段（1978年至今）

1978年党的十一届三中全会以来，改革开放的春风吹遍了祖国大地，中国的礼仪建设进入新的全面复兴时期。从推行文明礼貌用语到积极树立行业新风，从开展"18岁成人仪式教育活动"到制定市民文明公约，各行各业的礼仪规范纷纷出台，岗位培训、礼仪教育日趋红火，讲文明、重礼貌蔚然成风。《公共关系报》《现代交际》等一批涉及礼仪的报刊应运而生，《中国应用礼仪大全》《称谓大词典》《外国习俗与礼仪》等介绍、研究礼仪的图书、词典不断问世。广阔的华夏大地上再度兴起礼仪文化热，具有优良文化传统的中华民族又掀起了精神文明建设的新高潮。

技能训练

> **案例分析**

荀子在《荀子·修身》中说"人无礼则不生，事无礼则不成，国无礼则不宁"；《左传》中提到，礼是"天之经，地之义，人之了"，是为政者"经国家、定社稷、序民人"的依据。《礼记·曲礼上》中也说："礼尚往来，往而不来，非礼也；来而不往，亦非礼也。""孔融让梨"，尊敬长辈传为美谈；"岳飞问路"，深知礼节，才得以校场比武，骑马跨天下；"程门立雪"更是尊敬师长的典范。

我国被誉为"礼仪之邦"，礼仪传统源远流长，请收集中华文明礼仪的典故进行小组交流。

任务三　礼仪的特征类型

知识认知

礼仪是人们在社会交往中普遍遵循的文明行为准则或规范的总和。它是在漫长的社会实践中逐步形成、演变和发展的。现代礼仪是在一番脱胎换骨之后形成的，它具有传承性、规范性、操作性、差异性、时代性等特征。

礼仪是人类社会文明发展的产物，是人们社会交际活动的共同准则。加强礼仪教育，对于提高自身修养和素质，塑造良好形象，扩大社会交往，促进事业成功都具有十分重要的作用。

一、礼仪的特征

（一）传承性

任何国家的礼仪都具有自己鲜明的民族特色，任何国家的当代礼仪都是在本国古代礼仪的基础上继承、发展而来的。离开了对本国、本民族既往礼仪成果的传承、扬弃，就不可能形成当代礼仪。这就是礼仪传承性的特定含义。作为一种人类的文明积累，礼仪将人们在交际中的习惯做法固定下来，流传下去，并逐渐形成自己的民族特色，这不是一种短暂的社会现象，而且不会因为社会制度的更替而消失。对既往的礼仪遗产，正确的态度不是食古不化，全盘沿用，而是有扬弃，有继承，更有发展。

所以，礼仪的传承性说明了礼仪是人类长期积累的财富，是社会进步和文明的标志之一。我国古代流传至今的尊老敬师、父慈子孝、礼尚往来等反映民族美德的礼仪，还会世世代代相传，发扬光大。当然，中国传统礼仪是在漫长的阶级社会中形成的，主要体现了等级制度的社交规范，是阶级社会的统治者为维护自身高高在上的地位，强迫臣民们遵守的，因此对其中不符合现代平等交往原则的部分礼仪，应该加以甄别和摒弃。

案例分享

跪　拜　礼

某酒店正在举行婚礼，在司仪的主持下，新郎跪下身向岳父岳母敬茶。一名旁观者小声地评价："跪都没有跪相，摇摇晃晃的，茶都要洒出来了。"另一人接着道："这种礼节很久不用了，现在又开始时兴起来。"第三人问道："什么时候废除的呢？"

跪拜礼在中国具有悠久的历史，在古代曾经是臣民向君主、下级向上级、平民向官员、晚辈向长辈表示顺服和敬意的隆重礼节，它在1912年由《中华民国临时约法》废除。此后，鞠躬礼逐渐取代跪拜礼成为表示敬意的隆重方式。不过，民间对跪拜礼有所保留，跪拜礼在剔除了自我贬低、奴性服从的意义后，继续存在于某些特殊的场合，比如婚庆时新人以跪拜礼向双方父母表示感谢，扫墓时子孙以跪拜礼向先人表示尊敬等。

（资料来源：廖超慧，《社交礼仪》，华中科技大学出版社，2007）

（二）规范性

礼仪指的是人们在交际场合待人接物时必须遵循的行为规范，而这种规范性，不仅约束着人们在交际场合中的言谈举止，更是人们在交际场合中必须采用的一种"通用语言"，是衡量他人判断自己是否自律、敬人的一种尺度。礼仪是约定俗成的一种自尊、敬人的惯用形式，任何人要想在交际场合表现得合乎礼仪，都必须对礼仪无条件地加以遵守。礼仪既有内在的道德准则，又有外在的行为尺度，对人们的言行举止和社会交往具有普遍的规范、约束作用。遵循礼仪规范，就会得到社会的认可和嘉许；违反礼仪规范，就会到处碰壁，招致反感，受到批评。正所谓"有礼走遍天下，无礼寸步难行。"

（三）操作性

礼仪以人为本，重在实践，人人可学，习之易行，行之有效。"礼者，敬人也。"待人的敬意，应当怎样表现，不应当怎样表现，礼仪都有切实可行、行之有效的具体操作方法。

切实可行，规则简明，易学易会，便于操作，是礼仪的一大特征。礼仪既有总体上的礼仪原则、礼仪规范，又在具体的细节上以一系列的方式、方法，仔细周详地对礼仪原则、礼仪规范加以贯彻，把它们落到实处，使之"言之有物"、"行之有礼"、不尚空谈。礼仪的易记易行，能够为其广觅知音，使其被人们广泛地运用于交际实践，并受到广大公众的认可，而且反过来，又进一步地促使礼仪以简便易行、容易操作为第一要旨。

（四）差异性

礼仪是约定俗成的，不同国家、不同地区，由于民族特点、文化传统、宗教信仰、生活习惯不同，往往有着不同的礼仪。所谓"十里不同风，百里不同俗"，不同的文化背景产生不同的礼仪文化。一个国家、一个地区、一个民族的礼仪是在长期的共同生活中逐步形成和发展的。由于不同的国家、地区、民族的政治、经济、文化等影响礼仪形成的诸因素的特点不同，使得礼仪不可避免地具有一定的地域性、民族性。

为了与世界各国人民友好来往，敬爱的周恩来总理在中华人民共和国成立初期就提出了在对外交往中要恪守"入乡随俗，不强人所难"的礼仪原则。其中所谓"入乡随俗"是指对别国、别民族的礼仪要尊重，"不强人所难"是指本民族、本国礼仪不要让来访者勉为其难。这个原则充分体现了对别国、别民族历史文化的尊重和宽容，也是我们正确对待各民族、各国家不同礼仪的一个基本立场和原则。

案例分享

"OK"手势

一位美国工程师被公司派到他们在德国的分公司工作，他和一位德国工程师在一部机器上并肩作战。当这个美国工程师提出建议改善新机器时，那位德国工程师表示同意，并问美国工程师自己这样做是否正确。这个美国工程师用美国的"OK"手势给以回答。那位德国工程师放下工具就走开了，并拒绝和这位美国工程师进一步交流。后来这个美国工程师从他的一位主管那里了解到，这个手势对德国人意味着"你是个屁眼儿"。

（资料来源：根据百度网社交礼仪课程案例整理，http://www.476200.com/blog/article.asp?id=197）

（五）时代性

时代性是礼仪的一个重要特征。礼仪一旦形成，则具有世代相传、共同实践的特点。但是礼仪并非一成不变，而是随着时代的发展变化吐故纳新，随着社会交往日益频繁互相借鉴吸收。

礼仪是社会发展的产物，是人类在长期的社会实践活动中逐步形成、发展、完善起来的。礼仪与一定社会的生产关系有着极为密不可分的关系。封建社会等级森严的繁文缛节，正是在以封建土地所有制为基础的生产关系之上形成发展起来的，调节人与人之间相互关系的礼仪形式。资本主义社会摒弃封建社会繁文缛节的根本原因，也正是因为资本主义生产关系发展所必然的要求。

二、礼仪的功能

（一）弘扬传统文化

文明古老的中华民族，以其聪颖才智和勤奋的力量创造了人类历史上最灿烂的文化。几千年来，各族人民都创造了一整套独具特色的礼节、仪式、风尚、习俗、节令、规章和典制等，并为广大人民所喜爱、沿袭，这些礼仪习俗，反映了中华民族的传统美德与优良品质，勾画了中华民族的历史风貌。

我国古代思想家、教育家们十分重视"礼"的教育。"礼"的内容比较全面地规定了处理当时社会各种关系的准则和规范。春秋末期的孔子就曾指出"不学礼，无以立"。孔子小时候常做练习礼的游戏，"入太庙，每事问"，后来还专程赴周王都向老子请教"礼"。他对于"礼"的研究下过不少工夫，认为周礼吸收夏、商两代的经验，并有所发展，是比较完备的，所以他说"吾从周"。孔子选取了士必须学习的礼制十七篇编辑成《礼》，也就是流传至今的《仪礼》。孔子非常重视对学生在日常行为方面的教育，他要求学生衣冠整齐，走有走的样子，坐有坐的姿势，为人处世要彬彬有礼，温文尔雅。《史记·孔子世家》中就说，"孔子以诗、书、礼、乐教弟子，盖三千焉，身通六艺者，七十有二人。"其中"六艺"指的是以"礼"为首的礼、乐、射、御、书、数。

继承和发扬民族优秀的文化传统，一个很重要的方面就是继承作为民族传统文化之一的礼仪文化中的精华，并根据时代的特点，创造出更加符合当代需要的礼仪文化，以提高全民族的文明程度，促进社会和谐发展。

（二）塑造良好形象

出于自尊的原因，人人都希望自己在公众面前有一个良好的形象，以受到别人的信任和尊重，使人际关系和谐。所以，人们非常重视为自己塑造一个良好的社会形象。

礼仪是塑造形象的重要手段。在社交活动中，交谈讲究礼仪，可以变得文明；举止讲究礼仪，可以变得高雅；穿着讲究礼仪，可以变得美观；行为讲究礼仪，可以变得优雅。只有讲究礼仪，事情才能做得恰到好处。总之，一个人讲究礼仪，就可以变得充满魅力。一个单位通过讲究礼仪，可以在公众心目中塑造良好的社会形象，使自己在激烈的市场竞争中广交朋友，办起事来左右逢源，产生很好的社会效益和经济效益。

（三）协调人际关系

礼仪所表现出的尊重、平等、真诚、守信的精神和种种周全的礼仪形式，必然会赢得对方的好感和信任，使对方的心理需求得到满足，从而化解矛盾，使普通朋友可以成为知己，谈合作的可以顺利达成协议。

礼仪是"纽带"，是"桥梁"，是"黏合剂"，它可以使人与人相互理解、信任、关心、友爱、互助，可以营造良好融洽的气氛，维持关系的稳定和发展。

在激烈的市场竞争中，各个市场主体之间为了自身利益必然不断产生矛盾。如果双方都持真诚、理解的态度，通过摆事实、讲道理，平衡利害关系，动之以"情"，晓之以"礼"，互谅互让，那么，双方不但不会伤了和气，而且还能使矛盾得到合理解决，取得"双赢"的结果，从而使双方成为更加亲密的合作伙伴。

（四）建设精神文明

建设社会主义精神文明，是社会主义现代化事业不可缺少的重要内容，是需要全体社会成员参与的极其宏伟的系统工程。它的根本任务之一就是要培育一代有理想、有道德、讲文明、懂礼貌、守纪律的社会主义新人，恢复和发扬良好的社会风气。

古人曾经指出"礼义廉耻，国之四维"，将礼仪列为立国的精神要素之本。中华民族作为具有悠久历史和优秀文化的伟大民族，其礼仪蕴藏着丰富的文化内涵，我们建设精神文明，要在继承传统文化的基础上，结合时代的特点加以发展。

三、礼仪的基本原则

（一）真诚尊重的原则

真诚是对人对事的一种实事求是的态度，是待人真心诚意、表里如一的友善表现。在人际交往中，不自欺，也不欺人，待人真诚，会很快得到别人的信任，反之会得到"虚伪""骗子"等有损个人形象的评价，这会造成正常的交往难以继续。真诚是人与人相处的基础，是礼仪的一条重要原则。

尊重包含自尊和尊敬他人，是礼仪的感情基础。尊重讲究具体情况具体分析，因人、因事、因时、因地而恰当处理，即"入乡随俗""到什么山唱什么歌"。每个人在社会交往活动中都应诚心待人，恪守信用，履行承诺，处处不可失敬于人，不伤害他人的尊严，不侮辱对方的人格。只有真诚地奉献，才能有丰硕的收获；只有真诚地尊重，方能使双方心心相印，友谊地久天长。掌握了这点，就等于掌握了礼仪的灵魂。

案例分享

玉帛成干戈

公元前592年，当时的齐国国君齐顷公在朝堂接见来自晋国、鲁国、卫国和曹国的使臣。各国使臣都带来了墨玉、币帛等贵重礼品献给齐顷公。献礼的时候，齐顷公向下一看，只见晋国的使臣是个独眼，鲁国的使臣是个秃头，卫国的使臣是个跛脚，而曹国的使臣则是个驼背，不禁暗自发笑：怎么四国使臣都是有毛病的。

当晚，齐顷公见到自己的母亲萧夫人，便把白天看到的四个人当笑话说给萧夫人听，萧夫人听后便乐了，执意要亲眼见识一下。正好第二天是齐顷公设宴招待各国使臣的日子，于是答应让萧夫人届时躲在帷帐的后面观看。第二天，当四国使臣的车子一起到达，众人依次入厅时，萧夫人掀开帷帐向外望，一看到四个使臣便忍不住大笑了起来，她的随从也个个笑得前仰后合。笑声惊动了众使者，当他们弄明白原来是齐顷公为了让母亲寻开心，特意做了这样的安排时，个个怒不可遏，不辞而别。四国使臣约定各自回国请兵伐齐，血洗在齐国所受的耻辱。四年后，四国联合起来讨伐齐国，齐国不敌，大败，齐顷公只得讲和，这便是春秋时著名的"鞍之战"。

（资料来源：本文根据百度文库相关资料整理）

（二）平等适度的原则

在社会交往中，不要骄狂，不要我行我素，不要自以为是，不要厚此薄彼，也不要傲视一切，目空无人，更不能以貌取人，或以职业、地位、权势压人，而是应该处处时时平等谦虚待人，唯有此，才能结交更多的朋友。适度的原则是在社会交往中把握分寸，根据具体情况、具体情境而行使相应的礼仪。如在与人交往时，既要彬彬有礼又不能低三下四；既要热情大方又不能轻浮谄谀；既要自尊又不能自负；既要坦诚又不能粗鲁；既要信任又不能轻信；既要活泼又不能轻浮。

（三）自律自信原则

自律自信是礼仪的基础和出发点。学习、应用礼仪，最重要的就是要自我要求，自我约束，自我对照，自我反省，自我检查。自律就是自我约束，按照礼仪规范严格要求自己，知道自己该做什么，不该做什么。自信是社交场合的一份很可贵的心理素质，一个有充分信心的人，才能在交往中不卑不亢、落落大方，遇强者不自惭，遇到磨难不气馁，遇到侮辱敢于挺身反击，遇到弱者会伸出援助之手。

（四）理解宽容原则

人们在交往活动中运用礼仪时，既要严于律己，更要宽以待人。

理解宽容，就是说要豁达大度，有气量，不计较和不追究，既心胸宽广，又忍耐性强。具体表现为一种胸襟、一种容纳意识和自控能力，容许别人有行动与见解，对不同于自己和传统观点的见解要耐心公正地容忍。要宽容，就要做到将心比心，多容忍他人，多体谅他人，多理解他人，千万不要求全责备，斤斤计较，过分苛求，咄咄逼人。但是宽容是有原则的，不是一味地迁就和礼让。总而言之，在社交活动中，一个有宽阔胸怀的人往往能理解宽容别人，也能博得他人的爱戴和敬重。

（五）遵守信用原则

礼仪作为行为的规范、处事的准则，反映了人们共同的利益，因此遵守原则要求各民族、各党派、各阶层的人们都有责任和义务去维护和遵守礼仪。每个人要知礼、守礼，自我约束，爱护公物，遵守公共秩序，尊老爱幼，爱护动物，在礼会生活中时时处处自觉遵守礼仪规范，努力树立良好形象，做一个受大家欢迎的人。谁违背了礼仪规范，自然会受到公众的批评和指责。

信用即讲信誉，在人际交往中要讲真话、遵守诺言、实践诺言。孔子曰："民无信不立。"

与朋友相交，应言而有信。在社交场合，尤其要讲究信用：一是要守时，与人约定时间的约会、会见、会谈、会议等，绝不应拖延迟到。二是要守约，与人签订的协议、约定和口头答应的事，要说到做到，即所谓言必信，行必果。故在社会交往中，如没有十分把握就不要轻易许诺他人，许诺做不到，反落了个不守信的恶名，从此会永远失信于人。

四、礼仪的类型

礼仪大致分为政务礼仪、商务礼仪、服务礼仪、社交礼仪、涉外礼仪五大分支。所谓五大分支，只是相对而言，因为礼仪是门综合性的学科，各分支礼仪内容都是相互交融的，大部分礼仪内容都大体相同。

（一）政务礼仪

政务礼仪又称公务礼仪，它是公务员在从事公务活动、执行国家公务时所必须遵守的礼仪。政务礼仪属于社会礼仪，但有其特定的适用范围，即适用于从事公务活动、执行国家公务的公务员。政务礼仪具有鲜明的强制性特点，它要求公务员在执行国家公务时必须严格遵守。

（二）商务礼仪

商务礼仪是在商务活动中体现相互尊重的行为准则。商务礼仪的核心是一种行为准则，用来约束日常商务活动的方方面面。商务礼仪的核心作用是为了体现人与人之间的相互尊重。商务礼仪的内容是商务活动中对人的仪容仪表和言谈举止的普遍要求。

（三）社交礼仪

社交礼仪泛指人们在社会交往活动中形成的、应共同遵守的行为规范和准则。它是人们在社会交往中所应具备的基本素质，是交际能力的体现，具体表现为礼节、礼貌、仪式、仪表等。社交在当今社会人际交往中发挥的作用愈显重要，通过社交，人们可以沟通心灵，建立深厚友谊，取得支持与帮助；通过社交，人们可以互通信息，共享资源，对取得事业成功大有裨益。

（四）涉外礼仪

涉外礼仪就是人们参与国际交往所要遵守的惯例，是约定俗成的做法。它强调交往中的规范性、对象性、技巧性。由于地区和历史的原因，各国家、各民族对于礼仪的认识各有差异，所以，应根据不同的国家、不同的对象行使不同的礼仪。

（五）服务礼仪

服务礼仪是服务人员在服务岗位上面对服务对象时，表示尊重对方、尊重自己的一种规范化的表达形式。服务礼仪是服务行业人员必备的素质和基本条件，它的要点有五个：讲尊重、讲沟通、讲规范、强调心态、实现互动。出于对客人的尊重与友好，在服务中要注重仪表、仪容、仪态和语言、操作的规范；热情服务则要求服务人员发自内心地热忱地向客人提供主动、周到的服务，从而表现出服务人员的良好风度与素养。

技能训练

依托教材中礼仪的差异性特征，收集整理有关东、西方礼仪差异的案例，分析东、西方礼仪的差异性。

综合实训

> 社交能力自我检测

表1中有30道题，请按照自己的实际情况与题目表述的符合程度进行选择。完全符合选A，基本符合选B，难以判断选C，基本不符合选D，完全不符合选E。

表1 社交能力自我检测

序号	题目	答案
1	我到朋友家做客，首先要问有没有不熟悉的人在场，如有，我的热情就明显下降	
2	我看见陌生人常常觉得无话可说	
3	在陌生的异性面前，我常常感到手足无措	
4	我不喜欢在大庭广众之下讲话	
5	我的文字表达能力远比口头表达能力强	
6	在公众场合讲话时，我不敢看众人的眼睛	
7	我不喜欢广交朋友	
8	我要好的朋友很少	
9	我只喜欢与和我谈得来的人接近	
10	到了新环境，我往往接连好几天不讲话	
11	如果没有熟人在场，我感到很难找到彼此交谈的话题	
12	如果要在"主持会议"与"做会议记录"中选择，我肯定选后者	
13	参加一次新的会议，我不会结识多少人	
14	有人请求帮助而我无法满足他的要求时，我常感到十分为难	
15	不到万不得已，我绝不向人求助，因为我感到很难启齿	
16	我很少主动到同学、朋友家串门	
17	我不是很喜欢和别人聊天	
18	领导、老师在场时，我讲话特别紧张	
19	我不善于说服人，尽管我觉得自己很有道理	
20	有人对我不友好时，我常常找不到恰当的对策	
21	我不知道怎样同嫉妒我的人相处	
22	我同别人发展友谊，多数情况下是别人采取主动态度	
23	我最怕在社交场合中碰到令人尴尬的事情	

续表

序号	题　目	答案
24	我不善于赞美别人，感到很难把话说得自然、亲切	
25	别人话中带刺揶揄我，除了生气外，我别无他法	
26	我最怕做接待工作，同陌生人打交道	
27	参加聚会，我总是坐在熟人旁边	
28	我的朋友都是同我年龄相仿的人	
29	我几乎没有异性朋友	
30	我不喜欢与地位比我高的人交往，我感到这种交往很拘束，很不自由	

> ➤ 社交能力评价

完全符合选A，得2分；基本符合选B，得1分；难以判断选C，得0分；基本不符合选D，得–1分；完全不符合选E，得–2分。最后统计总得分。

低于–20分：社交能力较强。

–20～0分：社交能力尚可。

0～30分：社交能力较差。

30分以上：社交能力相当差。

人的社交能力是在社会实践中形成和发展起来的，即使你现在是一个很不善于同别人交往的人，也没有必要自卑，只要今后经常有意识地锻炼自己，多实践，大胆实践，你的社交能力就一定能很快得到提高。

模块二

服务礼仪法则

任务要求

1. 了解服务礼仪的基本内涵、功能和特点。
2. 掌握服务礼仪的心理效应。

案例导入

礼仪礼貌周

在宁波东港大酒店员工餐厅的通道上,一位二十来岁的姑娘,肩上斜套着一块宽宽的绸带,上面绣着:礼仪礼貌规范服务示范员。每当一位员工在此经过,示范员便展露微笑问候致意。餐厅里,喇叭里正在播放一位女员工朗诵的一篇描写饭店员工文明待客的散文诗。不一会儿,另一位员工在广播中畅谈自己对礼仪礼貌的认识和体会。原来东港大酒店正在举办"礼仪礼貌周",今天是第一天。

东港大酒店自被评为四星级饭店以后,一直处于营业的高峰期,个别员工过于劳累,原先的服务操作程序开始有点走样,客人中出现了一些关于服务质量的投诉。饭店领导觉察到这一细微变化后,抓住苗头进行整改,在员工中间开展"礼仪礼貌周"活动。"礼仪礼貌周"定于每月的第一周,届时在员工通道上有一位礼仪礼貌规范服务示范员迎送过往的员工,每天换一位示范员,连经理们都轮流充当示范员,在员工中引起很大反响。为配合"礼仪礼貌周",员工餐厅在这一周利用广播媒介,宣传以礼仪礼貌为中心的优质服务,有发言,有表演,有报道和介绍,内容生动活泼,形式丰富多彩,安排相当紧凑,员工从中获得很大的启迪和教育。饭店同时在员工进出较频繁的地方张挂照片,宣传文明服务的意义,示范礼仪礼貌的举止行为,介绍礼仪礼貌规范服务方面表现突出的员工。一月一度的"礼仪礼貌周"活动在东港大酒店已成为一项雷打不动的制度,整个饭店的礼仪礼貌规范服务水平大大提高。

在工作岗位上,赢得服务对象的尊重,是取得成功的重要环节。要做到这一点,就必须勤勤恳恳,严于律己,维护好个人形象。个人在工作岗位上的仪表和言行,不仅关系到自己的形象，而且还被视为单位形象的具体化身。因此，在为顾客提供服务时，要掌握服务礼仪的基本法则，才能更好地为顾客提供服务。

任务一　服务礼仪理论概述

知识认知

服务就是为他人利益或为某种事业而工作，以满足他人需求的价值双赢的活动。服务礼仪是在服务行业内，服务人员在自己的工作岗位上严格遵守的行为规范。服务人员应为顾客提供标准的、规范的、热情的、周到的服务，从而表现出服务人员的良好风度与素养。

一、服务礼仪的内涵

（一）服务的概念及释义

1. 服务的概念

在《现代汉语词典》中，对服务有这样的解释："服"，担任（职务）；承担（义务或刑罚）；承认；服从；使信服。"务"，事情、事务、从事、致力。

"服务"就是为集体（或别人的）利益或为某种事业而工作；"服务行业"就是为人服务，使人生活上得到某些方便的行业。

我们这样来定义服务：服务就是为他人利益或为某种事业而工作，以满足他人需求的价值双赢的活动。服务是一种人与人之间的沟通与互动。

因此可以看出服务有以下几层意思：第一，服务的目的是为满足客人（或他人、组织）的需求；第二，服务是一个互动的交流过程；第三，服务的结果是双赢。

2. 服务的释义

服务的英文单词是 SERVICE，其每个字母都有着丰富的含义。

S——Smile（微笑）：其含义是服务人员应该对每一位顾客提供微笑服务，所以微笑服务是最基本的服务要求。

E——Excellent（出色）：其含义是服务人员应将每一个服务程序、每一个微小服务工作都做得很出色。

R——Ready（准备好）：其含义是服务人员应该随时准备好为顾客服务。

V——Viewing（看待）：其含义是服务人员应该将每一位顾客看作需要提供优质服务的贵宾。

I——Inviting（邀请）：其含义是服务人员在每一次服务结束时，都应该显示出诚意和敬意，主动邀请顾客再次光临。

C——Creating（创造）：其含义是每一位服务人员应该想方设法地精心创造出使顾客能享受其热情服务的氛围。

E——Eye（眼光）：其含义是每一位服务人员应该以热情友好的眼光关注顾客，适应顾客心理，预测顾客要求，及时提供有效的服务，使顾客时刻感受到服务。

（二）服务礼仪的内涵

服务礼仪，通常指的是礼仪在服务行业内的具体运用。一般而言，服务礼仪主要指服务人员在自己的工作岗位上严格遵守的行为规范。行为指的是人们受自己的思想意志的支配而表现在外的活动；规范指的是标准的、正确的做法。由此可见，行为规范是指人们在特定场合进行活动时标准的、正确的做法。服务礼仪的实际内涵，是指服务人员在自己的工作岗位上向服务对象提供标准的、规范的、热情的、周到的服务。

二、服务礼仪的功能

目前，在服务行业内普及、推广服务礼仪，具有多方面的功能。

其一，有助于提高服务人员的个人素质。

其二，有助于更好地尊重服务对象。

其三，有助于进一步提高服务水平与服务质量。

其四，有助于塑造并维护企业的整体形象。

其五，有助于企业创造出更好的经济效益和社会效益。

总而言之，在当前我国加速推行社会主义市场经济的时代潮流中，服务行业若是对于普及、推广服务礼仪疏于认识、不予以重视、行动迟缓，很可能会为此付出沉重的代价。

三、服务礼仪的特点

服务礼仪是一种实用性较强的礼仪。同其他类型的礼仪相比，服务礼仪具有明显的规范性和较强的操作性。

（一）规范性

服务礼仪的规范性主要包括服务人员的仪容规范、仪态规范、服饰规范、语言规范和岗位规范等内容。在一些具体问题上，服务礼仪对于服务人员应该怎么做和不应该怎么做，都有比较详细的规定和特殊的要求。离开了这些由一系列具体做法所构成的基本内容，服务礼仪便无规范性可言。在普及、推广服务礼仪的过程中，服务人员只有对服务过程中正确与不正确的做法有了明确的认识，才能更好地提供服务。

在自己的本职岗位上，服务人员必须严格遵守有关的岗位规范。服务人员的岗位规范指的是服务人员在工作岗位上面对服务对象时所必须遵守的，以文明服务、礼貌服务、热情服务、优质服务为基本准则的各项有关的服务标准和服务要求。服务礼仪的核心内容，就是服务人员应该遵守的有关岗位规范。在为他人进行服务时，服务人员如果对有关的岗位规范一无所知，或者明知故犯，遵守服务礼仪就会变成一句空话。

（二）操作性

服务人员的礼仪服务，最重要的特点就是其操作性，即在对顾客服务过程中的服务态度、服务知识与服务技能。三者互相关联、互相依存，在实际服务工作中缺一不可。

服务态度，指的是服务人员在为顾客服务时的主要表现。标准的、正确的服务态度应当是主动、热情、耐心、周到。服务知识，主要是指服务人员在服务过程中应该具备的专业技术知识。服务人员只有具备了一定的专业技术知识，服务质量才能有真正的提高。服务技能，一般指的是服务人员在为顾客服务过程中所运用的，具有一定的可操作性的技能与技巧。这种服务技能和技巧不仅与服务人员的服务知识有关，也可以体现出服务人员的服务态度、服务质量和服务水平。每一位服务人员只有在服务态度、服务知识、服务技能三个方面做得好，才能达到服务礼仪规范标准。

任务二　服务礼仪的白金法则

知识认知

在服务工作中，服务人员亟待解决的一个重要理念问题是：服务人员应该如何摆正与顾客之间的位置，并如何端正自己对待顾客的态度。观念决定思路，思路决定出路。倘若这一理念问题不能认真解决，则服务人员在工作中的态度必受影响，积极性、主动性难以获得发挥，工作甚至生活的质量也会为此而大打折扣。对服务人员而言，解决这一问题的捷径，就是要认真领会、努力遵守服务行业里所通行的白金法则。

白金法则是由美国著名学者亚历山德拉、奥康纳等人于20世纪80年代末期提出来的。白金法则的基本内容是：在人际交往中，尤其是在服务岗位上，若要获取成功，就必须做到把交往对象放在第一位，即交往对象需要什么，就应当在合法的条件下，努力去满足对方的需要。在服务行业中，白金法则早已被人们普遍视为交际通则和服务基本定律。

就本质而言，白金法则的要点有两个：第一，在人际交往中必须自觉地知法、懂法、守法，行为必须合法。第二，交往成功的关键在于凡事以对方为中心。

具体来说，白金法则对服务人员的启迪也有两个方面：第一，必须摆正自己的位置。第二，必须端正自己的态度。

一、摆正位置

在日常生活与工作中，每一个人都有自己的具体位置。了解自己所应占据的位置，不但可以使自己适得其所，而且还可以提高自身的工作和生活质量。

这一点，对服务人员来说，其意义是不言而喻的。服务人员如果忽略了这一点，那可能就会干什么不像什么了，其个人心态与工作质量均会为此而大受影响。

具体而言，在工作岗位上要求服务人员摆正位置，必须明确下述两点：

（一）服务于人

服务人员必须明确地意识到：不论自己具体从事何种工作，其本质都是服务于人的。进而言之，服务人员的工作性质，就是为顾客服务，为社会服务，为改革开放服务，为我国的社会主义事业服务。这一点，绝对不容许服务人员有半点的怀疑。服务的实质就是为别人工作，它要求时时处处以顾客为中心，时时有求必应，事事不厌其烦。认识不到这一点，恪尽职守、做好本职工作就无从谈起。服务人员要想做好服务工作，必须从以下两个方面入手。

（1）强调人际交往中的互动。过去，中国人长期生活在传统的农业社会中，农业社会的一大特点是：生活自给自足，交往以自我为中心。受农业社会的影响，人们在人际交往中大都推崇我行我素，往往喜欢自以为是，而不太在乎自身行为的实际效果，即不善于进行互动。实际上，如果人际交往的具体效果不佳，交往本身往往就变得毫无意义。可以设想一下，假使赞美别人时用词不当、方式不好、表达不佳，在对方听来等于辱骂他一般，那么此种赞美起不到赞美的效果。

（2）坚持以交往对象为中心。也就是不允许凡事都我行我素、以自我为中心。在人际交往中，尤其是在服务中，如果不能够坚持做到凡事以顾客为中心，根本就不要指望可以做好本职工作。在服务岗位上，要求服务人员凡事以顾客为中心，实际上就是进一步要求其明确自己的具体位置，就是要求其更好地、全心全意地做好自己的服务工作。

（二）换位思考

在日常性的具体工作中，服务人员都必须充分认识到：自己所面对的广大服务对象不仅男女有别、长幼有别、性格有别、教养有别、民族有别、宗教有别、职业有别、地位有别，不单单内外有别、中外有别、外外有别，而且人人有别、事事有别、时时有别、处处有别。因此，服务人员要想提高服务工作的质量，就一定要善于进行换位思考。日常生活与工作实践早已充分证明：一个人所处的时间、空间、地位不同时，其所作所为往往大相径庭；而具有不同性别、年龄、职业、教育、民族、宗教的人处于同一时间、同一空间、同一位置时其个人感受通常也难见"众口一词"。既然人与人之间多有不同，既然做好服务工作的基本要求是以交往对象为中心，那么每一名服务人员在具体工作中，都必须积极主动地进行换位思考。换位思考的主要要求是：与他人打交道时，尤其是当服务于顾客时，必须主动而热情地接待对方，必须善于观察对方、了解对方、体谅对方，必须令自己认真站在对方的位置上来观察思考问题，从而真正全面而深入地了解对方的所思所想、所作所为，以求更好地与之进行互动。

二、端正态度

服务人员在日常工作中，要想真正地摆正自己与顾客之间的位置，首先必须认真解决的一个重要问题是必须端正自己的态度。

在人际交往中，心态通常决定一切。一个人有什么样的态度，就会有什么样的工作。服务人员的个人心态如果调整得不好，在日常工作中就不能真正地端正自己的态度，前面所要求的服务"以交往对象为中心"，根本就无从谈起。

具体而言，要求服务人员端正态度，需要注意如下三个方面：

（一）接受对方

实践证明，与人交往时，接受对方是双方交往取得成功的重要前提，做不到此点，交往成功往往就是一种奢谈。

服务人员在与顾客进行接触时，首先必须在内心里真心实意地接受对方。这一点要是不明确或者做不到，"以交往对象为中心"的理念便难以获得真正的实施。

所谓接受顾客，就心态而言，主要是要求服务人员在接待顾客时，尤其是在对顾客进行服务时，不要站在对方的对立面，不要有意无意地挑剔对方、捉弄对方、难为对方、排斥对方，不要不容忍对方，不要存心与对方过不去。简言之，容纳对方，善待对方，而不是排斥对方。

服务礼仪强调"尊重为本"。在服务岗位上，接受对方，意在表示对顾客的高度尊重。在服务岗位上，尊重顾客就是服务礼仪对服务人员所提出的基本要求。就操作层面而言，在服务岗位上，要求服务人员尊重顾客，实际上就是要求其尊重顾客的一切合乎情理的选择，而不允许对其越俎代庖，横加干涉。

接受对方，要求服务人员宽以待人，尊重服务对象，善待服务对象，它并非要求服务人员对顾客处处肯定。当顾客的所作所为有违法律道德、有辱国格人格、有损行业利益、有害于企业形象时，服务人员仍须对其据理力争，针锋相对，毫不退让。

案例分享

景泰蓝食筷

在一家涉外宾馆的中餐厅里，正是中午时分，用餐的客人很多，服务员忙碌地在餐台间穿梭着。

有一桌的客人中有好几位外宾，其中一位外宾在用完餐后，顺手将自己用过的一双精美的景泰蓝食筷放入了随身带的皮包里。服务员在一旁将此景看在眼里，不动声色地转入后堂，不一会儿，捧着一只绣有精致花案的绸面小匣，走到这位外宾身边说："先生，您好，我们发现您在用餐时，对我国传统的工艺品——景泰蓝食筷表现出极大的兴趣，简直爱不释手。为了表达我们对您如此欣赏中国工艺品的感谢，餐厅经理决定将您用过的这双景泰蓝食筷赠送给您，这是与之配套的锦盒，请笑纳。"

这位外宾见此状，听此言，自然明白自己刚才的举动已被服务员尽收眼底，颇为惭愧。只好解释说，自己多喝了一点，无意间误将食筷放入包中，感激之余，更执意表示希望能出钱购下这双景泰蓝食筷，作为此行的纪念。餐厅经理亦顺水推舟，按最优惠的价格，记入了主人的账上。

聪明的服务员既没有让餐厅受损失，也没有令客人难堪，圆满地解决了事情，并收到了良好的交际效果。

（二）善待自我

毛泽东同志说过：世间一切事物中，人是第一个可宝贵的。因此，服务人员在其繁重而艰辛的实际工作中，必须要善待自我。

善待自我的基本要求，是提醒每一名服务人员在生活与工作中，都要尊重自己并爱护自己。生活经验告诉我们：一个人如果不尊重自己，就不可能赢得他人真正的尊重。同样的道理，每一名服务人员假如不懂得爱护自己，就不可能更好地为国家、为社会、为单位、为顾客工作，就会辜负国家、社会和本单位对自己的殷切期望。

在日常的服务工作中，每一名服务人员均应具有的健康心态是：善待自己，善待顾客。二者实际上互为因果，往往缺一不可。一方面，服务人员只有善待自己，才能够更好地善待顾客。另一方面，服务人员善待顾客，其实就是善待自己。

（三）和而不同

2002年10月23日，国家主席江泽民在美国发表演说，正式提出了"和而不同"的外交理念。"和而不同"外交理念的基本点是：必须维护世界的多样性，必须尊重世界上所客观存在的一切差别，必须承认世界各国相互依存。与此同时，还应当坚持每一个国家在国际交往中求同存异，并倡导世界各国维护和平，共同发展。

在外交实践中行之有效的和而不同的科学理念，对服务人员做好服务工作，也具有十分重要的参考价值。在服务工作中要具体贯彻和而不同的理念，服务人员须做到以下两点：

（1）尊重多样性。世界的多样性，本质上在于各国文明的多样性，认识到这一点是非常重要的。只有尊重世界的多样性，各个国家、各个民族、各种文明才能和谐相处，相互学习，相互借鉴，相得益彰。服务人员和顾客在社会地位、职业、文化素养、生活习惯，民族特征等方面多有差异，其世界观、人生观、价值观乃至思维方式、行事规则等必然多有不同，所作所为往往相去甚远。只有真正认识了这一点，服务人员才容易理解别人、尊重别人。

（2）承认相互依存。当今世界不仅是一个多样性的世界，而且还是一个相互依存的世界。世界是丰富多样的，各种文明和社会制度应该而且可以长期共存，在竞争比较中取长补短、在求同存异中共同发展。从本质上看，服务人员与顾客自然也是相互依存的。如果服务人员不接受、不容忍顾客，非但本职工作难以做好，而且本人的生活也会受到影响。

任务三　服务礼仪的三 A 法则

知识认知

根据服务礼仪的规范，服务人员欲向顾客表达自己的尊敬之意时，需要善于运用三 A 法则：第一个 A，接受顾客（Accept）；第二个 A，重视顾客（Appreciate）；第三个 A，赞美顾客（Admire）。

在服务礼仪中，三 A 法则主要是有关服务人员向顾客表达敬重之意的一般规律。它提醒服务员，欲向顾客表达自己的敬意，并且能够让顾客真正地接受自己的敬意，关键是要在向顾客提供服务之时，以自己的实际行动去接受顾客、重视顾客、赞美顾客。

认识到服务礼仪的核心在于恰到好处地向顾客表达自己的尊敬之意，对于广大服务人员改进服务作风、端正服务态度、提高服务质量，必将大有益处。具体来说，在服务中上向顾客表达尊敬之意，必须借助于一系列约定俗成的惯例，也包括运用服务礼仪。服务人员在运用服务礼仪时，必须善于透过现象看本质，善于抓住重点环节，善于举一反三，针对具体问题进行具体分析。在服务实践里，要真正做到对于顾客接受、重视与赞美，三 A 法则具有一系列具体的规定和要求。

一、接受顾客

三 A 法则的第一条就是平等友善地接受顾客。接受顾客，主要体现为服务人员应当对顾客热情相迎。服务人员不仅不能怠慢顾客、冷落顾客、排斥顾客、挑剔顾客、为难顾客，更重要的是应当积极、热情、主动地接近顾客，淡化双方间的戒备、抵触和对立的情绪，恰到好处地向顾客表示亲近友好之意，将顾客当作自己的朋友来看待。

现在，顾客选择的余地已经越来越大。在这种情况下，顾客所要购买的往往不只是某一种商品，与此同时，他们也在购买服务，即对于服务质量越来越关注。有时，服务人员服务质量的好坏，甚至成了顾客选择消费时的决定性因素。

服务质量，通常泛指服务人员的服务工作的好坏与服务水平的高低。具体而言，服务质量主要由服务态度与服务技能两大要素构成。在一般情况下，顾客对服务态度的重视程度，往往会高于对服务技能的重视程度。对于一般顾客来说，服务人员若能服务态度好，同时服务技能也不错，那就是最好的。即使是服务技能稍逊一筹，但服务态度很好，还是情有可原的。但如果服务人员的服务技能尚可，但服务态度极差，则会引起顾客的厌恶。出现这种情况时，有些顾客可能会恼羞成怒，以偏概全，会认为在这家企业内，所有的工作人员都是这样，对整个企业形成一个很差的印象。

接受顾客，说到底是一个服务态度是否端正的问题。尊重顾客，就要尊重顾客的选择。真正地理解了"顾客至上"这句话的含义，自然而然就应当认可对方、容纳对方、接近对方。服务人员在内心中必须确认：顾客通常都是正确的。只有做到了这一点，才能真正地提高自己的服务质量。

在工作岗位上，服务人员接受顾客，不仅仅是思想上的接受，而且还应当在实际行动上体现这样的理念。比如为顾客提供服务，切勿毫无缘由地上下、反复打量顾客，或者斜着眼睛、翻着眼睛注视顾客，这样的行为和眼神，显然不是接受顾客的表现。同顾客进行交谈时，服务人员一般不应当直接与顾客争辩、顶嘴或抬杠。即使见解与对方截然不同，也要尽可能地采用委婉的语气进行表达，而不宜直接与对方针锋相对。绝不要用"谁说的，我怎么不知道""真的吗""有这么一回事吗""骗谁呀"这一类的怀疑、排斥他人的话语去跟顾客讲话。更不要任意指出顾客的种种不足之处，特别是不应该明言对方生理上、穿着上的某些缺陷，否则，就等于是宣告自己不接受对方。

二、重视顾客

三A法则要求服务人员真心实意地重视顾客。重视顾客是服务人员对顾客表示敬重之意的具体化。它主要表现为认真对待顾客，主动关心顾客，通过为顾客提供服务，使顾客真切地体验到：自己备受服务人员的关注、看重，在服务人员眼中自己永远都是非常重要的。

案例分享

客人为什么又留下了

一个下雨的晚上，机场附近某一大酒店的前厅很热闹，接待员正紧张有序地为一批误机团队客人办理入住登记手续，在大堂的休息处还坐着五六位散客等待办理手续。此时，又有一批误机的客人涌入大厅。大堂经理小刘密切注视着大厅内的情景。

"小姐，麻烦您了，我们打算住到市中心的酒店去，你能帮我们叫辆出租车吗？"两位客人从大堂休息处站起身来，走到小刘面前说。"先生，都这么晚了，天气又不好，到市中心去已不太方便了。"小刘想挽留住客人。

"从这儿打的士到市中心不会花很长时间吧，我们刚联系过，房间都订好了。"客人看来很坚决。

"既然这样，我们当然可以为您叫车了。"小刘彬彬有礼地回答道。她马上叫来行李员小秦，让他快去叫车，并对客人说："我们酒店位置比较偏，可能两位先生需要等一下，我们不妨先到休息处等一下好吗？"

"那好吧，谢谢。"客人被小刘的热情打动，和她一起来到大堂休息处等候。

天已经很黑了，雨夹着雪仍然在不停地下，行李员小秦始终站在路边拦车，但十几分钟过去了，也没有拦到一辆空车。客人等得有些焦急，不时站起身来观望有没有车。小刘安慰他们说："今天天气不好，出租车不太容易叫到，不过我们会尽力而为的。"然后又对客人说："您再等一下，如果叫到车，我们会及时通知您的。"

又是15分钟过去了，车还是没拦到。客人走出大堂门外，看到在风雪中站了30多分钟脸已冻得通红的行李员小秦，非常抱歉地说："我们不去了，你们服务这么好，我们就住这儿吧，对不起。"还有一位客人亲自把小秦拉进了前厅。

服务人员在工作岗位上要真正做到重视顾客，首先应当做到目中有人，有求必应，有问必答，想对方之所想，急对方之所急，尽力满足对方的要求，努力为其提供良好的服务。与此同时，服务人员还需注意：

（一）善用尊称

对于顾客表示尊敬的一种常规做法，就是采用尊称。服务人员在为顾客提供服务时应采用尊称。

如果需要采用尊称而没有这样做，就不会让顾客感受到服务人员对自己的尊重。如将一位上了年纪的老先生称为"老头儿"，或者直接把自己的顾客唤作"哎""五号""下一个"等。

此外，服务人员还应注意的是，以尊称称呼顾客时，首先必须准确地对顾客进行角色定位，力求使自己所使用的尊称能够为对方所接受，不然，即使采用也不会令对方高兴。例如对于一位政府官员，用"师傅"来称呼他就很不合适，对于一位大学教授，用"老板"去称呼他也是不合适的，用"老先生"去称呼上了年纪的外籍男子也会造成他们的不愉快。所以，要根据顾客的身份采用恰如其分的称呼。

（二）注意倾听顾客的要求

有人曾问："听与说哪一个更重要一些？"有人回答："听比说更重要。"原因是什么呢？因为人只有一张嘴，却有两只耳朵。这种说法不一定有理论依据，但是却实实在在地告诉人们：在交往中，倾听的确是非常重要的。任何谈话，都表现为说与听之间的双向循环和听与说的角色互换。要达到说话双方的真正沟通，光能说、会说还不行，还要能听、会听、善听。听，不仅是接收信息的主要手段，而且是反馈信息的必要渠道。有关语言交际资料表明：在人们日常的语言活动中，"听"占45%，"说"占30%，"读"占16%，"写"占9%。也就是说，人们有近一半的时间在听，可见"听"在日常交际活动中的重要地位。

服务人员要与顾客建立良好关系，就需要热情，而认真倾听顾客说话是表示友好热情的最好方式之一。在与顾客交谈中专注地听是在无声地告诉顾客：你是一个值得我聆听你讲话的人。这样，也就在无形中表示出了自己对顾客的尊重。顾客受到你的尊重，就会对你产生好感，乐意与你交往。良好的倾听能力是服务成功的要素之一。现代社会要求我们在听话能力上做到：听得准、理解快、记得清。

倾听是指在他人阐述见解时，专心致志地认真听取。倾听的实质就是对于被倾听者最大的重视。当顾客提出某些具体要求时，服务人员最得体的做法，是要对顾客的讲话认真倾听，并尽量予以满足。从某种意义上说，全神贯注地耐心倾听这本身就会使顾客在一定程度上感到满足。"少说多听",不但是常人必须知道的处世之道,而且对于服务人员来说也是必须掌握的服务技巧。当顾客提出要求或意见时,服务人员耐心地加以倾听,除了可以表示对顾客比较重视之外,这也是旅游行业的工作性质对服务人员所提出的一种基本要求。因为唯有耐心地地倾听顾客的要求或意见,才能充分理解顾客的所思所想,才能更好地为顾客服务。此时,服务人员任何三心二意的举动,都会让顾客感到不快。服务人员在倾听顾客的要求或意见时,切忌弄虚作假、敷衍了事。一般来讲,当顾客提出什么要求或意见时,服务人员应当暂停手中的工作,目视顾客,并以眼神、笑容或点头来表示自己正在洗耳恭听。如有必要的话,服务人员还可以主动地与顾客进行交流。"说话听声,弹琴听音。"服务人员不仅必须懂得及重视倾听顾客的一言一语的重要性,而且不只用耳朵接收信息,还必须用心去理解,做出应有的反应。倾听要做到耐心、虚心和会心。

三、赞美顾客

三A法则要求服务人员恰到好处地赞美顾客,这也是对顾客的肯定。赞美顾客,其实质就是对顾客的接受与重视,从某种意义上说,赞美他人实质上就是在赞美自己,就是在赞美自己的虚心、开明、宽厚与容人。从心理上来讲,正常人都希望自己能够得到别人的欣赏与肯定,而且别人对自己的欣赏与肯定最好是多多益善。获得他人的赞美,就是对自己最大的欣赏与肯定。一个人在获得他人中肯的赞美时内心的愉悦程度,常常是任何物质享受都难以比拟的。

赞美顾客,具体来说就是要求服务人员在向顾客提供具体服务的过程中,要善于发现对方之所长,并且及时地、恰到好处地对其表示欣赏、肯定、称赞与钦佩。这种做法的最大好处,是可以争取顾客的合作,使服务人员与顾客在整个服务过程中和睦友善地相处。

有些时候,即使服务人员需要婉转地批评一下顾客,或者需要否定顾客的见解时,适当地辅以一些对于顾客的赞美之词,可能会收到较好的效果,要注意"进行七分批评,也要加上三分赞美"。服务人员在赞美顾客时,要注意以下三点:

(一)赞美顾客要适可而止

虽说赞美被视为服务过程中的一种有效的人际关系润滑剂,但是服务人员在具体运用时,必须有所控制,并限量使用。若是服务人员对顾客所讲的每一句话都是赞美之词,使赞美充斥于整个服务过程之中,不但会令人觉得肉麻,而且也会使赞美本身贬值,令其毫无实际的意义。

服务人员对于顾客的赞美,不可以一点儿没有,也不可以过度泛滥。恰如其分、点到为止是服务人员赞美顾客时必须认真加以把握的重要分寸。

(二)实事求是地赞美顾客

服务人员必须明确:赞美不是吹捧。赞美和吹捧是有所区别的:真正的赞美是建立在实事求是的基础上的,是对于他人长处的一种实事求是的肯定与认同。吹捧则不然,吹捧是指无中生有或夸大其词地对别人进行恭维和奉承,目的是讨他人欢心。因此,对顾客的赞美如果背离了实事求是这一基础,就从根本上背离了服务行业"诚实无欺"的原则。这种情况发展到了极端,就是哄人、骗人、蒙人,因此绝对不可取。

（三）恰如其分地赞美顾客

对顾客的赞美要想被顾客所接受，就一定要了解顾客的情况。例如赞美一位皮肤的确保养得不错的女士时，说她"深谙护肤之道"，一定会让她非常高兴。可要是用这句话去赞美一位皮肤暗然无光的女士，那就可能适得其反了。

服务人员尤其要注意，切勿自以为是地用顾客不爱听的话语进行赞美。例如赞美一位顾客口才好，可以说他"妙语连珠""十分幽默"，但要是说他"能侃""讲话跟说相声一样"，这就很可能使顾客听起来不那么舒服，让顾客感觉你是在讽刺他。

任务四　服务礼仪的首轮效应

知识认知

首轮效应，有时又称首因效应，它主要是指一个人或一个企业留给他人的客观印象是如何形成的问题。换言之，首轮效应就是一种有关个人形象、企业形象的成因及其塑造的理论。因此，服务人员应当对这一理论和现象引起足够的重视。

从总体上讲，首轮效应理论的核心内容是：人们在日常生活中初次接触某人、某物、某事时所产生的即刻印象，通常会在对该人、该物、该事的认知方面发挥明显的甚至是举足轻重的作用。对于人际交往而言，这种认知往往直接制约着双方的关系。

案例分享

"昂贵"的巨型商厦

20世纪90年代中期，在某城市的西北部出现了一座巨型商厦。商厦中不仅各类商品琳琅满目，内部装修十分华美，就连那里的全体营业员也显得与众不同：他们年纪轻，形象好，文化程度都在大专以上。可是，它的初期营业却不尽如人意。因为人们觉得那里的商品种类确实很多，装修也很不错，但是商品的价格有点高，人们普遍感觉难以承受。因此，人们对该商厦的评价就是："那里的东西太贵了。"实事求是地说，这家商厦同其他档次相近的大型商厦相比，商品并不见得贵到哪儿去。相反，它所出售的不少商品反倒比别的地方相对便宜一点儿。然而人们却似乎对此视若不见，依旧固执己见，不断地传说"那里的东西太贵"。这样一传十，十传百……就连外地人都知道了此事。几年以后，尽管该商厦不断地进行各种旨在吸引顾客光顾的公关活动，但依旧未能改变其在人们心目中的形象，许多人好像仍然在对它实行"抵制"。这就是一个比较典型的首轮效应。

一、第一印象

在人际交往中，或者是在平时对某一事件的接触过程中，人们对于交往对象或者所接触的事物形成的印象，特别是在与对方初次交往或者初次接触时所形成的对于该人、该事物的第一印象，通常至关重要。这种印象，尤其是第一印象的好坏，往往不但会直接左右着人们对于自己的交往对象或者所接触的事物的评价，而且还会在很大程度上决定着人际交往中双方之间关系的好坏，或者人们对于某一事物的接受与否。

总之，首轮效应理论的第一个观点就是认为给人的第一印象至关重要，第一印象甚至会决定一切。这一观点是首轮效应理论中最重要的观点。所以，有人据此将首轮效应称为第一印象效应，并且进而将首轮效应理论直接叫作"第一印象决定论"。

上文案例中提到的那家商厦被人们认定为"那里的东西太贵"，其实是事出有因的。该商厦在开业之初，为了提高自己的声望，同时也是为了吸引厂商与顾客，举办了一系列的世界一流名牌商品的展示活动。顾客一进门，就能看到上百元一只的杯子、上千元一条的领带、上万元一只的手包，于是，人们便自然而然地产生了这家商厦"东西太贵"的第一印象。后来，尽管该商厦所销售的商品并未以世界一流品牌为主，并且屡屡开展各种形式的公关活动，然而"那里的东西太贵"的第一印象依然在人们头脑中作祟，因此它的客流量一直未见明显的增长。说白了，那家商厦之所以有今天，关键就在于人们对它的第一印象不佳。

第一印象实际上往往可与人们的第一眼印象画上等号。也就是说，人们平日对于某人、某物、某事所产生的第一印象，大都是在看到或听到对方之后的一刹那间形成的。心理学实验证明，人们在接触某人、某物、某事之时，大都少不了会对对方产生第一眼印象。这种瞬间形成的第一眼印象，通常只需要大约30秒钟的时间。对于不少人来说，他们对于某人、某物、某事的第一印象的形成，甚至只需要3秒钟左右的时间，这就是说，很多人的第一印象与第一眼印象是重合的。

首轮效应理论的这一观点对于服务人员的重要启示至少有两点：第一，在初见顾客时，必须注意认真地全方位地策划好自己的"初次亮相"，以求顾客对自己形成良好的第一印象，并且予以认同。第二，在进行服务时，应力求使顾客对自己产生较好的第一印象。唯有如此，双方才会和睦相处，避免摩擦，顾客也会对服务人员在以后所提供的各项服务舒心满意，而不至于处处对其进行刁难，甚至吹毛求疵。

二、心理定式

在一般情况下，人们对于某人、某物、某事所形成的第一印象，大致都属于非理性的。从某种程度上讲，人们所产生的第一印象，主要基于对方在双方相逢之初的具体表现以及自己根据已往的生活经验对其进行的即刻判断。这种即刻判断往往能够扩散出一种相当迅速的反应和一种纯粹个人的感觉，这种反应或感觉可能并不一定需要循规蹈矩地进行什么复杂的理性思维或逻辑推论。因此，有人曾经说："在人际交往当中，一个人对另外一个人的印象，常常都受其主观感觉所支配，并且事实上大都是在凭着个人的感觉行事。"

在实际生活中，人们多多少少都会有过这样的经验，自己对于某人、某物、某事的看法和评价，主要都是在与对方初次接触时所产生的。对于对方的看法、评价不论好坏，往往与其他方面的情况，如对方既往的表现、外界对对方已有的看法与评价、对方当时所进行的自我介绍等有关，但这种关系不是直接的因果关系。这种"跟着感觉走"的第一印象，其实未必百分之百地全面、客观、正确，但是它在人际交往中的客观存在与实际作用，却是每个服务人员必须充分重视的。

第一印象的非理性特征还表现为人们对于某人、某物、某事形成的第一印象一旦形成，通常都很难逆转。这就是说，第一印象形成后，往往会使人们产生某种心理定式。

从总体上看，在人们与某人、某物、某事接触之初形成的第一印象，对于双方之间的交往或认同发挥着一定的指导作用或影响。虽然从本质上说,第一印象仅是一种较为初步的了解和判断,但就是这样的一个初步了解或判断,在实际生活中却往往起着使人际交往继续或停止,使人们对于某物、某事接受抑或排斥、否定的重要作用。

在日常生活里,人们对于某人、某物、某事的第一印象,经常会对双方的交际态度产生影响。如果人们对于某人、某物、某事的第一印象比较好的话,那么对此后与之交往、接触中所感知到的某些负面的因素,往往会不怎么介意,或不太计较,有时甚至还会完全忽略。这就是说,即使后来对对方的了解与认识同第一印象存在着一定的差距,人们仍然会自觉地服从自己的第一印象。

例如一个人认可了某一品牌之后,往往就会主动替它说好话。即使有人对其进行非议,也会不以为然,甚至根本不能接受。同样,如果一个人不喜欢另外一个人,对他的第一印象欠佳的话,不管那个人后来的实际表现如何,他人对其所作的评价如何,恐怕一时半会儿都难以说服前者。实践证明,人们的第一印象很多都是比较准确、比较可靠的。第一印象形成之后,要想再去改变它,通常都非常麻烦,如果做得不好,反而会弄巧成拙,适得其反,越想改变人们对自己的第一印象就越是改变不了。所以,服务人员必须意识到:要努力留给外界一个良好的第一印象,这样做比形成不太理想的第一印象后再去想方设法地采取补救性措施,肯定要容易得多。

三、制约因素

首轮效应理论认为,人们对于某人、某物、某事所形成的第一印象,主要来自双方交往之初所获取的某些重要信息,以及据此对对方的基本特征所做出的即刻判断。在这里,那些人们在与某人、某物、某事交往之初所获取的某些重要信息,即为形成第一印象的主要制约因素。

从根本上来说,既然第一印象的形成主要取决于某些制约因素,那么想要在日常生活中给他人留下良好的第一印象,就需要对于那些发挥关键作用的制约因素有深刻的认识,并相应地采取一切可能的、有效的措施,促使那些制约因素发挥积极作用。

具体而言,在形成第一印象的过程中发挥制约作用的主要因素,通常是各不相同的。

(一)个人方面

对于个人来说,直接影响外界对他的第一印象的制约因素,主要有以下五个方面:

1. 仪容

仪容指人的相貌与外观。一个人如果仪容整洁,神采奕奕,相貌端正,往往会给人以好感。相反,要是脏乎乎的、满面晦气、外形丑陋的话,自然就不会为他人所欣赏。

2. 仪态

仪态包括人们的举止与表情。它犹如人们的一种身体语言,同样也能够向外界传递一个人的思想、情感与态度。在许多情况下,人们的身体语言所传递的信息,较之于口头语言与书面语言,通常会更真实、更准确。

3. 服饰

服饰就是人的穿着打扮。在现实生活中,一个人的服饰,不仅仅是其遮羞、御寒之物,更重要的是,通过服饰可以体现出一个人的个人修养、生活阅历和审美品位。

4. 语言

在人际交往中，语言是一种最重要的交际工具。语言除了可以传递信息之外，也可以向交往对象表现自己对其尊重与否。所以，对一个成年人来说，重要的不是会不会说话，而是如何把话说好。

5. 应酬

无论是在工作交往中还是在私人交往中，人们都不可避免地要接触其他人，并且与对方进行一定程度的应酬。应酬就是待人接物，在应酬时的态度、表现，往往会留给交往对象以极其深刻的印象。

（二）事物方面

对于一种事物来说，直接影响外界对它的第一印象的制约因素，主要有以下四个方面：

1. 观感

观感是指人在接触某一事物时，对其外观所产生的直观感受。它包括该事物的形态、体积、大小、色彩、质地、质量等。这些观感，通常对于人们形成该事物的第一印象起到的作用很大。如在餐饮服务中的观感是指酒店大堂、餐厅内陈设、餐桌的形状及色彩、餐具的摆放、台面的设计等。

2. 氛围

氛围一般指的是在某种特定的环境中给人以某种强烈感觉的现场景象、特殊情调或精神表现。在此，主要是指某一事物所处的具体环境，以及它在外景与情调方面所带给人们的特别感受。不可否认，某一事物所处的具体氛围，往往会直接左右着人们对它所产生的第一印象的好坏。

3. 传播

传播在这里具体指的是与某一事物直接或间接相关的信息散布与交流。就传播渠道而言，常见的三种传播渠道有大众传播、群体传播与个体传播。对常人来讲，有关某一事物的各种形式的传播，特别是在其接触该事物之前所接收的与其有关的各种形式的传播，常常会先入为主地直接或间接地影响对于它的整体看法或评价。

4. 人员

在现实生活中，人们在接触某一事物的同时，往往遇到一些与该事物存在着某种关系的人。如在旅游餐饮服务中，餐厅的服务员、酒店的引领、厨师、收银员等，这些人员的表现，尤其是他们在涉及该事物时的所作所为，毫无疑问地对于外人对该事物第一印象的形成有很重要的影响。

应当注意的是，对一个人或一种事物所产生的第一印象的制约因素不尽相同，它们在实际上往往又各自发挥着不同的作用，因此，如果想让外界对自己或某一事物产生良好的第一印象，就必须分别从以上几个方面着手。不然的话，就很有可能会使自己的努力方向出现偏差，徒劳无功。

从根本上说，首轮效应理论实质上是一种有关形象塑造的理论。在人际交往中，之所以强调第一印象十分重要，目的就在于要塑造好形象、维护好形象。服务人员都必须明确，不论是自己的个人形象，还是本单位的企业形象，都是自己为顾客所提供的服务的有机组成部分。

形象是一种服务。个人形象、企业形象被塑造好了，不仅会使顾客感受到应有的尊重，而且还会使顾客在享受服务时感到赏心悦目、轻松舒畅。

形象是一种宣传。在服务行业里，个人形象、企业形象被塑造好了，就会使广大顾客交口称赞，并且广为传播，进而为企业吸引来更多的顾客。

形象是一种品牌。人人皆知，在市场经济的条件下，拥有一种乃至数种知名品牌至关重要。从某种意义上说，任何一个具有市场意识的企业都必须充分认识到：它所销售的不仅仅是商品或服务，而是自身的形象。在任何一个企业里，如果全体员工的个人形象与整个企业的形象真正为社会所认同，久而久之，就会形成一种同样难能可贵的形象品牌。

形象是一种效益。对于形象塑造来说，投入与产出肯定是成正比的。一个企业的员工形象与企业形象被塑造好了，自然使其获得一定的社会效益与经济效益。

案例分享

重要的服务仪容

某报社记者吴先生为做一次重要采访，下榻于北京某饭店。经过连续几日的辛苦采访，终于圆满完成任务。吴先生与两位同事打算庆祝一下。当他们来到餐厅，接待他们的是一位五官清秀的服务员，接待服务工作做得很好，可是她面无血色，显得很憔悴。吴先生一看到她就觉得没了刚才的好心情。仔细留意才发现，原来这位服务员没有化工作淡妆，在餐厅昏黄的灯光下显得病态十足。这又怎能让客人看了有好心情就餐呢？当开始上菜时，吴先生又突然看到传菜员涂的指甲油缺了一块，当下吴先生第一个反应就是"是不是掉入我的菜里了"？为了不惊扰其他客人用餐，吴先生没有将他的怀疑说出来，但这顿饭吃得吴先生心里总不舒服。最后，他们唤柜台内服务员结账，而服务员却一直对着反光玻璃墙面修饰自己的妆容，丝毫没注意到客人的需要。到本次用餐结束，吴先生对该饭店的服务十分不满。

服务人员在学习首轮效应理论时，有两个问题是至关重要的：一是要真正地认识到，在人际交往中留给他人良好的第一印象是非常重要的。二是要充分注意到，在人际交往中想给别人留下良好的第一印象，需要从哪些具体的细节问题上着手。

任务五　服务礼仪的亲和效应

知识认知

社会心理学家发现，心理定式在人际交往和认知过程中是普遍存在的。在人们的日常交往和认知过程中，每个人都具有一定的心理定式。

心理定式在有些情况下也被叫作心向，它是指一个人在一定的时间内所形成的一种具有一定倾向性的心理趋势。即一个人在过去已有经验的影响下，心理上通常会处于一种准备的状态，从而对其认识问题、解决问题产生一定的倾向性与专注性的影响。

一般来说，在人际交往和认知的过程中，人们的心理定式大体上可以分为肯定与否定两种形式。肯定式的心理定式，主要表现为对于交往对象产生好感和积极评价。否定式的心理定式，则主要表现为对于交往对象产生反感和消极评价。人们在人际交往和认知过程中，往往存在一种倾向，就是对于自己较为亲近的对象，会更加乐于接近。人际交往与认知过程中的较为亲近的对象，俗称"自己人"。所谓"自己人"，大体上是指那些与自己存在着某些共同之处的人。这种共同之处，可以是血缘、地缘、学缘、业缘关系，可以是志向、兴趣、爱好、利益，也可以是彼此共处于同一团体或同一组织。在现实生活里，人们往往更喜欢把那些与自己志向相同、利益一致，或者同属于某一团体、组织的人，视为"自己人"。

在其他条件大体相同的条件下，与"自己人"之间的交往效果一般会更为明显，其相互之间的影响通常也会更大。在与"自己人"的交往过程中，对交往对象属于"自己人"的这一认识本身，大都会让人们形成肯定式的心理定式，从而对对方表现得更为亲近和友好，并且在此特定的情境之中，更加容易发现和确认对方值得自己肯定和引起自己好感的事实。所有这一切，反过来又会进一步加深并固化自己对对方的原有的积极性评价。在这一心理定式的作用下，"自己人"之间的相互交往与认知在交往的深度、广度、动机、效果上，都会超过非"自己人"之间的交往与认知。由此可见，人们在与"自己人"的交往、认知之中，肯定式的心理定式发挥着一定的作用。

因此，为了更好地、恰如其分地向顾客提供良好的服务，为了使自己的热情服务获得顾客的正面评价，有必要在服务过程中积极创造条件，努力找到双方的共同点，从而使双方都处于"自己人"的情境之中。

所谓亲和效应，就是人们在交际中，往往会因为彼此之间存在某些共同之处或近似之处，从而感到相互之间更加容易接近。交往对象由接近而亲密、由亲密而进一步接近的这种相互作用，有时被人们称为亲和力。

亲和效应理论，是服务礼仪的基础理论之一。对于服务人员而言，学习、掌握并能运用这一理论，可以从以下三个方面入手：

一、近似性

亲和效应是以交往对象之间存在着某些相同之处或近似之处为基础的，离开了这一基础，交往双方往往会难以感觉到亲近进而相互认同。相反，交往对象之间的共同之处或近似之处越多，双方便更加易于感觉接近，并相互认同。

世间一切事物都存在着个体差异，所以有人才说，"世界上不存在完全相同的两片树叶"。人和人之间也是存在很多差异的，然而人与人之间所存在的这种差异，并不意味着人们彼此之间毫无共同之处可言。实际上，人与人之间存在着一定差异的同时也存在着不少的共同之处或相似点。

生活在同一地域的人，在语言、饮食、服饰、性情乃至职业方面，大都有着许多相近之处。中国有一句老话，叫"老乡见老乡，两眼泪汪汪"。这就说明老乡和老乡是"自己人"，有共同之处，能谈得来，所以，才互相接受。从理论上来讲，人与人之间的相近点，会给交际关系的建立提供极大的方便，并且会给双方之间的正常交往带来积极的促进作用。

在日常生活中，交际双方的一定的相近点，能够积极地促进人际交往，这主要来自人们交际情感的有规律的变化。在一般情况下，人们大都喜欢与那些与自己情趣、志向等相近似的人交往。有时，人们还会有意无意地夸大交往对象与自己的相似之处，借以增强自己对对方的信任感和安全感。相反，人们往往不喜欢和那些与自己情趣、志向等相反的人相处，同样，有时人们也会夸大交往对象与自己的相反之处，借以表示自己对对方的信任危机与不安全感。这是因为，在自己信任的人或是自己产生了好感的人面前，人们往往更容易放松自己，并且与对方主动接近，甚至进行更加深入的交往或合作。

二、间隔性

亲和效应是在人际交往的过程中逐渐形成的，而不是在人际交往的起始阶段就产生的。所以，有专家指出，亲和效应实际上是在首轮效应产生之后，人们对于交往对象所形成的一种更加深入的印象。

亲和效应主要以交往对象之间存在着某些共同之处或近似之处为基础。而这种共同之处或近似之处，如果交往双方没有一定时间的接触和了解，是很难发现或感觉到的。换句话说，人们在与他人初次交往时，在双方见面的一刹那间，是不大有可能发现、感觉到彼此之间的共同之处或近似之处的，需要一段时间的了解和交往才能发现、感觉到。亲和效应的这一特征，被称为间隔性。

总之，亲和效应是人们在与自己的交往对象经过了一定时间的交际之后才有可能出现的。由于它以在双方不断深入接触的过程中所获取的信息、情报、知识为依据，加上在交往过程中个人的亲力亲为，获得对方的信息也多为第一手资料，而且经过了由浅入深、去粗取精的分析，故而它使自己做出的判断更为全面、准确。

由于种种原因，在人际交往中，人们对于交往对象所产生的初始印象，总会存在某些片面、偏颇和不足之处，况且这一印象通常还需要进一步深化或加强，所以相对于首轮效应而言，亲和效应有时会更为全面，并且往往更加令人信服。

但是，亲和效应与首轮效应实际上是同一问题的两个不同方面。它们只是一种相对的关系，并非截然对立的。在人际交往中，就交往双方之间的相互认识而言，不单首轮效应是重要的，而且亲和效应也同样重要。在一般情况下，首轮效应多见于初交者之间，它往往先入为主，甚至使人对交往对象产生终生的印象，因此它是人际交往的重要基础。而产生于人际交往过程之中，并且持续发挥作用的亲和效应，则主要在熟识者之间的持续交往中发挥作用，它不但可以补充人们对于交往对象的第一印象，有时还会对其进行修改。了解到亲和效应与首轮效应之间的这种辩证关系，就必须在人际交往中对于二者同等重视，不可偏废。在为顾客进行服务的过程中，力争创造一个良好的开端，争取为顾客留下一个良好的第一印象，固然十分重要；但是倘若做不到这一点，在服务工作的开端表现得未尽如人意，比如说，因为自己的服务方式不为顾客所接受，或者自己的服务确有欠妥之处，也并非回天乏术，绝不可将错就错，破罐子破摔。

考虑到在人际交往的过程中人们对于交往对象的初始印象还有被补充、被修改的可能，因此一旦发觉自己的服务存在问题之后，应及时地采取必要的补救性措施，同样也可以挽回顾客对服务人员的不良印象。不仅如此，在接下来的服务之中，只要将功补过，还是大有希望被顾客所接受的。俗话说"不打不成交"，说的就是人们因此冰释前嫌，反而成为朋友。对此，我们不能不承认亲和效应在其中发挥着一定的作用。

三、亲和力

亲和效应在人际交往的过程中逐渐形成后，往往在交往对象之间产生一种无形的凝聚力和向心力。这种交往对象因亲和效应而产生的凝聚力和向心力,就是人们平常所提及的亲和力。通常这种亲和力具有重大的作用,它既可以促使交往对象之间进一步实现相互理解、相互接受,而且还可以促使交往对象之间相互支持、相互帮助,并且还有可能同甘共苦、风雨同舟。

案例分享

怀旧的餐厅

20世纪80年代末期,北京的某报纸曾报道说,有一位家住京郊的退休老工人,每天早上都要换上三次车、跑上十几千米的路,赶到城里的一家经营不景气的国有老字号餐馆,吃上一顿早点。老工人说他这样做的原因有三个:一是为了怀旧,二是自己"就好这一口",三是想尽自己的绵薄之力帮上那家餐馆一把。原来,这位退休老工人以前就住在那家餐馆附近,在20世纪60年代初的三年自然灾害中,那家餐馆曾不时地接济过生活极度困难的他以及他的邻里们,现在这家餐馆不景气,老工人要通过自己的实际行动来支持这家餐馆。

这位退休老工人的朴素做法,实际上就是亲和力在发挥作用。他所能做的,虽然仅仅是跑上很远的路程去吃上一顿那家餐馆的早点,但是这一举动却体现着那家餐馆已经赢得了民心。对于服务行业的经营者、管理者们来说,这一条才是最难办到的。靠着这一条,那家餐馆是有望走出困境的,事实上,它后来也确实做到了这一点。

服务企业与顾客,尤其是常来常往的顾客,彼此之间形成一定的亲和力,无疑是非常有必要的。要做到形成一定的亲和力,需要注意以下三个方面:

第一,待人如待己。在一般情况下,人们通常都会优先考虑自己的处境。爱护自己、保护自己、善待自己,是人类的一种共性。在服务岗位上,服务人员要使顾客真正地感受到自己在服务工作中所表现出来的亲和力,就必须要做到待人如待己。也就是说,在接待顾客,为其提供服务时,要像对待自己一样,而不是将其视为与自己毫不相干的人。

第二,服务出自真心。在为顾客进行服务时,服务人员必须注意,自己对顾客的友善之意要出于自己的真心,要实心实意,切勿以假乱真、虚情假意,利用对方对自己的信任去欺骗、愚弄顾客。那样做,即使可以一时得逞,但终有一天会真相大白,而遭人唾弃、自毁信誉、得不偿失。

第三,服务不图回报。从经营的角度来说,服务企业应该注重投入与产出比。但是这是从总体经营角度来说的,具体到服务人员的每一项日常行为,比如出自真心的热情服务,是不能用金钱来衡量的,否则,它自身便失去了存在的价值。

任务六　服务礼仪的末轮效应

知识认知

中国人在为人处世方面,有一句为大家所熟知的至理名言,即"善始善终"。服务人员在为顾客进行服务时,同样要注意到这一点。但是,目前国内的一些服务企业和个别的服务人员，在服务的善始善终问题上，往往会出现一些疏漏，甚至由此因小失大。当顾客刚到餐厅时，他们大都会表现得非常热情，不仅会主动问候对方，引领顾客，而且会主动席间上茶。但是，在顾客就餐完毕结账后，服务人员会略带倦意，忘了和顾客热情告别，因此表现得不能令顾客满意。诸如此类有始无终的问题在服务中之所以存在，除去个别特殊的原因，从本质上讲，主要在于服务人员对于末轮效应理论理解得不深、掌握得不够。

末轮效应理论也是服务礼仪的一个重要的基础理论。在这里，"末轮"一词，是相对于首轮效应理论之中的"首轮"一词而言的。末轮效应理论的主要内容是：在人际交往中，人们所留给交往对象的最后印象通常也是非常重要的，它往往是一个企业或一个人留给交往对象的整体印象的重要组成部分。有时，它甚至直接决定着该企业或个人的整体形象是否完美，以及完美的整体形象能否继续得以维持。

末轮效应理论的核心理念是要求人们在塑造企业或个人的整体形象时，必须有始有终，善始善终，始终如一。首轮效应强调第一印象，而末轮效应强调"终"字。一个企业或个人在有意识地塑造自己良好的整体形象时一定要有始有终，如果有始无终，便往往有可能将原来的良好形象丧失殆尽、徒劳无益。所以，它特别主张在人际交往的最后环节，争取给自己的交往对象最后留下一个尽可能完美的印象。

由于"最后印象"距离下一次交往的距离最近，而且直接影响到交往对象在下一次交往中的心理感受，所以，有学者又将末轮效应理论称为近因效应理论。

在人们相互认知与彼此交往的整个过程中，第一印象至关重要，但最后印象也同样发挥着关键性的作用。因此，首轮效应理论与末轮效应理论是同一个过程中的两个不同侧面，二者同等重要，绝不能重此薄彼，偏废其一。

根据人际交往的一般规律，在人与人的初次交往中，非常重视第一印象。但是，当人与人交往过一段时间后，则对最后印象尤为看重。所以，服务人员要特别注意，在为顾客进行服务的整个过程中，欲给顾客留下完美的印象，不仅要注意给顾客留下良好的第一印象，而且也要注意给顾客留下良好的最后印象。二者缺一，就很难树立起完美的印象。

一、末轮效应的作用

在服务过程中，得体而周全地运用末轮效应理论，对于服务人员有三个好处：

第一，有助于企业与服务人员始终如一地在顾客面前维护好自己的完美形象。

第二，有助于企业与服务人员为顾客热情服务的善意真正地获得顾客的认可，并且被顾客愉快地接受。

第三，有助于企业与服务人员在服务过程中克服短期行为与近视眼光，从而赢得顾客的真心，并因此逐渐地提高企业的社会效益与经济效益。

二、末轮效应的要求

服务人员在掌握并运用末轮效应理论时，应当关注以下两个方面：

（一）严格抓好最后环节

在服务工作的一系列过程中，既然认识到服务人员及其所提供的服务留给顾客的最后印象在整个服务工作中具有举足轻重的作用，那么服务人员就必须从不同的角度出发，抓好在整个服务过程中处于收尾阶段的最后一个环节。也就是说，最后印象往往来自服务过程的最后环节，要想给顾客留下完美的最后印象，就不能够对服务过程的最后环节有丝毫的松懈或忽略。对服务人员来说，要抓好服务过程的最后环节，主要应该使自己在顾客面前始终如一，保持全心全意为人民服务的高度热情。

在整个服务过程中，对顾客不但要在初始之时笑脸相迎，而且还要自觉做到在收尾之时笑脸相送。千万不要忘记，这些均为热情待客的应有之意。如果缺少了笑脸相送这个重要的一环，无论存在何种客观原因，都不会让顾客感到舒心，而只会让其认定服务人员所提供的所谓"热情服务"，是分量不足、偷工减料的。特别需要注意的是，在最后环节，为顾客所提供的热情服务，应当是绝对公平、一视同仁的。切勿使自己的服务，对于熟人与生人不一样，成人与孩子不一样，异性与同性不一样，外宾与内宾不一样，城里人与乡下人不一样，有钱人与没钱人不一样，消费多的人与消费少的人不一样，已消费的人与未消费的人不一样。否则这种有亲有疏地对待顾客的歧视性做法，会在无形之中给顾客留下非常不好的印象。

（二）着眼两个效益

在服务工作中，提倡服务人员为顾客进行热情服务，从根本上自然是着眼于企业的社会效益与经济效益。在强调热情服务、推广热情服务的同时，完全不讲任何经济效益，不但毫无必要，而且也是不现实的。

但是，在为顾客进行热情服务时绝不能只讲经济效益。服务人员的热情服务不能一味唯利是图，无利不为，在服务岗位上接待顾客时，尤其需要牢记这一点。

综合实训

➤ 案例分析

一天，住在某大饭店的日本母女两人到饭店的商场部来选购货品。她们来到针织品柜台，目光集中在毛衣上面。服务员小刘用日语向她们打招呼，接着热情地把不同款式的毛衣从货架上取下来让客人挑选。当小刘发现客人对选购什么颜色犹豫不决时，便先把一件灰色的毛衣袖子搭在那位日本母亲的肩上，并且说："这件淡雅色的毛衣穿起来更显得文静苗条。"接着拉过镜子请她欣赏。同时她又拿起一件粉色的毛衣对旁边的女儿说："这件毛衣鲜艳而不俗气，很适合你的年龄穿。"母女俩高兴地买下来，另外还挑选了六件男女毛衣准备带回日本给家人和亲友。

随后那位中年母亲把小刘拉出柜台，让她陪着一起到其他柜台看看。小刘对旁边站柜台的同事打了个招呼，便欣然同意为她们母女当参谋。这时那位日本母亲说："我想买两方砚台送给我热爱书法的丈夫。"于是她们来到工艺品柜台。日本母亲指着两方刻有荷花的砚台对小刘说："这两方砚台大小正合适，可惜的是造型……"客人的话立刻使小刘想到，在日本荷花是用来祭奠死者的不吉之物，看来只有向她推荐别种造型的砚台。于是小刘与工艺品柜台的服务员小张商量以后，回答说："书画用砚台与鉴赏用砚台是不一样的，对石质和砚堂都十分讲究，一般以实用为主，您看，这方鱼子纹歙砚，造型朴实自然，保持着砚台自身所固有的特征，石质又极为细腻，比那方荷花砚更好，而且砚堂平阔没有雕饰，用这样的砚台书写研墨一定能得心应手，使用自如。"服务员小张将清水滴在三方砚台上，请客人自己亲自体验这三方砚台在手感上的差异。最后，日本母亲满意地买下了这方鱼子纹歙砚，并连声向小刘和小张道谢，还拉着小刘的手说："你将永久留在我的记忆中。"

　　商场的商品推销是一门综合艺术，结合上述案例和所学的服务礼仪法则，说明优秀的商场服务员应具备的素质和能力有哪些。

核心篇

塑造职业形象

人们往往用三个关键词描述成功的职场人员——性格、能力、形象。其中形象对我们的事业起着举足轻重的作用。无论是接受聘用还是职位升迁,形象出色者都更容易受到关注,规范、庄重而有品位的职业形象也能够赢得他人的信赖。

在社会交往日益频繁的今天,形象礼仪变得比任何历史时期都更加重要。如何塑造彬彬有礼、风度翩翩、气质高雅的职业形象,是每一个渴望发展、期待成功的职场人员迫切需要知道并且掌握的。因此,塑造职业形象,有助于彰显自信与尊严,使事业更容易获得成功。

模块一

职业形象理论基础认知

任务要求

1. 了解职业形象的基本内涵和构成要素。
2. 掌握职业形象塑造的基本培养路径。

案例导入

柯马·伊鲁斯先生

1962年，在英国伦敦一次贵族举办的豪华宴会上，一名中年男子出尽了风头，他优雅的举止、迷人的言谈，不但令在场的所有女士都对他倾心，而且所有男士也都对他抱着极大的兴趣和好感。人们私下里纷纷相互打听，都想认识他，并和他成为朋友。而那位男子，在这次宴会上也收获颇丰，不仅签下了40多单生意，还找到了他的终身伴侣。这名男子就是英国著名的房地产新秀柯马·伊鲁斯。

他凭借自己优秀的形象，征服了整个伦敦的上流社会，随后，金钱和好运向他滚滚涌来。其实在12年前，柯马·伊鲁斯就来过伦敦，并出席了一个由商会举办的小型聚会。那时的柯马·伊鲁斯还是个小人物，经营着一家小水泥厂，整天勤奋地忙来忙去，根本无暇顾及自己的形象。为了扩大生意，他千方百计弄到了一张商会聚会的邀请信，可一进入聚会大厅，立即意识到自己"走错了地方"。大厅装饰得金碧辉煌，男士们个个西装革履、彬彬有礼，女士们也是华衣锦服、温文尔雅。柯马·伊鲁斯低头看看自己，一身沾满油腻的工作服，大胶鞋，乱糟糟的头发，简直像个乞丐。这时几位女士过来，故意将酒泼在他的身上，并趾高气扬地扔下些小费。侍者过来询问他，他讲明身份，可是没人相信，而他拉一个认识他的人做证时，那个人竟不承认认识他，还说他是路边的鞋匠，于是他被请了出去。

遭到冷遇之后，柯马·伊鲁斯开始反省自己为什么会受到如此对待，自然，凭他的头脑，一下子就想明白了。不久，他回到家乡，参加了一个礼仪培训班，并高薪聘请了私人形象顾问。

随着社会的发展，形象的包装已不再是明星的专利，普通职场人员对自己的形象也越来越重视,因为好的形象可以增加一个人的自信,对个人的求职、工作、晋升和社交都起着至关重要的作用。职场中一个人的工作能力是关键,但在这个越来越眼球化的社会,职场人员的形象将可能左右其职业生涯发展前景,因此需要注重自身形象的设计,特别是在求职、工作、会议、商务谈判等重要活动场合,形象好坏将决定你的成败。职场形象决定职场命运,成功的形象塑造是获得高职位的关键。

任务一　职业形象认知

知识认知

职场中,个人是交往活动的主体,其良好的职业形象,对建立成功的公共关系会产生积极的影响,因此必须把职业形象加以重视,从点滴做起。

一、职业形象的内涵

（一）形象

从心理学的角度来看,形象就是人们通过视觉、听觉、触觉、味觉等各种感觉器官在大脑中形成的关于某种事物的整体印象,简言之是知觉,即各种感觉的再现。有一点认识非常重要:形象不是事物本身,而是人们对事物的感知,不同的人对同一事物的感知不会完全相同,因而其正确性受到人的意识和认知过程的影响。由于意识具有主观能动性,因此事物在人们头脑中形成的不同形象会对人的行为产生不同的影响。

好的形象并不只是靠几件名牌衣服就可以塑造,人们应该更多地重视一些细节。以往,人们往往以为形象就只是指发型、衣着等外表的东西,实际上现代意义的形象包括仪容（外貌）、仪表（服饰、职业气质）以及仪态（言谈、举止）三方面,其中最重要的是形象与职业、地位的匹配。一个人具有好的形象,不光是把自己打扮得多么美丽、英俊,还要做到自身的、发型、服饰、气质、言谈、举止与职业、场合、地位以及性格相吻合。

（二）职业形象

职业形象是指在职场中公众面前树立的印象,具体包括外在形象、品德修养、沟通能力和知识结构这四个方面,它通过衣着打扮、言谈举止反映专业态度、知识和技能等。如果把职业形象比作一座大厦的话,外在形象好比在大厦外表上的马赛克,知识结构是地基,品德修养是大厦的钢筋骨架,沟通能力则是连接大厦内部以及大厦与外界的通道。

职业形象,当然需要与自己的职业紧密结合,而其中最重要的当然是要体现出你在职业领域的专业性。任何显得不够专业化的形象,都会让人认为你不适合你的职业。如果你想事业有成,首先你得让人看起来就像事业有成。如果说形象是生命,那么职业形象设计就是职业生涯设计,职业形象设计就是人生命运设计,这一项系统工程,是对从业者的思想、行为和外表的系统设计。市场经济是"形象经济",形象力是对公众的凝聚力、吸引力、感召力和竞争力。

现代人物职业形象设计是以企业团体的概念、宗旨为主题,从视觉上达到职业人物与企业团体的和谐统一,然后,再根据这个主题设计出职业人员的面部表情及语言、肢体语言及行为方式，通过教育、培训规范职业人员的职业行为。现代人物职业形象设计是一个集服装、化妆、美工设计、企业管理、教育培训、社会学、心理学、咨询策划等为一体的综合边缘学科与服务。

二、职业形象塑造的意义

美国一位形象设计专家对美国财富排行榜前 300 位中的 100 人进行过调查，调查的结果是：97% 的人认为，如果一个人具有非常有魅力的外表，那么他在公司里会有很多升迁的机会；92% 的人认为，他们不会挑选不懂得穿着的人做自己的秘书；93% 的人认为，他们会因为求职者在面试时的穿着不得体而不予录用。因此，塑造职业形象在人际交往中具有重要意义。

（一）得体地塑造和维护职业形象，会给初次见面的人以良好的第一印象

塑造职业形象之所以重要，是因为职业形象能给人留下深刻的第一印象。而第一印象又具有先入为主的作用，它往往左右着对交往对象的评价，很大程度上决定着交往中关系的好坏，或者对交往对象的接受与否，从而使人们在心理上产生一定的心理定式。第一印象一旦形成以后，通常都是难以逆转的。若第一印象好，则会对未来产生积极、肯定、正向的作用，反之亦然。第一印象在人们的社会交往中起着非常大的作用。心理学家研究发现，当你进入一个陌生的环境时，人们会立刻通过直觉对你进行一系列的评价：你的社会背景、家庭背景如何，经济条件、可信度怎么样，成功的可能性有多大，所受教育的程度，艺术修养、个人品位如何，从事怎样的职业，年龄、健康状况怎样，等等。英国形象设计师罗伯特·庞德有这样一句话："这是一个两分钟的世界，你只有一分钟展示给人们你是谁，另一分钟让他们喜欢你。"

案例分享

10 分钟的面试

张先生准备去一家知名的杂志社面试，如果进入这家杂志社工作，将意味着他达到同样的成绩要比在现公司少奋斗 5 年，所以，他相当重视他的这次人生的又一抉择。面试前，他特意找到在这家杂志社工作的一名曾经的同窗好友，问她为这次面试他可以准备些什么。好友的回答让他不知所措：这家杂志社的面试总共就有 10 分钟，应该没什么准备的。张先生不解，10 分钟怎么够，还没介绍完自己、证明自己的能力就结束了。作为一家著名的杂志社，怎能这么不负责任呢？

好友笑道：其实 10 分钟就够了，从应聘者走进杂志社的大门，敲门进入主管的办公室，有礼貌地问声"你好"，开始做个简短的自我介绍，也就 5 分钟的时间，再回答几个主管的问题，总共也不超过 10 分钟。而这 10 分钟的时间就足以判断你是否符合杂志社的基本标准。有 10% 的人去面试衣装不整，表明对他人缺乏应有的尊重；有 5% 的人进门不懂得敲门；8% 的人连句"你好"也没有，便单刀直入地推销自己……像这些人连 10 分钟也不用，也就一两分钟就被淘汰出局，因为他们缺乏最起码的修养。张先生听了，倒吸了一口气，原来最容易被人忽视的一言一行成了该杂志社衡量人的基本标准之一。

正如故事告诉我们的一样，一滴水折射太阳的光辉，10分钟衡量一个人的修养。职业形象正如这样，在不经意间展现出职业人的内在，左右着他人的评价。职业形象不仅仅是个人形象，它已经成为生活、工作中不可或缺的一部分，它不仅可使你在激烈的职场竞争中胜出，更可以潜移默化地在你的心中树立成功的信念，成为你成功的铺路石。

（二）职业形象不是个人性的，它承担着一个企业的印象

职业形象，既代表着个人形象，更代表着企业形象，展示着企业的精神风貌和企业文化，在一定意义上、一定环境下还代表着国家的形象。员工职业形象是员工思想、价值观、品位、经济能力的缩影，员工形象同时折射出企业风貌、企业文化、品牌形象。顾客从员工身上看到该企业的人员选拔标准、服务水平、经营管理水平。比如，汽车购买顾问在展厅里接待顾客，他的一言一行都影响着顾客的购买体验，他的一言一行都在传递着品牌信息，是愉悦的还是令人不快的，是专业的还是不专业的，是满意的还是不满意的，决定着顾客是否最终购买该品牌的汽车。在商务谈判中，员工的职业形象影响顾客对企业的认知，如企业是否实力雄厚、是否诚信，影响一个企业是否能准确把握商业机会。

（三）职业形象是沟通工具

形象是我们通过非语言的方式与外界进行沟通的有效方式。俗话说"人靠衣服马靠鞍"，由此可见形象的重要性。你的形象就是你自己的未来，当你的形象成为与外界有效的沟通工具时，那么塑造和维护个人形象就成了一种投资，长期持续下去会带来丰厚的回报。没有什么比一个人还没有机会展示内在的东西就被拒之门外的损失更大了。

职业形象不是固定不变的，要根据交往对象进行微调。如与大众传播、广告或是设计之类等需要天马行空般灵感的行业人士交往时，个人形象方面可以活泼、时髦些；而与金融、保险或是律师事务所，以及日系公司等以中规中矩形象著称的行业人士交往时，则尽量以简单稳重的造型为佳。

（四）职业形象在很大程度上影响着个人在企业的发展

职业形象在很大程度上影响着个人在企业的成功或失败，这是显而易见的。职业形象良好，得到的升职机会就多。只有当一个人真正意识到了职业形象与修养的重要性，才能体会到职业形象带来的机遇有多大。

职业形象需要严格恪守一些原则性尺度，其中最为关键的就是职业形象要尊重区域文化的要求。不同文化背景的企业肯定对个人的职业形象有不同的要求，因此绝对不能我行我素，破坏文化的制约，否则受损的永远是自己。其次，不同的行业、不同的企业，均有集体倾向性的存在，只有你的职业形象符合主流趋势，才能促进自己职业的升值。

三、职业形象的构成要素

职业形象是职场人员在工作岗位上给他人留下的印象以及获得的评价，它主要通过仪表、服饰、言谈、举止等直观感觉展现出来，是一种值得开发、利用的个人潜能。职业形象的构成要素包括外在形象、品德修养、沟通能力和知识结构。

（一）外在形象

外在形象主要包括仪容、仪表和仪态等。外在形象是人际交往时产生良好第一印象的重

要因素之一。心理学家研究表明，人与人之间的沟通所产生的影响力和信任度是这样分配的：55%来自外表形象（包括服装、面貌、形体等），38%是如何表现自我（包括语气、语调、手势、站姿、坐姿、动作等），只有7%才是所讲的真正内容，由此可见外表形象的重要性。

着装作为职业形象塑造的第一外表，往往是人们关注的焦点。在现代社会中，着装除了遮体、御寒的基本功能之外，同时还是一门艺术、一种文化、一种无声的语言。一个人的着装在一定程度上反映了他的社会地位、身份、职业、收入，反映了他的兴趣爱好、个性特征，同时也体现了一个人的精神面貌、文化修养、审美品位。它是一个人给其他人的第一印象的重要组成部分。虽然每个人对服饰的美有着不同的理解，有着自己的审美标准和价值判断，正如中国古代哲人庄子所说的"各美其美"，但美也是有一般的价值标准的。所以，一个人的着装除了要考虑个人因素外，也要符合社会的一般的审美规范和基本原则，只有这样才能为社会所接受和认可。

除此之外，端庄的仪容、恰当自然的修饰以及得体的行为举止也是不可缺少的。端庄的仪容可以增加信任感，恰当自然的修饰给人以赏心悦目的心理感受，而正确的站姿、优美的坐姿、雅致的步姿、恰当的手势、真诚的表情是一种无声的语言，能够反映出一个人的气质风度和道德修养。

（二）品德修养

品德修养是良好的职业形象与职业素养的基本构架，是每个人立足社会不可缺少的无形资本，是成就事业的杠杆。品德修养的内容主要有以下三点：

首先是真诚守信。在现代社会交往中，要赢得对方的信任，增强彼此之间的关系，必须做到真诚守信。中国有句古语，"精诚所至，金石为开"。亚伯拉罕·林肯曾说："如果要赢得成功，首先让人感觉到你的真诚。"一个人要想赢得对方的信任，或者想让对方接受自己的思想、观点、愿望和要求，那么他对对方越真诚，对方接受他的思想、观点、愿望和要求的可能性就越大，彼此就越容易建立起良好的关系。比如三国时期刘备三顾茅庐请出诸葛亮，在很大程度上是因为诸葛亮被刘备的真诚所感动，才答应辅佐他。所谓守信，是指与人交往时要守信用，要"言必行，行必果"。答应别人的事，一定要竭力办好。如果对方的要求自己办不到或暂时有困难不好办的，说话要有分寸，不能信口开河地乱许诺，以致失信于人。正所谓"人先信而后求能"，恪守信用是人的美德。

其次是理解、宽容。它要求多容忍、体谅、理解他人。宽容是一种美德，是个人修养的体现。在全球最权威的商学院——哈佛商学院的必修课中，有一部分专门研究非智力因素对一个人成功的影响，在这些非智力因素中，他们极为重视宽容的价值，强调宽容是成功的必备素质。

最后是自觉。在社会交往中，必须自觉自愿遵守礼仪，用礼仪去规范自己在交际活动中的行为举止。否则，会受到别人的指责。进一步说，自觉遵守礼仪，也就是要学会自我控制、自我要求、自我约束、自我对照、自我反省、自我检点，自律是礼仪的出发点。如在公共场合注意公共卫生，不随地吐痰、乱扔废物，注意公共秩序，自觉排队，注意公共环境，不大声喧哗，等等。

（三）沟通能力

沟通是意义转换的过程。沟通能力是指收集和发送信息的能力，主要是通过书写、口头与肢体语言的媒介，有效与明确地向他人表达自己的想法、感受与态度，同时也能较快地、正确地解读他人的信息，从而了解他人的想法、感受与态度。沟通技能涉及许多方面，如积极倾听，简化运用语言，重视反馈，控制情绪等等。

良好的沟通能力也是人际交往时产生良好第一印象的重要因素之一，缺乏沟通技能会使人们在交往时遇到许多麻烦和障碍。良好的沟通能力以积极的倾听为基础，而倾听的最高层次是设身处地地倾听，它的出发点是为了了解，即通过言谈明了一个人的观点、感受与内心世界。了解式倾听，不仅要耳到，还要眼到心到；既要用眼睛去观察，也要用心灵去体会。另外表达也要讲究技巧。在人际交往中了解别人固然很重要，但是表达自己也是沟通中不可缺少的，在表达自己时应该遵循"品格第一，情感第二，理性第三"这三个层次进行。

（四）知识结构

知识结构是指一个人经过专门学习培训后所拥有的知识体系的构成情况与结合方式。合理的知识结构是良好的职业形象与职业素养的基础条件，没有合理的知识结构将使得职业形象这座大厦如空中楼阁，随时都可能坍塌。现代社会职业岗位需要知识结构合理，能根据当今社会发展和职业的具体要求，将自己所学到的各类知识科学地组合起来，以适应现代社会不断发展要求的人才。

任务二　职业形象培养

知识认知

职业形象的培养分为三个方面：首先，要培养良好的职业心理，明确个体在职业场合中所扮演的职业角色，并能很好地适应职业岗位。其次，要培养良好的职业道德和职业意识，在一定的职业活动范围内遵守行为规范。最后，要培养良好的职业能力。职业能力是个体职业形象塑造的主体，主要包括职业技能的培养、职业创新能力的培养、职业角色转换能力的培养等方面。

一、培养良好的职业心理

职业心理是指个人在职业选择、职业角色扮演、职业适应、职业形象塑造等活动过程中的心理过程、心理状态和心理特征。

个体的职业心理是个人的心理与其所从事职业的相互作用形成的。个体根据自己的能力、气质、性格和兴趣偏好而去选择、从事、适应一定的职业，在长期的职业活动中，有意无意地按照职业的需求去工作、行动，因而必然打上所从事职业的烙印，形成特定的职业心理。

（一）职业选择

职业选择，指个体依据、运用掌握的职业信息，从自己的职业需要、职业兴趣、职业价值观出发，结合自己的素质特点，寻求合适职业的决策过程。

根据美国职业指导专家霍兰德的人格类型理论，每种人格类型都有相应的感兴趣的职业，从中也可以看出不同个体的职业选择心理。霍兰德把人格划分成六种类型：实际型、研究型、艺术型、社会型、企业型和传统型。实际型的人喜欢有规则的具体劳动和需要基本操作技能的工作，典型职业包括技能性和技术性的职业，如农民、修理工、摄影师、制图员、机械装配工等。研究型的人喜欢智力的、抽象的、分析的及独立的定向任务这类研究性质的工作，典型职业包括科学研究人员、教师、工程师等。艺术型的人喜欢富有想象和创意、自由、具有艺术性质的工作和环境，典型职业包括演员、画家、设计师、歌手、音乐家、诗人、作家等。社会型的人喜欢社会交往、关心社会问题、乐于教导和帮助他人，典型职业包括教师、教育行政人员、咨询人员、公关人员等。企业型的人喜欢从事领导及企业性质的职业，典型职业包括政府官员、企业领导、销售人员等。传统型的人喜欢有系统有条理的工作任务，典型职业包括秘书、公务员、会计、图书馆员、出纳等。

（二）职业角色扮演

职业角色是个体在一生中所扮演的几个最关键的角色之一。从心理的角度讲，个体在进行职业角色扮演时应注意以下几个方面的问题：第一，要培养良好的职业角色意识。所谓职业角色意识，是指个体对自己所承担的职业角色的看法和认识。如果个体对自己所承担的职业角色非常明确，即职业角色知觉良好，在职业角色行为中能够做出正确的判断，他所担任的职业任务就会完成得很好，也就更容易塑造出良好的职业形象。第二，要加强对职业角色的学习。职业角色学习主要包括两个方面：一是学习职业角色的权利、义务和规范；二是学习职业角色的知觉、情感和态度。前者是职业角色的硬件，后者是职业角色的软件。例如，一个企业的工人，不但要知道工人的职责、各种规章制度，而且对工作要积极热情，形成爱岗敬业的良好意识，从而使自己真正成为一名合格的工人，胜任工人这一职业角色。第三，要培养良好的职业角色扮演心理素质。在职业角色扮演中，个体会遇到各种各样的问题，特别是遇到角色冲突的情况，这时就需要有一种过硬的心理素质。

（三）职业适应

个体在进入职业岗位后，心理上必然要发生变化。因为实际的工作岗位与原来想象中的工作岗位总是有一定差距的。个体需要对职业及自己所做出的选择做进一步了解、评定，探测自己的职业发展方向、途径，以争取自己在职业中的成功。在职业道路上，个体还会碰到职业中的种种变动、职业与家庭生活的协调等许多问题。要解决好这些问题，保证个体积极成长，最终保证职业组织的发展，都涉及个体对职业的心理适应问题。

个体要增强自身对职业的适应能力，应培养良好的职业心理素质。首先，个体应对自己的能力、智力、性格等方面有一个客观、准确的了解，并积极进行自我教育，把握与适应周围的环境。其次，个体应对自己将从事的职业进行全面了解，逐步培养自己对职业岗位的认同感，从而积极主动地投入到工作中去。最后，针对自己在职业适应中的不良情绪反应，个体要培养坚强的意志品质予以克服，或采取有效的方法予以疏导。

二、培养良好的职业道德

职业道德是人们在一定的职业活动范围内所遵守的行为规范，用以调整职业内部、职业与职业之间、职业与社会之间的各种关系。各行各业尽管千差万别，但都有各自的职业道德，它是社会道德在职业行为中的特殊表现。

在现代社会，职业道德是一种高度社会化的角色道德。它不仅是社会道德系统中的一个有特色的、新兴的分支,而且是一个较有代表性、起中坚作用的道德层面。它具有道德的时代特征,是现实社会的主体道德;它具有社会公共性和示范性,是一种实践化的道德。职业道德是一个社会组织面向社会实现自身价值的重要标准,起着对外树立行业形象,对内培养和考评人员素质、协调和统一群体风格的作用。

对个体而言,职业道德的培养,是塑造其良好的职业形象的关键。

三、培养良好的职业意识

意识,是人的头脑对客观事物的反映,是感觉、思维等各种心理过程的总和。其中,思维是人特有的、反映现实的高级形式。意识是物质的反映,对物质有明显的反作用。职业意识是人脑对职业的反映,是人们对职业活动的认识、评价、情感和态度等心理成分的综合反映。它来自具体的职业实践,是职业人通过对职业实践的总结分析形成的本职业约定俗成、师承父传的职业认识和主要观点。随着社会的发展,职业意识又用法律、法规、行业自律、企业条文来体现。它是每一个人从事某一工作岗位最基本的也是必须牢记和自我约束的思想指导。同时,它反映着人们对职业的意向、情感、态度及主要观点,贯穿于一个人职业发展的全部历程。

案例分享

有一位护士专业的学生在一家大医院进行毕业实习。实习期满,如能让院方满意,就可留下当正式护士。一天,医院来了一位生命垂危的伤员,实习护士被安排做主刀医生的助手。手术从清晨一直做到黄昏,眼看患者的伤口即将缝合,这名实习护士突然严肃地盯着主刀医生说:"我们用的是12块纱布,可您只取出来了11块。""我已经全部取出来了,一切顺利,立即缝合!"主刀医生头也不抬,不屑一顾地回答。"不,不行!"实习护士高声抗议道:"我记得清清楚楚,手术中我们共用了12块纱布!"主刀医生没有理睬她,命令道:"听我的,准备缝合!"实习护士毫不示弱,大声叫了起来:"您是医生,您不能这样做!"直到这时,主刀医生冷漠的脸上才浮起了一丝欣慰的笑容,他举起右手心握着的第12块纱布,向在场的人宣布:"这是我最满意的助手!"于是这名实习护士成了这家大医院的正式护士。这名实习护士的举动,绝不仅仅是认真,而是体现了她作为一个医务工作者强烈的职业意识,是职业意识使她成了这家大医院的正式护士。从这里我们可以看出,职业意识对于一个人的事业、对他人、对社会是多么重要。

职业意识的核心是爱岗敬业精神,它可以细化为规范意识、团队意识、责任意识、质量意识、诚信意识、服务意识等。

(一)规范意识

规范意识是指员工按照所在企业成文的规章制度和企业文化所认同的不成文的习惯性规定,自觉地履行岗位职责,规范自身行为的意识。市场经济的发展,使现代生产社会化的程度越来越高,分工越来越复杂,也使参加社会化生产的人越来越多。在如此庞大的生产规模下,如果没有严格的纪律约束,就很难对生产进行协调,任何违反纪律的行为都将影响全局。遵纪守法是各用人单位对员工职业道德的首要要求,所以,规范意识是职场人员必备的职业素质，也是一种重要的职业意识。

（二）团队意识

团队意识是具有集体意识和协调合作能力的一种综合表现，是为了一个统一的目标，大家自觉地认同必须负担的责任和愿意为此而共同奉献。其中的个体在被尊重的氛围中，上下齐心，团结合作，为了团队的利益而追求卓越。团队意识包括两个方面的含义：一是集体意识。自己与同事共同构成的是一个为了企业利益而努力的集体，有共同的目标，根本利益是一致的。二是合作能力。将集体意识深入发展，应用到实际工作中就表现为合作能力。企业有了团队精神就是拥有了核心竞争力，团队精神是企业和个人成功的保证。

（三）责任意识

责任意识是指自觉地履行岗位职责，按照岗位要求认真落实各项任务。责任意识所涉及的内容非常丰富，并且与其他职业意识联系非常紧密。

责任意识是一个人成就事业的基本保证，也是其造福社会的一项基本前提。一个人要在工作中立足，干一番事业，就必须具有责任意识。有的人因为没有责任意识丢掉了自己的工作，有的人却因为有责任意识成就了自己一生的事业，所以良好的责任意识是每个事业成功的人必须具备的品质。只有每个员工都有责任意识，才能有效提高企业整体的工作效率。

案例分享

工作追求完美

在东京有这么一个女孩，她到东京帝国酒店做服务生，那是她涉世之初的第一份工作。但她万万没有想到上司安排她洗厕所！上司对她的工作质量要求特别高：必须把马桶清洗得光洁如新！怎么办？是接受这个工作？还是另谋职业？一位前辈看到她犹豫的态度，不声不响地为她做了示范。当他把马桶洗得光洁如新时，他竟然从中舀了一碗水喝了下去！前辈对工作的态度，使她明白了什么是工作，什么是责任心。从此她漂亮地迈出了职业生涯的第一步，并踏上成功之路。她就是如今日本的邮政大臣——野田圣子。在工作中追求完美，也是一种重要的责任意识。

负责任还是一种决定，这种决定需要行动去承诺。敢于给出这种承诺，才是真正走向成熟的表现，才能为自己的思想、工作习惯、目标和生活负责，才能给人一种可以信任的感觉。很多时候，对于初涉职场的人来说，选择第一份工作可能不是由自己的意志决定的，但怎样看待第一份工作，走好人生奋斗的第一步，却是要靠个人努力。即便你不喜欢你的这份工作，但是你已经选择了它，就要学会负起责任。当你尽最大的努力做好这份工作的时候，当你因此而得到上司赏识的时候，你可能会有意外的收获、意外的惊喜，或许你就会发现这份工作并不比你原来想要的工作差，你会发现自己的责任心在帮助自己开创新的命运——一条走向成功的路。

（四）质量意识

质量意识，顾名思义，当然是以质量为核心内容，就是指自觉保证工作质量的一种意识。

质量这个词包含着数量和程度两层含义,所以保证工作质量就是指按时、优质地完成工作。只有优质的工作才能生产出优质的产品,也才能使个人和企业更有竞争力。

1. 质量意识和规范意识、责任意识、服务意识是相辅相成的

具有规范意识和责任意识是拥有质量意识的保证。如同仁堂、六必居、海尔集团,规范了制作过程,坚持对顾客负责,也就有了长久的质量保证。

2. 要把培养质量意识作为个人的追求,与企业的需求相结合

企业竞争的生命力来自员工的素质。贯穿全员的质量意识就是人的素质提高的过程。质量意识包括了负责的生活态度、工作态度,还包括了知识水平、业务水平,涉及人的参与意识与伙伴精神。因此,我们要不断加强个人质量意识,提高自我综合素质,服务自己的工作岗位和企业。

3. 培养质量意识要从小事做起

如沃尔玛提出的口号那样,"做生意当然要实现利润最大化,而最大化的目标要从最小的具体行动开始",事物的发展总是由量变到质变,从小事中更能体现一个人的质量意识。

(五)诚信意识

诚信作为基本的职业要求,意思是诚实守信,有信无欺。这是职业人应具备的基本素质,也是最重要的品德之一。在社会生活中,存在假冒伪劣、欺诈经营、贪污受贿、浮夸虚报等一些不诚实守信的现象,因此,培养诚信意识已经成为全民共同关注和讨论的话题。如果缺少诚信意识,一个人很难做好工作并从这份工作中得到成就感和自尊感。如果一个人人品不正,为了自己的利益,不惜损害企业和同事的利益,其职业道路必然会越走越窄。因此,要想在职业生涯中赢得更多的帮助和欢迎,就要做到正直和诚信,增加对他人、企业和社会的责任感。

案例分享

别样的求职市场

面对竞争激烈的求职市场,大学生如何向社会递上自己的简历?

某用人单位透露,在一次招聘会收到的84份大学生自荐表中,发现有5人同时为同一学校的学生会主席,6人同时为同校同班的"品学兼优的"班长。调查中,在高校周围的复印店里,有人把别人的英语等级证书、计算机等级考试证书、奖学金证书、优秀学生干部奖状以及发表过的文章,改头换面复印,就变成了自己的"辉煌经历",堂而皇之地交给了用人单位。这也是许多用人单位不得不索要材料原件的原因。

在社会交往中,相互信任是人们相处的基础。失去了诚实守信,也就失去了交往的基础,讲究诚信使我们具备了在社会交往中的起码条件,因此诚实守信对于我们每个人都是头等重要的。在一个成熟的市场经济社会里,没有诚信就没有生存和发展,具备良好的诚信意识是每个人在文明社会里的通行证。

（六）服务意识

服务意识是敬业精神的延伸，就是指愿意把自己所从事的工作及给他人带去方便和快乐当作自己应该做的事情。具有强烈的服务意识，才能把工作当作快乐的事。

案例分享

一张卧铺票

1998年1月31日，年近古稀的台胞郑先生住进了桂林凯悦酒店。他是获悉老伴不幸去世的噩耗而孤独一人赶回老家贵阳奔丧的。到桂林已是晚上，赴贵阳的车票还没有着落，而两天后就要举行葬礼，患有心脏病的郑先生此时急得团团转。酒店行李员胡贤得之事情原委，主动上前安慰客人，又多方找关系替他办票。但时值春运高峰，数日内所有前往贵阳方向的机票、车票全被订购一空。怎么办？小胡使出了最后一招。次日凌晨三时许，小胡领着郑先生"强行"登上了开往贵阳的165次列车，然后又苦口婆心地说服了列车长，终于给郑先生补了一张卧铺票。郑先生紧紧握着小胡的手，感激地流下了眼泪。

案例中的行李员小胡热情友善、乐于助人、解客人之急的服务精神，值得我们很好地学习。他以高度的责任感，主动给客人想办法解决车票问题，体现了强烈的服务意识和对客人深切的关心。

企业在生存过程中，必然要经过淘汰、重整的剧痛，只有这样才可能真正壮大起来。企业不相信人情，也不相信眼泪。随着市场经济的发展，商品渠道越来越完善，商品的差异越来越少，服务的重要性就日渐凸显出来。"21世纪是服务的世纪"，经济学家认为，我们生活在"服务经济"时代，每个人都在享受他人的服务，并且为他人服务。优秀的企业家总是十分注意这一点，在要求自己的员工时尤其强调这种服务精神。

因此，作为企业中的个体，服务意识也必然作为员工的基本素质要求之一被所有人重视。每个员工必须树立自己的服务意识，守卫自己职位的唯一途径就是自觉认真地做好应该做的事。一般来说，重视服务，自觉地改善服务品质，总是能够得到管理者更多的青睐。培养服务意识要注意以下三个方面：

1. 热爱自己的工作及工作环境

企业总是乐意聘用那些精力充沛、积极、热情的人，因为这些人都有一个共同点，那就是乐于热心地为他人服务，具有积极乐观的工作态度。在同事之间、与客户之间都应该建立起一种互相帮助的关系，要做到这一点，首先自己要热情地为别人提供帮助，在心里，要有一种帮助别人就是帮助自己的信念，这样才能真正地从内心里产生出一种服务意识。

2. 服务沟通的技巧

（1）尊重备至。尊重是中国殷勤待客的核心部分之一，缺少尊重必定会破坏和谐的关系。就算我们做不到永远按照顾客的要求和愿望行事，但也绝不能有羞辱、为难、贬低或怠慢顾客的行为。

（2）温良谦恭。面对顾客时，应该表现得自信而不骄矜，他们不总是对的，但永远是第一位的。无论出现什么情况，都应该心态平和。

（3）彬彬有礼。礼貌是中国文化另外一个组成部分，它的含义是言行文明、举止大方、细致周全，礼貌能够给人留下美好又永久的印象。

（4）真诚质朴。真诚和热情应发自内心。诚信既然是商业活动中最重要的品质，那么它当然也是人际关系之本，更是我们所谈的服务之本。与人相处的时候，不要太过矫饰自己，应该尽量表现自己真实自然的一面，同时多放一些注意力在别人身上，才能够发现他人的需要，从而提供细心周到的服务。

3. 娴熟的业务技能，严格按照工作程序执行任务。

四、培养良好的职业能力

（一）职业技能的培养

掌握良好的职业技能是个体从事职业活动的前提。在科学技术日益发展的现代社会，对职业技能的要求越来越高。为此，个体必须通过各种形式的教育和培训，掌握各种职业技能和科学知识，适应现代职业的发展。一方面，要勤于业务钻研，不断提高自己的业务能力，做到不仅能胜任自己所承担的工作任务，而且效果、水平是"高、精、尖"的；另一方面，要树立终身学习的观念，不断进行知识积累、更新，在当今的知识经济时代，知识就是财富，知识对个体的职业活动越来越具有决定性的作用。

（二）职业创新能力的培养

在职业能力中，创新能力是关键。创新能力不仅表现为知识的摄取、改组和运用，而且是一种追求创新的意识，是一种发现问题、积极探究的心理取向，是一种善于把握机会的敏锐性，是一种积极改变自己并改造环境的应变能力。在职业活动中，个体创新能力的强弱，直接影响其所承担的工作任务效果的高低。为此，个体首先必须树立创新意识，要善于创造性地开展工作；其次，个体在工作中，要有目的、有意识地加强自身的创造性思维训练，培养自己的想象力、创造力等。提升创新能力要做到以下三点：

（1）要把创新视为个人的工作职责。生产适合市场的产品是工作职责，而市场需求又是不断变化的，所以就需要不断地创新。因此，创新也是一项工作职责。有了这样一种意识，就可以敦促自己时刻不忘开拓创新，就像不能忘记准时上班一样。

（2）不断学习新的知识技能，使专业知识能够得到不断的更新。知识技能是创新的基础，没有先进的知识技能，创新就只能是空中楼阁，有了知识技能的支持，自然就会产生一种想要开拓创新的意识。

（3）时刻保持信息畅通。无论做什么工作，都应该关注有关这一工作的新的信息。例如，企业应该时刻注意市场需求的变化，及时根据变化调整自己的生产活动。不是有一句话说"需求是发明之母"吗？同样，需求也是创新的原始动力和最大动力。当需求出现改变的趋势时，要及时捕捉到，才能保证自己的创新真的是创新，也就是说，是符合市场需求的。

（三）职业角色转换能力的培养

随着社会经济的发展，职业结构也随之在不断发展变化。以我国为例，随着经济体制的转轨和产业结构的调整，人们就业的方式逐渐多元化，而且职业之间的流动、转换日益频繁。以往很多人一生只从事一项工作或一种职业，但在今日科技发达的时代，社会变化快速，社会流动性大，如都市人口的膨胀、新地区的开发引起就业、失业人员出现大轮回，因此，无论是地域上的横向流动，还是代际职业、个人职业的升降等综合流动都有加剧的趋势。这就要求个体培养良好的职业角色转换能力，以适应新的职业角色要求。

综合实训

> 思考

作为一名旅游从业人员，谈一谈如何塑造个人的职业形象。

模块二

职业形象仪容视觉设计

任务要求

1. 职场仪容的修饰应规范标准，整洁端庄。
2. 职场妆容的修饰应稳重大方，清新淡雅。
3. 职场发型的修饰应符合职业，成熟干练。

案例导入

职业形象从"头"做起

小刘经朋友介绍去一家外企工作，任部门经理助理。第一天上班，她想开个好头，给经理留下一个深刻的印象，于是出门前她从"头"做起，精心打扮：一个前卫的发型、浓艳的妆容、新潮的玛瑙耳坠、亮闪闪的白金项链、时尚的玉镯、造型独特的钻石戒指……身上每一处都是亮点。部门经理看到她的装扮，便对她抱歉地说："你确实很漂亮，你的妆容配饰无不令我赏心悦目，可我觉得你并不适合干助理这份工作，实在很抱歉。"

仪容能够传达出最直接、最生动的第一信息，反映着个人的精神面貌，能给人留下直接而敏感的第一印象。在职场中，人们常常会通过员工的精神面貌来判断员工的敬业状态和企业发展的生机。塑造职场形象不能随心所欲，不符合礼仪规范的装扮只能是枉费心机，甚至适得其反。因此，走进职场，应更加注重修饰自己的仪容，充分展现整洁端庄、清新淡雅、成熟干练的职业形象，为个人和企业赢得尊重。

任务一 职场仪容整洁端庄

知识认知

仪容，指人的容貌，由发型、面容以及人体所有未被服饰遮掩的肌肤构成。就个人的整体形象而言，它反映着一个人的精神面貌、朝气和活力，是传达给接触对象感官最直接、最生动的第一信息，是整个形象的一个至关重要的环节。

容貌是天生的，天生丽质也好，相貌平平也好，随着岁月的流逝，任何人也难以青春永驻，所以，在天生的容貌基础上，我们要提倡进行科学的保养、积极的美容。长期的养护、适当的美化可以使人的容貌改观，"三分模样，七分打扮"，说的就是这个道理。

首先，保持良好的心态与充足的睡眠，有助于人体正常的新陈代谢，使头发、肌肤富有光泽。所谓"笑一笑，十年少；愁一愁，白了头"，要注意保持心情愉悦。

其次，注意科学合理的饮食和活动，适当参加户外活动，促进表皮细胞的新陈代谢，有助于体内有害物质排泄，也有益于皮肤健康。多饮水，多吃水果、蔬菜等美容佳品，不酗酒，不抽烟，都有益于美容。

最后，仪容修饰不仅要根据职场岗位的要求修饰得规范有礼，同时还要注意卫生、配饰等细节的完美。

一、职场仪容的基本要求

整洁端庄是职场仪容的基本要求。在职场交往中，仪容的整洁端庄所表现出的人格魅力，远比衣着时髦与华贵更强大。职场中每个人都应该养成良好的修饰习惯，保持身体无异味，维护仪容的每一处细节，做到卫生规范、修饰得当。

仪容修饰的基本要素是貌美、发美、肌肤美，主要要求整洁干净。好的仪容一定能让人感觉到其五官构成和谐并富有表情；发质发型使其更英俊潇洒、容光焕发；肌肤健美使其充满了生命的活力，给人以健康、自然的深刻印象。

掌握正确的仪容礼仪，能给交往对象留下良好的第一印象，使对方愿意接近，为进一步深入交往奠定基础。仪容礼仪的规则主要涉及三个方面，即仪容的干净、整洁和修饰避人。

（一）干净

职场人员应遵守的仪容礼仪的首要原则是干净，即身体不能散发异味、面部不能有异物等。要保证干净，必须做到以下几点：

1. 面部干净

职场人员在上岗之前应及时清洁面部。尤其是导游从业人员，大部分时间在户外工作，应该及时用面巾纸等清洁面部的油脂，做到无泪痕、无汗渍、无灰尘等。除此之外，还应注意及时清理眼角、鼻孔、耳朵、口角等部分的细微残留物；戴眼镜者还应注意，眼镜片上的多余物也要及时擦除。

> **知识链接**
>
> ### 正确的洗脸方法
>
> 取适量洁面乳放在手上搓起泡，用中指和无名指轻轻地从下巴开始洗：从下巴至耳根—从嘴角至耳中—从鼻翼至太阳穴—从眉心至太阳穴—从眉心至鼻尖—从眼睛沿眉到眼尾再到眼角打圈—在嘴周围打括号，这样毛孔才能完全打开，把里面的脏东西清洗干净。洗完以后

用接近体温的水冲洗干净，之后用毛巾轻轻擦拭。

洗脸误区：

（1）直接把洁面乳涂在脸上，然后边洗边搓。

正确做法：应该先把洁面乳放在手上搓起泡，然后再涂在脸上搓洗。

原因：洗面奶直接在脸上搓起泡，或者在没有完全搓起泡时就放在脸上搓洗，会因为没有泡沫的保护伤害肌肤角质，使肌肤越来越脆弱。

（2）毛巾隐藏细菌，洗脸后不用毛巾擦。

正确做法：洗脸后应该用毛巾擦拭，但是擦脸的毛巾容易藏污垢，所以需要每隔2天洗一次。

原因：洗脸后，皮肤表面有一层水，如果不擦干的话就会蒸发，导致面部皮肤内的水会随之蒸发，使得皮肤变得更干。所以洗脸后一定要用柔软清洁的毛巾擦干。

（3）用冷水洗脸后脸部毛孔不会变大。

正确做法：温水最适合洗脸。

原因：冷水会让脸部毛孔瞬间关闭，所以毛孔内的污垢就没办法被清除。但是洗脸水也不能太热，否则会让皮肤出油量增加，导致肌肤加速老化。所以温水最适合洗脸。

（4）洗脸次数越多越好，越干净。

正确做法：洗脸次数每天2~3次，油性皮肤的人可适当增加1~2次。

原因：洗脸次数多，脂肪膜被不断地洗去，导致皮肤保护能力大大降低。同时频繁使用洁面乳刺激皮肤，会导致皮肤受到损伤，使皮肤变干燥，皱纹也随之出现。所以洗脸的次数一定要适当。

2. 头发柔顺

俗话说："远看头，近看脚。"头发是人体的制高点，首先映入交往对象眼帘的就是头发，所以职场人员的头发应该保证没有头皮屑、不粘连、无异味，保持头发柔顺、整洁，这就要求经常清洗头发。

3. 身体清爽

为了清除身体上的烟味、酒味、汗味等异味，职场人员每天都应该洗澡，特别是在参加重大的社交活动之前，洗澡是一项必须要做的准备工作。勤洗澡，常换衣，保持清爽，可以让自己精神焕发、信心倍增，不仅可以给交往对象留下良好的印象，还能使自己充满自信。

有些人喜欢使用过多的香水，走到哪里香到哪里，这是不恰当的，也是不礼貌的。

4. 手部清洁

手在职场交往中占有很重要的位置，常被称作人的"第二张面孔"。做手势、握手、递物、伏案执笔时，自己的手常被人看到或触到，如果伸出的手不洁净，就会给人留下不好的印象。手的清洁反映一个人的修养与卫生习惯，与一个人的整体形象密切相关，因此，要随时洗手，保持手部的洁净。手指甲要每天一检查，三天一修剪，应保持指甲无污垢，不涂抹过分鲜艳的指甲油，指甲的长度不得超过1毫米，如图1所示。

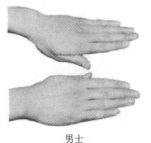 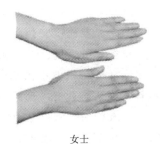

男士　　　　　　　　　女士

图1　指甲

此外，在职场中还要杜绝咬指甲、搔头皮、掏耳朵、挖鼻孔、用指甲剔牙等不卫生的手部动作。

5. 口腔清新

坚持每日早晚刷牙，清除口腔异味，保持口腔清洁卫生，是讲究礼仪的先决条件。常规的牙齿保洁应做到"三个三"，即三餐后要刷牙，每次刷牙的时间不少于三分钟，要在饭后三分钟内刷牙。切勿以漱口或嚼口香糖等无效方法代替刷牙。平时要多吃蔬菜、水果，有利于口腔健康。避免吃一些带有刺激性气味的食物，如葱、蒜、韭菜等。口臭患者在与人交谈时要保持一定距离，切不可唾沫四溅。

（二）整洁

职场人员应该保持整洁的仪容，不能邋邋遢遢，因此需要做到以下几点：

1. 发型整洁

在职场中，除要求头发必须干净之外，还不能染发，同时对头发长度也有要求。男士不允许剃光头、烫发、蓄长发，头发的长度不得超过6厘米。女士尽量选择干练的短发，如果选择长发则头发不应遮住脸部，前面刘海不要过低，出席正式场合时应该将头发一丝不苟地盘起，做到井然有序。

2. 须无杂乱

职场人员不应蓄须，除非有特殊的宗教信仰，否则会被交往对象认为自己没有受到尊重。应该每天剃须，这不仅是对别人的尊重，还是保证自己清爽自信的最佳手段。

3. 毛发整齐

职场人员有鼻毛、腿毛、汗毛过长的现象，必须进行修剪和遮掩，避免外露。

（三）修饰避人

职场人员应该在上岗之前整理、修饰自己的仪容，以保证给服务对象留下良好的印象。不过，不得在公共场合进行补妆、整理衣裤、搔弄头发、清理鼻孔的分泌物等，这些活动只能在洗手间等别人看不到的地方进行。

案例分享

整 容 镜

南开中学的创始人张伯苓校长曾专门在校门的一侧设立一面整容镜。镜子上刻着严修书写的"容止格言":"面必净,发必理,衣必整,钮必结。头容正,肩容平,胸容宽,背容直。气象:勿傲、勿暴、勿怠。颜色:宜和、宜静、宜庄。"1913年秋,15岁的周恩来考入南开中学,自始就被这"镜箴"所吸引,并自觉地以此规范自己的仪容形象。

(资料来源:林友华,《社交礼仪》,北京,高等教育出版社,2003)

周恩来总理被世界公认为最有风度的国家领导人和外交家之一,他的一举一动都给人留下了深刻难忘的印象。人们用"富有魅力""无与伦比"等优美的词语来赞美他的翩翩风度。周总理注重仪容修饰,自觉规范仪表形象,为世人树立了榜样。

二、职场仪容的皮肤养护

职场人员不仅要有干练的外表,还应该有永远年轻的、焕发出青春活力的皮肤,所以要特别注意皮肤保养。护肤是仪容美的关键,尤其是面部皮肤需要经常护理和保养。皮肤保养是实现仪容美的首要前提。正常健康的皮肤具有光泽,柔软、细腻、洁净且富有弹性;而当人处于病态或衰老的时候,其皮肤就会失去光泽和弹性,或是出现细纹和色斑。对皮肤进行经常性的护理和保养有助于保持皮肤的青春活力。同时,做好皮肤保养也是进行化妆的第一步。在进行皮肤保养时,了解自己的肤质、选择适合的保养品、采用正确的保养方法是至关重要的。

(一) 皮肤的分类

保养皮肤首先要了解皮肤。皮肤共分为五类:干性皮肤,中性皮肤,混合性皮肤,油性皮肤,敏感性皮肤。大部分成人是干性、混合性、油性皮肤,只有宝宝才是中性皮肤,成人中性皮肤较少,敏感性皮肤也比较少。了解了皮肤类型,才能更好地选择适合自己的护肤品。

1. 中性皮肤

表现特征:皮肤水分、油分适中,pH适中。皮肤光滑细嫩,柔软而有弹性,红润而有光泽,毛孔细小,无任何瑕疵,纹路排列整齐,皮沟纵横走向。中性皮肤是最理想、漂亮的皮肤,多数出现在小孩当中,通常以10岁以下发育前的少女为多,青春期过后仍保持中性皮肤的人很少。这种皮肤一般夏季易偏油,冬季易偏干。

保养重点:注意清洁、爽肤、润肤及按摩的周护理;注意日补水、调节水油平衡的护理。

护肤品选择:依年龄、季节选择,夏季选亲水性的护肤品,冬季选滋润性的护肤品,选择范围较广。

2. 干性皮肤

表现特征:皮肤水分、油分均不正常,pH不正常。皮肤干燥、粗糙,缺乏弹性,暗沉而没有光泽,毛孔细小,皮肤较薄,易敏感,易破裂,起皮屑,长斑,不易上妆。但外观比较干净,皮丘平坦,皮沟呈直线走向,浅、乱而广。皮肤松弛,容易产生皱纹和老化现象。

保养重点:多做按摩护理,促进血液循环,注意使用滋润、美白、活性的修护霜和营养霜;注意补充肌肤的水分与营养成分,调节水油平衡。

护肤品选择:多喝水,多吃水果、蔬菜,不要过于频繁地沐浴及过度使用洁面乳,注意周护理及使用保持营养型的产品,选择非泡沫型、碱性较低的清洁产品和带保湿的化妆水。

知识链接

干性皮肤有三种类型

（1）水分不足

水分不足的干性皮肤由过度桑拿、饮水造成，表现情况是皮肤老化过快。

（2）油分不足

油分不足的干性皮肤表面现象是缺水。如果经常使用含动物性油和矿物质油的化妆品，反而会阻碍油脂的分泌。

（3）水分和油分都不足

水分和油分都不足的干性皮肤，典型的例子如痤疮性皮肤，若过度清洁，时间久了会变成这种干性皮肤，还会引发特硬性皮炎，皮肤发痒。

3. 油性皮肤

表现特征：油脂分泌旺盛，三角区部位油光明显、毛孔粗大、有黑头，皮质厚硬不光滑，皮纹较深，外观暗黄，肤色较深，皮肤偏碱性，弹性较佳，不容易起皱纹，对外界刺激不敏感。皮肤易吸收紫外线变黑，易脱妆，易产生粉刺、暗疮。

保养重点：随时保持皮肤洁净清爽，少吃糖、刺激性食物，少喝咖啡；注意补水及皮肤的深层清洁，控制油脂的过度分泌，调节皮肤的平衡。

护肤品的选择：使用油分较少、清爽、抑制油脂分泌、收敛作用较强的护肤品。白天用温水洗面，选择适合油性皮肤的洗面奶，保持毛孔的畅通和皮肤清洁。特别注意：暗疮处不可以化妆、不可使用油性护肤品。

4. 混合性皮肤

表现特征：一种皮肤呈现出两种或两种以上的外观（同时具有油性和干性皮肤的特征），多见为三角区部位易出油，其余部分则干燥，并时有粉刺发生。混合性皮肤多发生于20～35岁。男性80%都是混合性皮肤。

保养重点：按偏油性、偏干性、偏中性皮肤分别侧重处理，在使用护肤品时，先滋润较干的部位，再在其他部位用剩余量擦拭；注意适时补水，补充营养成分，调节皮肤的平衡。

护肤品的选择：夏季参考油性皮肤护肤品的选择，冬季参考干性皮肤护肤品的选择。

5. 敏感性皮肤

表现特征：皮脂膜薄，皮肤自身保护能力较弱，较敏感，易出现红、肿、刺、痒、痛和脱皮、脱水现象。

保养重点：经常对皮肤进行保养；洗脸时水不可以过热或过冷，要使用温和的洗面奶洗脸。在饮食方面要注意少吃易引起过敏的食物。皮肤出现过敏后，要立即停止使用任何化妆品，对皮肤进行观察和保养护理。

护肤品的选择：应先进行适应性试验，在无反应的情况下方可使用。早晨，可选用防晒霜，以避免日光伤害皮肤；晚上，可用营养型化妆水增加皮肤的水分。切忌使用劣质化妆品或同时使用多种化妆品，并注意不要频繁更换化妆品；含香料过多及过酸和过碱的护肤品不宜选用，而应选择适用于敏感性皮肤的化妆品。

> 知识链接

肤质的测定方法

测定皮肤性质的方法有很多，有专门鉴别皮肤性质的仪器，也有最简单的观察辨别法。问题性皮肤很容易观察判断，而其他类型的皮肤则需要仔细鉴别。一般主要观察毛孔大小、油脂多少、有无光泽、皮肤弹性、接触化妆品是否过敏等，然后把观察结果与各类皮肤特点进行对比，就基本可以判定自己皮肤的性质。通常还可以采取简单易行的测试方法进行鉴别：纸巾测试。晚上睡觉前用中性洁肤品洗净皮肤后，不擦任何化妆品上床休息。第二天早晨起床后，用一面纸巾轻拭前额及鼻部，若纸巾上留下大片油迹，皮肤便是油性的；若纸巾上仅有星星点点的油迹或没有油迹，皮肤则为干性；若纸巾上有油迹但并不多，就是中性皮肤。

（二）皮肤的保养

皮肤是人体最外层的保护屏障，由多层组织构成。最上面是由死细胞构成的角质层，角质层坚实、紧密，能有效地防止细菌、有害化学物质的侵入。在角质层的表面，还有一层由深层细胞分泌的脂肪酸、氨基酸及其他物质构成的薄膜。所以皮肤具有不透水性，它既可以防止水浸透，也可以防止体内水的流失。在正常情况下，化妆品中的营养添加剂是很难进入皮肤的，所以真正的皮肤保养不是靠化妆品而是靠良好的生活习惯的。

1. 去除角质

选择清新芳香的沐浴液或滋润型的沐浴乳，从头到脚进行沐浴，你会立刻感到神清气爽。这时，要做一次全身去角质。手肘、膝盖、手指、脚趾等部位，平日堆积了较厚的角质细胞，令皮肤粗糙，肤色晦暗。经过数分钟的浸泡，角质已很软，用手轻搓或使用去死皮霜，都可以将死去的角质清除，使皮肤有了弹性和光泽。

2. 深层护理

气候环境、生活方式、饮食习惯、精神压力、睡眠不足等因素，会使肌肤的水、油分泌失衡，在肌肤上产生黏腻、干燥、粉刺等困扰，而且很容易发生局部小麻烦，如角质粗硬、肥厚和长斑、有细纹等现象。

一般一周要进行一到两次深层肌肤护理。在洁面后利用去死皮霜将脸部的死皮清除，注意避开眼部。去角质后，在脸上涂上按摩膏，由鼻翼往外推开，额头部分由下往上按摩，要注意正确的手势方向，避免造成皱纹。按摩后，脸部的皮肤会显出光泽和弹性。然后敷上适合肌肤的面膜，可以让肌肤在深层的清洁后得到滋润保养。

3. 照顾细节

忙碌的工作，恶劣的空气和环境，易造成肌肤的"超龄"现象，特别是眼、唇、手、脚等平日疏于护理的部位。

（1）眼部化妆品中所含的色素最多，各种眼影、睫毛膏、眼线液、眉笔等都含有大量色素，长久接触皮肤，对眼周皮肤的正常生理影响很大，因此，眼部皮肤的保养比其他部位的皮肤保养更需要用心。

（2）嘴唇脱皮时不可用手撕下老皮，可使用含 VE 等抗氧化成分的润唇膏。如果唇部有敏感倾向，最好选择含天然香料和香熏油成分的润唇膏。

4. 注意补水

健康喝水并非"每日 8 杯水"那样简单。实际上，人体每天大概需要 2 500 毫升水来弥补呼吸、粪便、排尿等渠道的损失，50%的水来自饮水，40%来自食物中所含的水，体内代谢还会产生 10%的水，算下来，普通人的饮水量以 1 200 毫升为最佳，大概为两瓶 550 毫升量的矿泉水再多一点。

其实，与肌肤水分多少关系最大的是神经酰胺。角质层里含有很多神经酰胺的人，肌肤水分也会充足。神经酰胺伴随着肌肤的新陈代谢产生，越年轻的人，新陈代谢越旺盛，尤其是在睡眠的时候更活跃。因此，要想增加肌肤的水分，比起过度饮水，更需要的是保证充足的睡眠。

5. 健康饮食

蛋白质和脂类是构成皮肤的关键物质。脂肪形成皮肤的保护膜，蛋白质形成皮肤的关键结构。鸡蛋、牛奶是保持肌肤健康的最佳性价比食物，多吃水果可以有效保持肌肤健康。除此之外，还应注意三餐有规律，并合理分配。

（三）皮肤的护理

每个人每天都要做肌肤基础护理。护肤是要有正确的步骤的，不然胡乱地用护肤品，会造成反效果。护肤品以其成分的分子大小决定使用顺序，分子越小的越先使用，如水—精华液—凝胶—乳液—乳霜—霜状护肤品—油性护肤品。因为这些大小不同的分子各自含有不同的养分，并且对肌肤也发挥不同的效用。判断顺序的最简单的方法就是：质地越清爽、越稀薄的越先用。

越是偏向霜状的产品，其滋润度越高，会在肌肤外层形成一层保护膜。如果你先使用滋润度高的面霜，它在肌肤表层形成了一层保护膜，小分子的精华液便无法渗透皮肤发挥功效。精华液的细小分子如果能穿过肌肤表层，则养分的 88%可被机体吸收；油类的大分子产品，大多在肌肤的表面发挥作用，养分只有 6%可以发挥作用。

一般来说，洁面之后应当先用水，可舒缓张开的毛孔并调节皮肤表面的 pH。接着再使用眼霜、精华、乳液、日霜或者晚霜等其他保湿护肤品。因此，护肤品的使用顺序是：洁面乳—水—精华—乳液或面霜—隔离霜。乳液和面霜的区别是：一个在夏季使用，另外一个在秋冬季使用。由于秋冬季偏干燥，肌肤护理更偏向滋润，故选择面霜进行护理，而夏季反之。

1. 洁面

进行面部清洁可以去除新陈代谢产生的老化物质、油污、汗渍、灰尘、化妆品等残留物，这是皮肤护理的第一步。洗脸用的水温非常重要，这样既能保证毛孔充分张开，又不会使皮肤的天然保湿成分——油脂过分丢失。

（1）洁面产品的选择

洁面产品的好坏，主要取决于"清洁成分"本身，而不是那些添加物。表面活性剂决定了洁面产品的好坏。氨基酸表面活性剂是以天然成分为原料制造的，成分本身可调为弱酸性，所以对皮肤刺激性很小，亲肤性较好。

通常洗面奶适合痤疮性皮肤和油脂分泌特旺盛的皮肤，其余的建议选用洁面凝露。高级的洁面产品除了肤感出色、涂抹轻柔、泡沫细软等特点外，还不能有拉丝和啫喱状的感觉，还要有营养和保湿的功效，洁面后皮肤清爽而不紧绷。洁面产品应清洁能力强且容易清洗干净，残留极少，因为残留物对皮肤伤害很大。

（2）洁面

使用洗面奶或洁面凝露一般应用温水，水温应保持在 37 ℃左右。在一定温度和湿度的条件下，皮肤对护肤品的吸收最好。用冷水清洁皮肤后，护肤品吸收会比较慢，而用热水清洁皮肤则会对皮肤造成一定的损伤。

自来水含氯气会伤害皮肤，清洁时可以使用纯净水或蒸馏水。选择纯净水或蒸馏水清洁皮肤费用不菲，简易方法是将自来水静放 8 小时以上，或者将自来水烧开 5 分钟后再放凉也行，这样也可以有效消除水中的氯气。油性皮肤、黑头、痤疮皮肤应用洗面奶按摩 1 分钟左右。有红血丝的皮肤洗脸时注意不要水温过高，否则皮肤的不良状况会加重。

2. 化妆水

化妆水一般为透明液体，能除去皮肤上的污垢和油性分泌物，保持皮肤角质层有适度水分，具有促进皮肤的生理作用、柔软皮肤和防止皮肤粗糙等功能。化妆水能做的事情有很多，除了直接带来好处之外，它还能让之后涂上的护肤品发挥更大的功用。因此，化妆水不一定是护肤品中最贵的一种，但它却是护肤程序中关键的一步。

（1）化妆水的类型

平衡肌肤的酸碱值是化妆水最重要的任务，却不是它唯一的作用。化妆水种类较多，一般根据使用目的可分为收敛性化妆水、柔软性化妆水、平衡性化妆水、清洁性化妆水等。化妆水主要成分有精制水和乙醇、异丙醇等。

紧肤水（又称收缩水、收敛水、爽肤水）一般 pH 偏弱酸性，以透明外观为主，酒精和薄荷醇（主要是左旋薄荷醇）带来清凉感，同时水和酒精在蒸发中导致皮肤暂时性的温度降低，令毛孔收缩，有再次清洁、收缩毛孔、抑制油脂分泌的作用，对于毛孔粗大的油性、混合性，以及易长痘痘的肤质非常适用。柔肤水是以软化角质，让皮肤柔软、嫩滑为主要功能，一般 pH 偏向弱碱性，可帮助皮肤加速清除老化细胞，使肌肤更清爽。平衡水可调节皮肤的 pH 及水分。但实际上皮肤本身就具有调节 pH 的能力，而且现在洁面产品通常都是弱酸性，所以没有必要再靠化妆水来调节皮肤的 pH。洁肤水主要用于淡妆的卸妆和清洁皮肤，但清洁、卸妆能力都不强，只能作为专业卸妆油或洗面奶的补充，而不能替代它们。洁肤水与洗面奶相同，以表面活性剂的清洁能力为主。

其他类型的化妆水，比如营养水，美白水等，都是在以上的基本类型上再适当添加相应的功能型成分，不过由于化妆水对油溶性成分溶解能力有限，所以无论添加了哪种类型的功能成分，都被极大地限制了功效。

（2）化妆水的使用

化妆水在清洁完脸部之后、化妆前使用，可让上妆时皮肤容易吸附其他化妆品，如蜜粉、眼影等。卸妆后使用则是收缩皮肤上的毛孔以及略作皮肤清洁，如清洁其他化妆品在脸上的残留。在使用化妆水时，先把化妆棉拉紧，充分吸收化妆水，再用化妆棉擦拭脸部，然后用手轻轻拍打，轻轻拍打可以增加肌肤对化妆水的吸收。

> **知识链接**

化妆水的鉴别

摇动化妆水瓶后观察化妆水中的泡泡：

（1）如果泡泡细腻丰富，有厚厚的一层，而且经久不消，那就是好的化妆水。

（2）如果泡泡很少，说明营养成分少。

（3）如果泡泡多但是大，说明含有水杨酸。水杨酸洁肤的效果较好，不过刺激性大了点，对水杨酸过敏或是肌肤很敏感的人尽量不要用。

（4）如果一摇就出来很多很细的泡泡但很快就消失了，说明其中含有酒精。这类的爽肤水偶尔可以使用，起到消炎的作用，但是千万不要长期使用，容易伤害皮肤的保护膜。

（5）一般假冒伪劣化妆水的产品名称仿照市场上畅销产品的名称，有些同音不同字，有些假冒伪劣化妆水外包装的字体、色泽及图案完全仿照真品，但与真品比较都会有一定差异。

（6）假冒伪劣化妆水往往不写厂名、地址而写"中国制造"，或仅写汉语拼音，或乱写外文，来冒充出口产品或进口产品，骗取用户的信任。

（7）此外，还有产品含量偏差的规定等，一些假冒伪劣化妆水往往不符合要求。还有许多假冒伪劣化妆水无生产日期、保质期、生产许可证号、标准号等。

3. 眼霜

眼部肌肤最为脆弱，一旦缺水就会产生皱纹，化妆更会催生皱纹。这就需要在化妆前先为眼部补水。选清爽不油腻、高水分的眼霜十分关键，著名的品牌也是品质的保证。眼霜是用来保护眼睛周围比较薄的这一层皮肤的，对眼袋、黑眼圈、鱼尾纹等都有一定的效用，但是不同的眼霜有不同的作用。眼霜的种类很多，大致分为眼膜、眼胶、眼霜等；从功能上分为滋润眼霜、紧实眼霜、抗老化眼霜、抗过敏眼霜，等等。

> **知识链接**

眼霜的涂抹方法

（1）在早晚洁肤后，用无名指取绿豆大小的眼霜，两个无名指指腹相互揉搓，给眼霜加温，使之更容易被肌肤吸收。

（2）以弹钢琴的方式，均匀地轻轻将眼霜拍打在眼周肌肤上。着重在下眼窝和眼尾至太阳穴的延伸部位多加涂抹，如图2（a）所示。

（3）先从眼部下方，由睛明穴向眼尾轻轻按压。然后从眼部上方，由内向外轻轻按压。如图2（b）和图2（c）所示。

（4）用中指指腹从眉头下方开始，轻轻按压。再沿着眼眶，由内向外轻轻按压，如图2（d）所示。

（5）用中指指尖，轻轻按压鼻翼两旁的迎香穴，促进眼部肌肤的血液循环。

图2 眼霜的涂抹方法

4. 精华

精华是护肤品中之极品，成分精致，功效强大，效果显著。精华中含有微量元素、胶原蛋白、血清，具有防衰老、抗皱、保湿、美白、祛斑等作用。精华分水剂、油剂两种，它是由提取的高营养物质浓缩而成的。

精华应该在涂抹化妆水后使用，切忌洁肤后马上使用。化妆水能够辅助肌肤吸收精华的营养，令精华的养分更充分、直接地进入皮肤深层，使皮肤的柔软性、弹性更好。精华的涂抹按摩方法为自下而上、自内向外打螺旋，重点部位应重复按摩。

5. 面霜或乳液

面霜或乳液是基础护肤最重要的一步，面霜或乳液中的美白、抗衰老等有效成分能够更好地被肌肤吸收，所以，拥有一瓶好的面霜或乳液是非常重要的。选择适合自己肤质的面霜或乳液，可以防止肌肤的水的流失。不管肌肤的性质如何，选择一款含有大量水分的面霜或乳液都十分必要，因为化妆品可能会使肌肤干燥、敏感或油光浮面，而肌肤中充足的水分可以使这些问题一一缓解，因而一张持久饱含水分的脸庞才是一个持久亮丽的妆容的落脚之处。

6. 隔离霜

隔离霜是保护皮肤的重要护肤品，在妆前打上一层有防晒效果的隔离霜，既可以隔离彩妆刺激，又可以防御外部侵害，因此，这是户外妆必不可少的步骤。隔离霜对紫外线确实有隔离作用，而其实质就是防晒，隔离霜中所用的防晒剂和防晒霜中所用的是一样的。

知识链接

不同颜色的隔离霜

（1）紫色：在色彩学中，紫色的互补色是黄色，因此紫色具有中和黄色的作用。它的作用是使皮肤呈现健康明亮、白里透红的色彩。适合普通肌肤和稍偏黄的肌肤使用。

（2）绿色：色彩学中，绿色的互补色是红色。绿色隔离霜可以中和面部过多的红色，使肌肤呈现亮白的完美效果。另外，还可有效减轻痘痕的明显程度。适合偏红肌肤和有痘痕的皮肤。

（3）裸色：可以修饰泛红部位或黑眼圈。

（4）粉红色：适用于惨白或无血色的肌肤。

技能训练

➢ 根据所学的内容,判断自己的仪容修饰是否规范,并填写表2。

表2 仪容修饰规范自我检查

检查部位	检查内容	符合要求或指明需要改进的地方
头发	1. 头发是否整洁、无异味; 2. 有无头皮屑; 3. 发型修剪是否到位	
面容	1. 精神气色,皮肤状态; 2. 面部是否做到无灰尘,无污渍,无分泌物,无其他不洁之物; 3. 男士胡须、鼻毛、鬓角是否修理规范	
口部	1. 口腔有无异味、异物; 2. 牙齿是否有茶渍或者烟黄等现象	
手部	1. 手和指甲是否清洁,指甲长度是否在1毫米以内; 2. 指甲油的颜色是否规范	
身体	1. 有无异味或过浓的香水味; 2. 是否养成勤洗澡的卫生习惯	

➢ 根据所学的内容,判断自己的皮肤性质,选择适合自己的化妆品,并填写表3。

表3 了解自己的皮肤

皮肤特点	皮肤性质	适合的化妆品	适当的护肤方法
	□中性 □油性 □干性 □混合性 □过敏性		

任务二 职业妆容清新淡雅

知识认知

职场妆容也称职业妆容,简称职业妆。清新淡雅是职业妆的基本要求,它既能美化仪容形象,也可以增强自信,同时还是对他人尊重的表现。职业妆的修饰,除了要学会使用各种化妆品,遵循一定的化妆步骤以外,还要遵循基本的化妆礼仪,掌握一定的化妆技巧。

一、职业妆前的自我认识

个人要让别人觉得美,全身的整体比例很重要,因为只有符合比例的才是和谐的,只有和谐的才是美的。

（一）"黄金分割"

美学上个人的形式比例关系，是著名的"黄金分割"，即：将一条线段一分为二，其较短一段与较长一段之比等于较长一段与全线段之比。按照此种比例关系组织的任何对象，都表现了变化的统一，内部关系的和谐。因此，许多哲学家与美学家认为，无论在艺术界还是自然界中，"黄金分割"都是形式美中较为理想的比例关系。对于人类而言，通常人的脸形是接近黄金矩形的，女性的椭圆形脸之所以被多数人视为理想的脸形，就是因为其长宽之比近似于黄金矩形。然而生活中人们并不都是这样的脸形，于是我们可以从美的比例出发，利用发型和化妆弥补脸形的比例不足，使整个头部形象形成一种新的比例关系。

（二）"三庭五眼"

除了脸形的长宽之比以外，"三庭五眼"也是对人的面部长宽比例进行测量的一种简单方法。五官端正就是指符合"三庭五眼"的比例要求。"三庭五眼"如图3所示。

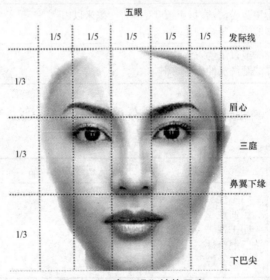

图3 "三庭五眼"结构示意

"三庭"是指上庭、中庭和下庭。① 上庭：从额头发际线到两眉头连线之间的距离；② 中庭：从两眉头连线到鼻头底端之间的距离；③ 下庭：从鼻头底端到下颏（下巴尖）的距离。理想的比例是：上庭:中庭:下庭 = 1:1:1，即三者长度相等。

"五眼"是指：① 左太阳穴处发际至左眼尾的长度；② 左眼长度；③ 左眼内眼角至右眼内眼角的长度；④ 右眼长度；⑤ 右眼眼尾至右太阳穴处发际的长度。理想的比例是这五者长度相等，即从左太阳穴发际到右太阳穴发际之间的横向连线长度正好相当于一只眼睛长度的五倍，并且均匀分布。

"三庭五眼"是人的脸长与脸宽及面部器官布局的标准比例，如不符合这个比例，就会与理想脸形产生距离，那么，在化妆时就要运用一定的技巧进行调整和弥补。通过自我形象分析，我们便可以了解自己容貌上的优点与不足。虽然人的相貌在很大程度上依赖于遗传，但是后天的努力、科学的保养及恰到好处的修饰有着举足轻重的作用。

二、职业妆容的礼仪要求

（一）清新淡雅的原则

职业形象展现的是专业规范、端庄稳重，因此，职业妆就要做到淡雅自然、扬长避短、和谐统一、简洁明快。自然是化妆的生命，它能使化妆后的脸看起来真实而生动，不是一张呆板生硬的面具。化妆失去了自然的效果，那就是假，假的东西就无生命力和美了。自然的化妆要依赖正确的化妆技巧、合适的化妆品；要一丝不苟、井井有条；要讲究过渡、体现层次；要点面到位、浓淡相宜。总之，要使化妆说其有，看似无，就像化妆的人确确实实长了这样一张美丽的面容一样。化妆时不讲方法和技巧，胡来一气，敷衍了事，片面追求速度，都有可能使妆面失真。不能选择夸张的设计手法和太过鲜亮浓艳的色彩，如眉形的设计要遵从本我自然，眼影的选择要用大地色系，腮红和口红要选择浅淡的颜色等。

（二）修饰美化的原则

每一个化妆的人都希望化妆能使自己变得更美丽，但事实上，有些人以为把各种色彩涂抹在脸的相应部位就自然美了，这是错误的。我们看到许多幼儿园的孩子被阿姨化得脸上一团红、眼睛一团黑，变得又凶又老气，孩子的天真可爱荡然无存，这样的化妆不是美了，而是丑了。因此，修饰美化的原则是从效果来说的。要使化妆达到美的效果，首先必须了解自己的脸各部位的特点，孰优孰劣要心中有数；还要清楚怎样化妆和矫正才能扬长避短，使容貌更迷人。这些都要在把握脸部个性特征和正确的审美观的指导下进行。

（三）尊重他人的原则

（1）保持妆面的完整，适时补妆，避免残缺。
（2）尽量不借用他人的化妆品。
（3）不要使用太过芳香的化妆品。
（4）不要评论他人的妆面。

（四）整体协调的原则

整体协调原则即要求妆容风格要符合妆面协调、全身协调、身份协调和场合协调。妆面协调指化妆部位的色彩搭配和浓淡协调，所化的妆针对脸部个性特点，整体设计协调；全身协调指脸部化妆还必须注意与发型、服装、饰物协调，如穿大红色的衣服或配了大红色的饰物时，口红可以采用大红色的。身份协调指职场人员化妆时要考虑到自己的职业特点和身份，采用不同的化妆手段和化妆品。作为职场人员，应注意化妆后体现端庄稳重的气质，尤其作为专门从事各种公共关系建立和协调的从业人员，出头露面的机会多，与有身份、有地位、有权力的人打交道频繁，要表现出一定的人际吸引魅力，化妆就不能太艳俗或太单调，而应浓淡相宜，适合人们共同的爱美之心。场合协调，是指化妆要与所去的场合气氛要求一致。日常办公，妆可以化淡一些；出席宴会、舞会，妆可以化浓一些，尤其是舞会，妆可以靓丽一些；参加追悼会，素衣淡妆，忌用鲜艳的红色化妆。

三、职业妆容的修饰技巧

靳羽西说："世界上没有难看的女人，只有不懂如何让自己打扮得体的人。"世界上没有人是十全十美的"标准"人。假如你时时都在懊悔自己的脸形或者五官不标准，那大可不必，因为即使自己存在不符合标准的部分，同样可以用化妆的技巧来改善，并利用自己不符合标准的部分，使自己具有个性美。扬长避短、遮掩缺陷是非常重要的技巧。下面介绍几种常见的脸型应如何化妆。

（一）圆脸

这种脸型一般偏平，化妆应加强面部立体塑造。在涂粉底时，可用偏深的粉底涂面部两侧，在额头、鼻梁、下巴处涂明亮色。鼻侧影略向眉头部位揉擦，以抬高鼻根，使鼻型挺拔。眉毛作上挑圆弧形描眉。眼影不宜用浅亮色，深色眼影可以使面部凹凸感加强。

（二）方脸

这种脸型棱角分明，化妆底色不宜太浅，色彩沉着的底色加上红褐色的腮红，会使方脸有结实感。眉形可以是略粗的带角度的弧形，又细又弯的眉会与方脸的轮廓形成较明显的对比。眼影与唇影的颜色可以鲜明一些，用强调五官来减弱方脸轮廓。

（三）长脸

这种脸型缺乏生气，化妆可以选择较浅的自然色粉底。胭脂用淡红色，从颧骨的中心往耳朵方向推抹呈扇形。在下巴、额头上也略施暖色调阴影色。眉毛修饰成向脸部横向发展的平弧状缓和曲线。睫毛膏染外眼睫毛。总之，化妆上采用的线条与色彩，都应以横向引导来造成视觉错觉，以便使长脸有所改观。

（四）小脸

这种脸型给人感觉比较可爱，化妆用浅色粉底可使脸部面积显得宽阔。腮红可选用浅桃红、淡红。眉毛、眼睛、嘴唇的颜色可适当明亮，线条的描画清晰，使修饰过的五官显得眉清目秀。

（五）大脸

这种脸型缺乏灵气，显得呆板。化妆可选用比原来肤色偏深一些的粉底作为底色，因深色比浅色有收缩感。面部的两侧可以涂一些能与底色衔接的阴影色。额头、鼻梁、下巴涂上明亮色，但也需要与底色自然衔接。这样，首先形成脸部大的起伏，再用鼻侧影使脸部唯一的纵长结构更具立体感，鼻侧影的颜色比肤色略深，并应和眼影色融合。眼睛作重点刻画，加上眉毛与嘴唇的衬托，使五官明艳清晰，以此来减弱脸庞轮廓线的印象。

四、妆容修饰的基本步骤

化妆首先是一门视觉艺术，它运用绘画的手段，利用颜色给人的感觉造成一种视错觉。化妆是运用化妆品和工具，采取合乎规则的步骤和技巧，对人的面部、五官进行渲染、描画、整理，增强立体印象，调整形色，掩饰缺陷，表现神采，从而达到美容目的。

化妆的目的：其一，可以起到保护皮肤的作用，在皮肤外多形成一层保护膜。适当化妆可以防止细菌、灰尘、紫外线、日常辐射直接进入皮肤。其二，可以美化肌肤，利用色彩来修饰脸型及缺点（黑眼圈、青春痘、疤痕等），展现个性美与独特魅力。其三，化妆是基本的礼貌，适当化妆是对别人的尊重和重视，凸显你的礼貌和涵养，使眼神、微笑更和善。其四，化妆可以维系良好的人际关系，是内在美与外在美的凸显。

化妆时要认真掌握化妆的方法。化妆大体上应分为面部底妆、眉毛修饰、眼睛修饰、面颊彩妆、唇部修饰、香水喷洒、晚间卸妆等步骤。每个步骤均有一定的方法，必须认真遵守。

（一）面部底妆

底妆是一切美丽的基础，底妆的精致、持久和完美，是妆容修饰最本质和最关键的部分。面部底妆一般包括打粉底、遮瑕、定妆三部分。

1. 打粉底

打粉底，又叫敷底粉或打底。它是以调整面部皮肤颜色为目的的一种基础化妆。粉底可以帮助改善皮肤的色泽、遮盖皮肤的瑕疵、改善皮肤的基调，同时也能调整面部的立体感。

在打粉底时，有四点特别应予注意：一是事先要清洗好面部，并且拍上适量的化妆水、乳液。二是选择粉底时要选择好色彩。通常，不同的肤色应选用不同的粉底。选用的粉底最好与自己的肤色相接近，而不宜使二者反差过大，看起来失真。三是打粉底时一定要借助于海绵，而且要做到取用适量、涂抹细致、薄厚均匀。四是切勿忘记颈部。面部与颈部的过渡，才不会使面部与颈部"泾渭分明"。

2. 遮瑕

通常妆容遮瑕的部位包括发际线、眼部周围、鼻翼两侧、唇部周围、下巴。遮瑕膏可视作粉底的一种，不同之处在于遮瑕膏比普通粉底具有更佳的遮盖力，且更贴合肌肤，持久不易脱妆。每个人的脸上都会有这样那样的瑕疵，运用遮瑕膏可以让你的脸重现光滑细致。遮瑕膏的种类通常有三种：液状、膏状和条状。液状和条状的遮瑕膏遮盖效果较佳，但是上妆技术必须熟练；膏状遮瑕膏的遮盖能力较低，但是因为质地清爽，反而容易创造出自然的妆容。

遮瑕膏的颜色依据遮瑕目的的不同来选择。修饰性遮瑕膏的颜色要比粉底微亮一些，能产生自然的遮盖效果。对于面部轮廓的修饰，遮瑕膏的颜色要进行深浅搭配。要突出面部轮廓的特征，可选择明度较高的浅颜色遮瑕膏，产生拉近放大的效果；要隐藏的部位，可选择明度较低的深颜色遮瑕膏，产生缩小和不突出的效果。

3. 定妆

定妆粉，俗称蜜粉、散粉，是化妆品的一种。一般都含精细的滑石粉，有吸收面部多余油脂、减少面部油光的作用，可令妆容柔滑、细致更持久。此外，散粉还有遮盖脸上瑕疵的功效，令妆容看上去更柔和，呈现出一种朦胧的美态，尤其适用于日常生活妆。所以说，要使妆容精致、持久，用定妆粉来定妆这一程序不可或缺。

使用定妆粉时，先将定妆粉扑在容易掉妆的T字区，然后再向两边均匀散开。在涂遍脸部其他部位之后，用残留在粉扑上的散粉打理额头，打理时要从中央向发际薄薄地晕开。

（二）眉毛修饰

一个人眉毛的浓淡与形状，对其容貌发挥着重要的烘托作用。有经验的化妆者，都会将描眉视为其化妆时的重中之重。在眉毛修饰时，有四点需要注意：一是先要进行修眉，用专用的镊子或修眉刀剔除那些杂乱无序的眉毛。二是描眉所要描出的整个眉形，必须要兼顾本人的性别、年龄与脸形。三是在具体描眉形时，要逐根进行细描，而忌讳一画而过。四是描眉之后应使眉形具有立体感，所以在描眉时通常都要在具体方法上注意两头淡、中间浓、上边浅、下边深。

1. 眉毛的结构

眉毛是由眉头、眉中、眉峰和眉尾四部分构成的，如图4所示。在眉毛修饰过程中最关键的是需要先了解和确定具体的眉头、眉峰和眉尾的正确位置，这样才能修饰出一个完美的眉形。

A. 眉头。在鼻翼与内眼角的垂直延长线上，最下方的眉毛就是眉头的基准点。在描眉的时候，眉头部位要选择眉粉来描画，而不是眉笔，这样可以让妆容效果更加自然，避免过于突兀不协调。

B. 眉中。眉中位于眼白至瞳孔外边缘的垂直延长线所形成的区域，描眉的时候自然地向上翘起即可，不需要过多的修饰。

C. 眉峰。眉峰位于瞳孔外围，约为眉毛的2/3处，高度在眉骨上方。

D. 眉尾。眉尾位于鼻翼与外眼角连线的延长线上，描眉的时候由眉峰自然下垂即可，眉尾比眉头略高2毫米是最佳比例。

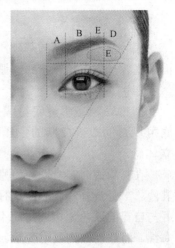

图4 眉毛的结构

2. 修眉的技巧

完美的眉毛从修眉开始。修眉是人们为了使面部更好看、更清爽所采取的一种行为，通常需要借助修眉刀、眉钳等工具来对眉毛进行打理。修眉即是对眉毛的形状、轮廓、线条进行人工的修整。

修眉的具体操作如下：

（1）用眉刷把眉毛梳顺

眉毛容易杂乱，所以在修眉之前，用眉刷顺着眉毛的生长方向把眉毛梳顺。通过梳理既可以看清楚眉毛有哪些空隙位置，又可以观察毛发生长的方向，因为下一步画眉的时候要顺着毛发的生长方向才会自然。

（2）画出下拱的下缘线

在修眉之前，先用眉笔把眉形画出，再把多余的眉毛拔掉就好了。眉头到眉尾的下缘线要画得稍微直一点，从眉头向眉尾方向弧度不要太大，勾画的线条要细致。

（3）修掉多余的眉毛

眉中至眉峰上方，以及眉间部分多余的杂毛可用修眉刀剔除，眉弓骨部位的杂毛则要用修眉刀或眉钳从根部拔出。

（4）修剪完美的眉形

用专门的修眉刀把眉峰稍稍修出点弧度，柔化了原本尖尖的"三角"。再用眉剪的刀刃与眉毛下方平行，将过长而超出眉形的眉毛剪短。从上向下观察眉毛，如果还有过长的眉毛，将其剪短。在修剪时要小心，不要一次修剪完，一部分一部分地修剪比较安全。

3. 画眉的技巧

修剪出自然的眉形后，接下来需要通过描眉来进一步打造出黄金比例的完美眉形了。眉毛的颜色应与发色相近，或比头发的颜色稍浅，眉头部位颜色较淡，眉中至眉峰的颜色要深一些，眉峰至眉尾的颜色逐渐递减，且逐渐变细。

画眉时，先用眉刷取适量与自己发色接近的眉粉，在修好的眉形上淡淡地扫一层。再找准眉峰及眉尾的位置，用眉笔仔细勾勒，注意线条的流畅感。存在感十足的轮廓，加上眉笔与眉粉的巧妙组合，会让眉毛更加立体有型。

知识链接

眉形分类与化法

（1）标准眉。如图5所示：

眉形特点：眉尾与眉头处于同一条水平线上，眉头在鼻翼至内眼角的延长线上，眉峰在鼻翼至瞳孔外缘的延长线上，眉尾在鼻翼至外眼角的延长线上。

眉形效果：给人中庸的感觉。

化法：头尾淡、中间浓、上虚下实。

（2）一字眉。如图6所示：

眉形特点：眉头、眉中、眉峰、眉尾基本在同一水平线上。

眉形效果：给人平和、孩子气的感觉。

化法：在眉毛上方描画，加强眉腰和眉峰的弧度。

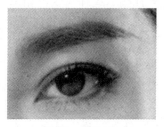

图5　标准眉　　　　　图6　一字眉

（3）上扬眉。如图7所示：

眉形特点：眉形上扬，眉尾高于眉头。

眉形效果：给人张扬感、时尚感，但过高会显得冷漠、严厉。

化法：在眉毛下方描画，使眉形显得柔和。

（4）圆弧眉。如图8所示：

眉形特点：从眉头到眉中，到眉峰，到眉尾，都呈圆弧状。

眉形效果：给人温柔、婉约、有女人味的感觉。

化法：多用直线条来描画，以减小眉毛的弧度。

（5）柳叶眉。如图9所示：

眉形特点：和圆弧眉相似，但是整体眉形细而弯。

眉形效果：给人古典的感觉。

化法：增加眉毛宽度，让眉毛看起来更有立体感。

图7　上扬眉　　　　　图8　圆弧眉　　　　　图9　柳叶眉

（三）眼睛修饰

眼睛是心灵的窗户，是脸部最动人之处，所以通常眼妆被认为是化妆的灵魂。它不但可以增加眼部的立体感和美感，还能够烘托整个脸部形象，让妆容自然生动，张扬个性。眼妆包括施眼影、画眼线和涂睫毛三部分。

1. 施眼影

施眼影的主要目的是强化面部的立体感，以凹眼反衬隆鼻，并且使双眼显得更加明亮传神。施眼影时，有两个问题应予注意：一是要选对眼影的具体颜色。过分鲜艳的眼影，一般仅适用于晚妆，而不适用于工作妆。一般来说，化职业妆时选用大地色系的眼影，往往收效较好。二是要施出眼影的层次之感。施眼影时，最忌没有厚薄深浅之分，应由浅而深，层次分明，这有助于强化眼部的轮廓。

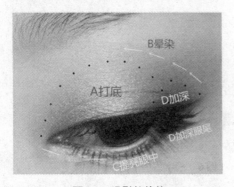

图10　眼影的修饰

眼影的具体画法：

（1）眼影打底。选择与肤色相似但明度更高的眼影先将眼窝打亮，如图10中的A所示。

（2）眼影浅色晕染。在眼皮的1/2或2/3处刷上主色调，如图10中的B所示。注意从下到上是逐渐变淡的，与皮肤要实现无缝相接。眼尾的地方要比其他地方稍微重一点；下眼睑的地方在眼尾处（约1/3的眼睛长度的2/3处）着色，颜色不要太重。

（3）提亮眼中色调。在眼睛中间部位进行高光提亮，如图10中的C所示。

（4）眼影深色晕染。在睫毛根部往上二三毫米的区域中使用深色调，如图10中的D所示。不易涂得太宽，同样也是由下至上逐渐变淡，与之前的眼影过渡自然。在眼尾处适度拉长，下眼睑的尾部也要刷上一些，刷到眼睛1/3处即可。

2. 画眼线

画眼线这一步骤在化妆时最好不要省掉，它的最大好处是可以让眼睛生动有神，并且更富有光泽。眼线的粗细长短，可以改变一个人眼睛的形状，并起到修正眼部缺点的作用。在画眼线时，一般应当把它画得紧贴眼睫毛，最好是先粗后细，由浓而淡，要注意避免眼线画得呆板、锐利、曲里拐弯。画完之后的上下眼线，一般在外眼角处不应当交合。上眼线看上去要稍长一些，这样才会使双眼显得大而且充满活力，如图11所示。

眼线的具体画法：

（1）找到睫毛根部。画眼线前，先用手指撑住眼皮，露出睫毛根部，眼线要贴近睫毛根部描画才自然。

（2）画上眼线。从瞳孔中央部位画起，外眼角的部分轻微上扬可以让眼形更完美，画眼线时只需要在外眼角的部位稍稍向上拉长即可，外眼角要一笔完成才有流畅感，越往外眼角，眼线越淡越细。再从中央部位向内眼角晕染，越往内眼角，眼线越淡越细。上眼线完成后的效果是，眼睛两端的眼线比较细，中间部分粗一些，有增大瞳孔高度的效果。

图 11　画眼线

（3）画下眼线。画下眼线时，则应当从外眼角朝内眼角画，并且在距内眼角约 1/3 处收笔。

3. 涂睫毛

漂亮的眼睛需要纤长的睫毛陪衬，这样的眼睛看起来更迷人。

睫毛的具体涂法：

（1）上睫毛定型。先用睫毛夹在睫毛的中部，顺着睫毛上翘的趋势，夹 5 秒左右后松开。然后在睫毛的前端夹一次形成自然弧度。

（2）上睫毛拉长。使用增长纤维的睫毛膏，将整个睫毛全部刷满，让睫毛充分获得滋养和修护，如图 12（a）所示。

（3）上睫毛浓密。使用浓密型的睫毛膏，以 Z 字形的方式，由下往上刷，值得注意的是，每个位置停顿 2~3 秒，这样更有利于把睫毛变得浓密起来，如图 12（b）所示。

（4）尾部修饰。将尾部的睫毛用刷头的前部向上轻轻地刷几下，使得尾部的睫毛更长更翘，如图 12（c）所示。

（5）下睫毛修饰。用睫毛刷垂直地从眼睛的一侧刷至另一侧。但是要注意的是，下睫毛有时会残留一些块状的睫毛膏，所以可以用小梳子轻轻梳理，这样会更自然，如图 12（d）所示。

(a)　　　　　　(b)　　　　　　(c)　　　　　　(d)

图 12　涂睫毛

（四）面颊彩妆

占据脸部最大面积的，毫无疑问地就是脸颊。一个人的气色如何，通常都是从脸颊的肤色来判断的。巧妙运用腮红化妆刷出漂亮的两颊，不仅可以使面色看起来健康红润，同时还可以掩盖皮肤的瑕疵。

在化面颊彩妆时，需要注意四点：一是要选择优质的腮红，若其质地不佳，便难有良好的化妆效果。二是要使腮红与口红或眼影属于同一色系，以体现妆面的和谐之美。三是要使腮红与面部肤色过渡自然。四是要扑粉进行定妆。在上好腮红后，应以定妆粉定妆，以便吸收汗粉、油脂，并避免脱妆。扑粉时切忌用量过多，并且不要忘记在颈部的过渡。

面颊彩妆的步骤：

（1）脸颊与鼻尖。用粉刷蘸取适量腮红，先在手背上调试好颜色，依次扫刷颊骨最高处和鼻尖，注意保持三点水平，如图13（a）所示。

（2）额头。不需重新蘸取腮红，利用上一步残留在粉刷上的粉末，轻轻横刷额骨突出的部位，注意只需薄薄一层即可，如图13（b）所示。

（3）下巴。用粉刷上还剩余的腮红轻轻扫刷下巴尖，同样地，要保持横向水平，且也是薄薄一层即可，如图13（c）所示。

（4）太阳穴。用手指蘸取少许腮红，从眼尾到太阳穴抹匀，还是要保持水平，以保持整体的一致，如图13（d）所示。

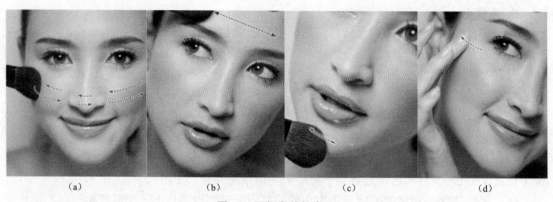

图13　面颊彩妆的步骤

（五）唇部修饰

化妆时，唇部的地位仅次于眼部。涂口红，既可改变不理想的唇形，又可使双唇更加娇媚迷人。

在化唇妆时，需要注意三点：一是在涂口红之前最好先涂一层润唇膏，滋润唇部。二是在口红颜色的选择上，可以根据自己的喜好去选择：樱桃红、淡粉色、桃红、杏色等淡色系的口红会给人一种自然、活泼、青春亮丽的感觉；大红、玫瑰红等偏红色系的口红会给人以靓丽、惊艳的感觉；暗紫、紫红色等颜色的口红会给人一种冷艳、冷漠、高傲的感觉。三是在涂口红时，切记不要涂得太厚，避免出现拉丝的效果。

唇部的化妆步骤：

（1）遮瑕。用粉底液遮盖唇边的细纹等瑕疵，凸显出唇形轮廓。如果选用的是较浅颜色的口红，还可以在唇上打上一层薄薄的粉底，掩盖住本来红艳的唇色，使淡色的口红更显效果。

（2）画唇线。用唇线笔描好唇线，确定好理想的唇形。唇线笔的颜色要略深于口红的颜色。描唇形时，嘴应自然放松张开，先描上唇，后描下唇。在描唇形时，应从左右两侧分别沿着唇部的轮廓线向中间画。上唇嘴角要描细，下唇嘴角则要略粗。

（3）涂口红。从中间开始往两边涂，因为嘴唇的饱满感一般是在下唇处体现的，所以这里的口红可以稍微涂厚些。

（4）检查。口红涂好后，要用化妆棉吸去多余的口红，并仔细检查一下牙齿上有无口红的痕迹。如果发现有超出唇形轮廓的口红，一定要处理干净，要不就毁了整个唇妆。

（六）香水喷洒

根据香水的味道可以判断人的品位的高低。使用香水时应该注意以下两点：

1. 香水喷洒的位置

香水应该喷洒在手腕、颈部、耳后、太阳穴、腋下等处，香味会随着肢体的运动而自然散发；不要将香水喷洒在面部、毛衣、皮衣、首饰等地方，否则会加速皮肤的老化，使毛衣、皮衣、首饰失去光泽。为避免香水刺激皮肤，可以将香水喷洒在衣领、手帕等地方。

2. 香水喷洒的方法

在喷洒香水时，应将香水瓶放在距离身体 20 厘米处，喷洒的香水不宜过多、过于集中，喷洒的量以距离超过 3 米以外闻不到香水味为宜。一次只能使用一种香水，不能多种香型的香水混用。

（七）晚间卸妆

在精心的妆容背后，卸妆的重要性往往容易被忽视。化妆品残留在皮肤上过久，会造成毛孔堵塞，阻碍皮肤正常的新陈代谢，从而导致肤色晦暗、长暗疮等问题。因此，彻底卸妆是美丽肌肤的第一步。彻底清除脸部残妆，需要注意的是千万不要胡乱擦拭，弄伤肌肤，要按步骤行事，尤其是眼部、唇部等重点化妆部位。

1. 眼部卸妆

（1）睫毛卸妆

将化妆棉贴着下眼睑垫在眼下，闭上眼睛，令上睫毛完全接触化妆棉上的卸妆液。稍待片刻，用蘸取了卸妆液的棉棒，从睫毛根部至梢部仔细清除，逐渐溶解睫毛膏。换一块干净的化妆棉，以同样方法清除下睫毛上的睫毛膏。

（2）眼线卸妆

用蘸有少许卸妆液的棉棒，或化妆棉对折后的细小折角，由内眼角至外眼角，沿睫毛根部轻轻擦拭眼线。

（3）眼影卸妆

闭上眼睛，在眼皮上贴上浸满卸妆液的化妆棉。稍待片刻，向眼角轻轻擦拭，干净的一面用完，再换另外干净的一面，反复多次，直至擦净为止。

2. 面部卸妆

取适量的面部卸妆乳，分别点于额头、脸颊、鼻子和下巴上。将双手润湿，按照洁面的手法在脸上做螺旋形按摩，使卸妆乳很好地与皮肤表面的化妆品溶合，将其彻底清除。不要忽略鼻翼周围、额头发际处及脸部边缘等细微的部位，一定要认真细致地轻轻按摩。用面巾纸或化妆棉将脸部的卸妆乳轻轻擦拭干净，最后用清水冲洗干净。卸完妆后，再进行日常的皮肤护理步骤，详见前面的皮肤护理内容。

3. 唇部卸妆

用浸满卸妆液的干净的化妆棉贴在唇部三秒钟，让口红油脂渐渐溶解。由一边嘴角向另一边嘴角擦拭。然后咧开嘴，用浸有卸妆液的棉棒沿唇的纹理把渗到唇纹当中的口红彻底清洁干净。

知识链接

化妆工具的类型与作用

1. 脸部的化妆工具

（1）化妆海绵。如图14所示，化妆海绵是多种形状的海绵块，蘸上粉底直接涂抹于面部，海绵块可触及各个面部角落，使妆面均匀柔和，是涂抹化妆品的最佳工具。

（2）粉扑。如图15所示，粉扑由丝绒或棉布材料制成。粉扑上有手指环，便于抓牢不易脱落，还可防手上的汗直接接触面部。蘸上蜜粉可直接扑于面部，使肤质不油腻反光、均匀柔和。

图14 化妆海绵

图15 粉扑

（3）粉底刷。如图16所示，粉底刷的毛质柔软细滑，附着力好，能均匀地蘸取粉底涂于面部，功能相当于湿粉扑，是涂抹粉底的最佳工具。

（4）遮瑕刷。如图17所示，遮瑕刷刷头细小，扁平且略硬，蘸少许遮瑕膏后涂抹在面部的斑点、暗疮印等不美观的小区域。

图16 粉底刷

图17 遮瑕刷

（5）粉蜜刷。如图18所示，粉蜜刷在化妆刷系列中刷头较大，圆形刷头，刷毛较长且蓬松，便于轻柔地、均匀地涂抹蜜粉。

（6）腮红刷。如图19所示，腮红刷略比粉蜜刷小，有圆形及扁形刷头，刷毛长短适中，可以轻松地涂抹腮红。

（7）扇形扫刷。如图20所示，扇形扫刷的刷头毛排列为扇形，主要用于扫除脸部化妆时多余的脂粉和眼影粉。

图18 粉蜜刷

图19 腮红刷

图20 扇形扫刷

2. 眉毛的化妆工具

（1）修眉刀。如图21所示，修眉刀能帮助修除多余的眉毛，不留痕迹，能有效修整眉形。刀头小巧且易于掌握，防护网能够保护肌肤。

（2）修眉剪。如图22所示，修眉剪是迷你型剪刀，刀头部尖端微微上翘，便于修剪多余的眉毛。修眉剪也可裁剪美目贴。

图21　修眉刀　　　　　　　　　图22　修眉剪

（3）眉毛刷。如图23所示，眉毛刷刷头为斜角形状，毛质细，软硬适中，蘸少许的眉粉扫于眉毛上，自然真实。

（4）眉毛梳。如图24所示：眉毛梳刷头分两边，一边刷毛硬而密，一边为单排梳，梳理眉毛的同时也可梳理睫毛，使黏合的睫毛分开。

图23　眉毛刷　　　　　　　　　图24　眉毛梳

3. 眼部的化妆工具

（1）螺旋刷。如图25所示，螺旋刷刷头呈螺旋形状，有两种作用：其一可以用于蘸取睫毛膏涂于睫毛上，也可梳理睫毛；其二可以刷掉多余的眉粉。

（2）眼影刷。如图26所示，眼影刷的刷头小，呈圆形或扁形，便于眼睑部位的化妆。分大、中、小三个型号，大号用于定妆和调和眼影，中号用于涂抹眼影，小号用于涂抹眼线。

图25　螺旋刷　　　　　　　　　图26　眼影刷

（3）眼影海绵棒。如图27所示，眼影海绵棒的刷头为三角形，便于把眼影粉涂抹在眼部细小的皱纹里，使眼影对皮肤的黏合更加服帖。

（4）眼线刷。如图28所示，眼线刷刷头细长，毛质坚实，蘸适量的眼线膏或眼线粉涂抹于睫毛根部，描画出满意的眼线。

（5）睫毛夹。如图29所示，睫毛夹用于夹睫毛。将睫毛放于睫毛夹的中间，手指在睫毛夹上来回夹，使睫毛卷翘，增强轮廓立体感。夹上加有橡胶垫，可防止睫毛断裂。

图27　眼影海绵棒

图28　眼线刷

图29　睫毛夹

4. 唇部的化妆工具

（1）唇线刷。如图30所示，唇线刷刷头细长，方便描画唇部轮廓线条。

（2）唇刷。如图31所示，唇刷的刷毛密实，刷头细小扁平，便于描画唇线和唇角。主要用来涂抹口红，也可用于调试搭配口红的颜色。

图30　唇线刷

图31　唇刷

4. 辅助性工具

（1）镊子。如图32所示，镊子的头部两面扁平，便于夹取物体，可以用于拔掉多余不好修剪的眉毛，也用于夹取修剪后的美目贴，方便地贴于眼部。

（2）化妆笔削刀。如图33所示，化妆笔削刀用于削眉笔、眼线笔、唇线笔。

图32　镊子

图33　化妆笔削刀

（3）化妆棉棒。如图34所示，化妆棉棒除用于卸除眼线外，还可在妆容修饰中用于修饰细小瑕疵。

图34　化妆棉棒

技能训练

根据所学的内容，为自己设计职业妆，填写表4。

表4 设计职业妆

设计内容	设计要求	完成情况
面部底妆	选择适合自己肤色的粉底，要求粉底涂抹手法准确、涂抹均匀，并进行面部遮瑕和散粉定妆	
眉毛修饰	根据自己的脸形设计眉形，眉毛的修饰符合职业规范	
眼睛修饰	眼影的颜色过渡自然，眼线上色准确，睫毛膏涂抹自然	
面颊彩妆	腮红涂抹位置准确，颜色均匀	
唇部修饰	唇部修饰和颜色选择与妆容和谐，干净整洁	
香水喷洒	香水喷洒位置正确	

任务三　职业发型成熟干练

知识认知

通常情况下，人们观察一个人是从"头"开始的，头发经常会给他人留下十分深刻的印象。成熟干练的发型能够给职场人塑造出容光焕发、精明强干、爱岗敬业的职业形象。

职业发型除了要满足前面任务要求的整洁清爽、及时修剪、梳理整齐的礼仪规范外，还要从发型的设计上与脸型、体型、职业等因素相适应，以体现和谐的整体美。

一、职业发型的礼仪要求

（一）发型风格适宜

职业发型应以精神、美观、简洁、大方为原则，风格要与职业特点、职业场合和岗位规范相适宜。尤其是从事政务、商务、服务工作的人员，男士不能留大背头、长鬓角、小辫子，也尽量不要剃光头，女士不能长发披散凌乱，遮盖脸面，也不能梳理成个性怪异的发型。

（二）头发长短适度

成熟干练的男士发型要求前发不覆额，侧发不掩耳，后发不触领。服务场合女士的长发要尽量盘起，发髻高度基本以耳朵上缘的延长线为准，不宜过高、过低成歪扭不正。要求前发不遮眉，侧发不掩耳，后发不过肩。

（三）头发颜色稳重

职场人员头发的颜色都要稳重自然，不能一味追求时髦、靓丽而将头发染成黑色系以外的其他颜色。

（四）发饰佩戴大方

女士发饰佩戴一定要简洁大方，不能佩戴过于夸张、活泼、鲜艳、幼稚的发饰。若工作岗位有具体要求，应按照岗位规定佩戴统一的发饰。

案例分享

理 发

日本著名企业家松下幸之助有一次到东京银座的一家理发店去理发。由于过度操劳与奔波，他显出一副疲惫的样子，蓬头垢面地来到理发室。理发师看到他的形象后，语重心长地对他说："您对自己的发型修饰丝毫不重视，就如同把公司的产品弄脏似的。作为公司的代表，您这样不注意仪容形象，产品怎么能够打开销路呢？"一句话将松下幸之助说得哑口无言。他将理发师的劝告牢记在心，从此对自己的仪容修饰十分重视。

发型是一个人仪容形象的重要组成部分，重视发型修饰是塑造良好的职场仪容形象的起点。一个整洁干练的发型，不仅能够展现个人的职场风度，有时还能够展现企业的形象。

二、头发的保养

与别人进行交往时，映入对方眼帘的首先就是头发。发质的好坏、发型的得当与否直接反映职场人员的审美、品位、身份地位以及个人形象，直接关系到给别人的第一印象以及是否能建立长期交往关系。

（一）鉴别发质

对头发进行保养前，首先要进行发质的鉴别。一般认为一个人的发质与皮肤的性质大体相同，大致可以分为以下三种类型：

1. 中性发质

中性发质的头发油脂分泌正常，有光泽，有弹性，柔顺易于梳理，不易分叉、打结。

2. 油性发质

油性发质的头发油脂分泌过多，头部的表皮及毛发均有黏糊之感。

3. 干性发质

干性发质的头发油脂分泌过少，头发没有光泽，有干枯之感。

（二）清洗头发

清洗头发要根据发质来选择合适的洗护发用品和洗发间隔期。中性发质的人在夏季应该三天左右洗一次头发，在冬季应该四五天洗一次头发，油性发质和干性发质的人要比中性发质的人分别缩短或延长一两天。

（三）保养头发

经常食用一些有益于增加头发营养的食品，如绿色蔬菜、鱼类、薯类、豆类、壳类、坚果类和海藻类等，尽量少食用糕点、快餐食品、碳酸饮料及冰激凌等。

保养头发不仅要注意饮食，还要经常正确梳发。梳发可以促进血液循环，使头发柔软而有光泽。梳发时先将散乱的发梢梳理好，从前额向后梳，再低头从脑后向前额梳理，最后让头发向头的四周披散开来梳理。

保养头发还应经常对头皮进行按摩。按摩可以调节和促进头皮的油脂分泌，改善发质。按摩的方法是：用两手的手指按照前额—发际—两鬓—头颈—头后部的顺序轻轻揉动。

三、职业发型的修饰

发型是人体美的重要组成部分,是自然美与修饰美的结合。发型不仅反映着人们的物质、文化生活水平,而且也体现了时代的精神风貌。发型的选择应与脸型、年龄、职业、性格、气质、爱好相符。

(一)发型与脸型

想找到一张完美无缺的脸,简直是大海里捞针。绝大多数人脸部都或多或少地存在着某些缺陷,如颧骨过高,下巴过宽,前额窄小,等等。如果选择好发型,就能掩盖或者削弱面部构造中的一些缺点。参照脸型塑造发型遵循的是协调互补原则,即扬长避短,利用发型来修饰脸部的不完美。

1. 椭圆脸型

椭圆脸是很理想的脸型,也可以叫鹅蛋脸、瓜子脸。它的特点是额头与颧骨几乎一样宽,同时又比下颌稍宽一点,脸宽约是脸长的三分之二。椭圆脸型是一种比较标准的脸型,很多的发型均可以适合,并能达到很和谐的效果。发型设计时重点考虑季节因素即可。

2. 长形脸型

长形脸也叫长脸,脸形比较瘦长,额头、颧骨、下颌的宽度几乎相同,但是脸宽小于脸长的三分之二。脸形长的人最好采用二八分头或一九分头,避免中分,如图35(a)所示。

(a)　　　　　　　(b)　　　　　　　(c)

图35　长形脸适合的发型

长形脸的发型修饰:

(1)额前刘海。一般长形脸的人容易显老,其原因是眼睛到嘴角的距离长,额头露出较多。因此,为了展示这种脸型的魅力,关键要使它具有华丽而明朗的表现力。华丽的表现要从视觉上缩短脸的长度,同时还可以表现出沉稳的气质,额前垂下刘海是很关键的弥补措施,如图35(b)所示。

(2)加宽额头。长脸型的人天生拥有难以言说的高贵气质,是古代贵妇所钟爱的脸型。但脸形太长的话,则变成马脸。而且因为长形脸的人下巴较尖,两颊单薄,所以更显柔弱,毫无生气。因而长脸型的人在选择发式时要适当加宽额头宽度,选用蓬松式发式比较恰当,鬓边的蓬松厚度从视觉上可以很好地削弱脸颊的瘦长,突出高贵气质,掩盖病态的美感,如图35(c)所示。

(3)忌讳发型。在发型选择上避免采用垂直长发或短发,这让人显得老成而且呆板,无形中进一步拉长了脸部长度,如图36所示。

　　　　(a)　　　　　　　　(b)　　　　　　　　(c)

图36　长形脸忌讳的发型

3. 方形脸型

方形脸的额头、颧骨、下颌的宽度基本相同，整张脸是四四方方的。由于棱角突出而不具备女性柔美，应采用波形来弥补有棱角的感觉，突出脸部的竖线条，促使脸形变圆形或椭圆形。如果选择长发，最好是将全发烫成柔软的大波浪，在脸周围形成蓬松的感觉。宜选用不对称的刘海破掉宽直的前额边缘线，同时又可增加纵长感。

方形脸的发型修饰：

（1）两鬓蓬松。在鬓边留下自然上卷的发梢，两边对称。发型以长发为佳，如果个子矮小不宜留长发的，选择齐肩短发最好，如图37（a）所示。

（2）覆盖脸颊。方形脸的人一般前额宽广，下颌骨突出，人显得木讷。可以把发尾前梳，覆盖住两侧面颊，掩盖下颌骨的突出。如果往后梳，千万不要打薄，厚厚的发层能使两侧脸颊显得纤弱，如图37（b）所示。

（3）覆盖颌角。方形脸选发型的主要目的是尽量把下颌角盖住，不要使下颌角明显。头发要有高度，使脸变得稍长，并在两侧留刘海，缓和脸的方正。头发侧分，会增加蓬松感，头发一边多，一边少，营造鹅蛋脸的感觉，如图37（c）所示。

（4）忌讳发型。一般头发不要剪太短，也不要剪太平直或中分的发型，这样会使脸显得更方。方形脸的人最忌讳留短发，尤其是超短的运动发型。如图38所示。

　　　　(a)　　　　　　　　(b)　　　　　　　　(c)

图37　方形脸适合的发型

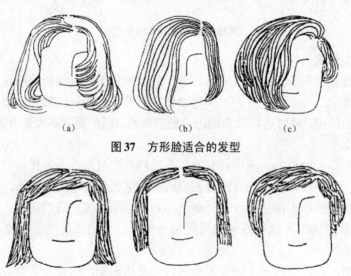

　　　　(a)　　　　　　　　(b)　　　　　　　　(c)

图38　方形脸忌讳的发型

4. 圆形脸型

圆形脸和方形脸一样，都是额头、颧骨、下颌的宽度基本相同，最大的区别就是圆形脸比较圆润丰满，不像方形脸那么方方正正。圆脸型的特征为圆弧形发际，圆下巴，脸较宽。圆脸型最好选择头顶较高的发型，较适合垂直向下的发型或盘发，留一侧刘海，宜佩戴长坠形耳环。

圆形脸的发型修饰：

（1）加高头顶。圆脸型男士的发型最好是两边很短，顶部和发冠稍长一点，侧分头。吹风时将头顶发吹得蓬松一点，显得脸长一些。女短发则可以是不对称或对称式，侧刘海，或者留一些头发在前侧吹成半遮半掩脸腮，头顶头发吹得高一些。如图39所示。

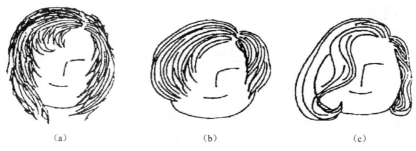

图39 圆形脸适合的发型

（2）刘海中分。刘海从发梢稍削薄，体现出尖锐感为好。留长发的话，宜用中分缝，使头发偏向两侧垂下，显出成熟的气质。刘海留过眉毛，可以修饰圆形脸。

（3）两鬓修短。圆脸型上下的长度和左右的宽度差不多，给人一种可爱的感觉，像小朋友的脸型一样，因此，两侧的线条要向上修剪，头顶要弄蓬松，才不会让脸显得太圆。

（4）忌讳发型。圆脸型的人忌讳脸颊两侧的头发过于蓬松，或脸颊两侧的头发向后梳，使整张圆脸全部暴露在外，这样会使脸显得更圆。同时忌讳剪齐而短的刘海，让脸看起来圆且笨重。如图40所示。

图40 圆形脸忌讳的发型

5. 心形脸型

心形脸也叫倒三角形脸、"甲"字脸，其特点是额头最宽，下颌窄而下巴尖，这种脸型下颌线条很迷人。发型设计应当着重于缩小额宽，并增加脸下部的宽度。头发长度以中长或垂肩长发为宜，发型适合中分刘海或稍侧分刘海。发梢蓬松柔软的大波浪可以达到增宽下颌的视觉效果。如图41所示。

图41 心形脸适合的发型

心形脸的发型修饰：

（1）刘海修饰。拥有倒三角形脸型的人，容易让人产生不易亲近的感觉，所以发型修饰的重点就在于抵消给人的这种不利印象。避免将全部头发向后梳理是一个重要的原则，因为这会让倒三角形的脸更加明显。稍有刘海并将两侧头发打薄，避免头发蓬松，如此就不会让人感到上半部脸过宽。

（2）四六分发。适用的发型以四六分为佳，以便减轻上部宽度与下巴的鲜明对比。

（3）头发长度。中长度的发型最合适，头顶上面高而柔，两边蓬松卷曲，使脸看起来丰满。

（4）颈部修饰。颈部后面浓密卷曲的秀发，活泼之中显优雅，最容易吸引别人的视线，从而减低尖下巴的薄弱感。

（5）忌讳发型。最好不要用笔直短发或直长发等自然款式，因为过于朴素的样式会使脸部更加单调，如图42所示。

图42 心形脸忌讳的发型

6. 正三角形脸型

正三角形脸也叫"由"字脸，它刚好与心形脸相反，在发型选择上应综合方形脸和长形脸的缺陷掩饰方法，做法与心形脸相反，头顶及两鬓加宽，下巴加以掩盖修饰，如图43所示。

图43 正三角形脸适合的发型

正三角形脸的发型修饰：

（1）刘海修饰。由于正三角形脸有窄额头和宽下颌，对于这种脸型，在发型设计上应体现额部见宽，把太阳穴附近的头发弄得高一点儿，厚一点儿，以平衡下颌的宽度，尽量把刘海剪高一点，使额头看起来高一些。

（2）腮部修饰。避免腮部附近头发太多。如发型上半部有动感，下半部稳稳垂下，能在一定程度上纠正脸形的不均衡感。

（3）忌讳发型。齐刘海是忌讳，因为这样露出的是整张脸中最没有优点的部分，而且整齐看不见额头的刘海会显得整个人沉闷，如图44所示。

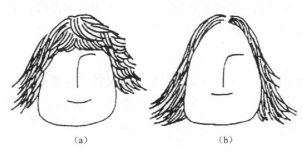

图44　正三角形脸忌讳的发型

7. 菱形脸型

菱形脸也叫"申"字脸、枣核形脸，其特征为前额与下巴较尖窄，颧骨较宽。发型设计应当着重于缩小颧骨宽度。

菱形脸的发型修饰：

（1）额头修饰。额头刘海要饱满，从视觉角度可以使额头看起来较宽。

（2）颧骨修饰。女士最好烫发，然后在做发型时，靠近面颊处的头发尽量贴近，将靠近颧骨的头发做前倾波浪，以掩盖宽颧骨。

（3）下巴修饰。面颊以上和以下的头发则尽量宽松，短发要做出心形的轮廓，长发要做出椭圆形的轮廓。

（4）适合发型。适合留短发，上面的发蓬松，下面的发轻盈、层次感明显。

（5）忌讳发型。应该避免露脑门，也不要把两边头发紧紧地梳在脑后，如扎马尾辫或高盘。

（二）发型与体型

发型与体型关系非常密切，发型处理得好，同样对体型能起到扬长避短的作用。

1. 高瘦型

这种体型的人容易给人细长、单薄、头部小的感觉。为弥补这些不足，发型要生动饱满，避免将头发梳得紧贴头皮，令头部看上去更小，也避免将头发弄得过分蓬松，造成头重脚轻之感。一般来说，高瘦身材的女士比较适宜于留长发、直发，头发长至下巴与锁骨之间较理想，且要使头发显得厚实、有分量。应避免将头发修剪得太短薄，或高盘于头顶上。

2. 矮小型

个子矮小的人会给人小巧玲珑的感觉，在发型选择上要与此特点相适应，应以秀气、精致为主，避免粗犷、蓬松，否则会使头部与整个形体的比例失调，给人一种大头小身体的感觉。身材矮小的女士不适宜留长发，因为长发会使头显得大，破坏人体比例的协调。烫发时应将花式做得小巧、精致一些。高位盘头有增高身材的视觉效果。

3. 高大型

该体型能给人一种力量美，但对女士来说，缺少苗条、柔和的美感。为适当减弱这种高大感，发型设计的原则是简洁、明快，线条流畅。女士一般以直发或者大波浪卷发为宜，头发不要太蓬松。

4. 矮胖型

矮胖者显得健康，要利用这一点造成一种有生机的健康美，譬如选择运动式发型。此外应考虑弥补体型缺陷，矮胖者一般脖子显短，因此女士不要留披肩长发，尽可能把头发向高处梳理，头发应避免过于蓬松或过厚。

（三）发型与职业

发型在一定程度上反映着一个人的文化品位、社会地位和职业特点，所以，职业是发型设计的重要参考因素。发型应与工作性质和办公环境相协调，以便更好地体现职业的风度美。作为职业女性，发型要清秀文雅，体现干练、稳重的特征，清新利落的短发和盘发是不错的选择。

（1）工作时需要戴安全帽的女士，发型不要做得太复杂，应尽量剪成短发或是长发扎辫子。

（2）从事体育运动工作的人，适宜留轻松活泼、易梳理的短发。

（3）教师和机关工作人员，适宜留简洁、明快、大方、朴素的发型，表现出儒雅、端庄的气质。

（4）文艺工作者和服装模特的发型可以做得夸张一点，以体现创造性、前卫性。

（5）商务人士的发型应展现精明强干。

（6）服务人员的发型应展现精神和规范。

知识链接

发型修饰礼仪

在节假日参加庆祝活动，出席婚礼、舞会或宴会时，发型可以做得华丽时尚，还可以加些首饰，如戴上耳环、项链、漂亮的发带、发卡等，再配上得体而时髦的服装，不但可以增加喜庆的气氛，同时也能给人以美的享受。

在一些很严肃的场合，如参加追悼会或参加悼念活动、扫墓活动等，发型就要避免过于花哨，否则会冲淡庄严肃穆的气氛，并给人一种轻浮感，这时的发型要求庄重、大方、朴素。外出游玩时，发型就要修饰得自然活泼一些，方便跑跑跳跳。

技能训练

请按照职业发型成熟干练的礼仪要求进行盘发练习，要求时间控制在 5 分钟之内，注意发髻的高度和发饰的搭配。

综合实训

> **情境模拟**

（1）情境背景

A 公司文秘人员小张按照老板的要求来到 B 公司找程总拿重要文件，文件内容涉及双方公司今后的发展与合作计划，由于是初次见面，小张特别注重个人职业形象。

（2）模拟要求

① 两人一组，按照标准规范的仪容修饰礼仪进行综合练习。

② 2 分钟内检查完仪容卫生。

③ 20 分钟内化完一个符合小张秘书身份的职业淡妆。

④ 5 分钟内盘好一个成熟干练的职业发型。

（3）实训目的

能够结合职场角色，按照仪容修饰的礼仪要求塑造基本的职业仪容形象，以良好的第一印象为自己获得更好的发展机会，为企业赢得良好的口碑。

> **社会实践**

（1）实践场所

星级酒店

（2）实践要求

① 10 人一组，到星级酒店参观，观察并记录酒店的工作人员仪容基本规范是否符合要求。

② 借助手机等照相工具拍下至少 10 张不符合仪容要求的照片。

③ 借助手机等照相工具拍下至少 10 张符合仪容要求的照片。

（3）实践目标

① 通过仪容形象的观察与对比，找出个人仪容修饰方面存在的问题。

② 以小组为单位，组员之间相互交流认知并提交对比结论及照片资料。

模块三

职业形象仪表气质设计

任务要求

1. 职场着装要正式、得体、和谐、规范，展现职业风采。
2. 男士职业西装穿着要讲究品位，文质彬彬，庄重儒雅。
3. 女士职业套装穿着要搭配合理，美观大方，稳重高雅。

案例导入

某上市公司员工着装规范条例（部分）

……

第三条　男职员的着装要求：夏天着衬衣、系领带；着衬衣时，不得挽起袖子或不系袖扣；着西装时，不准穿皮鞋以外的其他鞋类（包括皮凉鞋）。

第四条　女职员上班不得穿牛仔服、运动服、超短裙、低胸衫或其他有碍观瞻的奇装异服；裙装一律穿肉色丝袜。

第五条　所有职员上班必须佩戴公司徽章，且佩戴在左胸前适当的位置上。

第六条　部门副经理以上的员工，办公室一定要备有西服，以便有外出活动或洽谈重要业务时穿用。

……

仪表就是指人的外表，仪表不仅可以体现出个人的文化修养，也可以反映出个人的审美情趣。现代职场，无论是事业单位还是企业单位，只要有严格的现代管理体制和形象品牌意识，大都会对员工的着装有着具体的要求，因为员工的形象代表企业的形象，也能够展示企业的管理文化和企业的专业实力。步入职场，形象不仅是个体的问题，而且是整体组织的问题，所以，就不能"穿衣戴帽，各有所好"了，而要懂得着装礼仪。通过得体规范的着装，塑造出靓丽的职业风采，展现良好的职业素养。

任务一　职场着装得体规范

知识认知

古人云："冠者，礼之始也。"可见古人对穿衣是很重视的。古人认为，衣着是内心世界的展现，穿戴要与内心的品行相称，君子的服装不求华美，但求整洁。到了现代社会，穿衣打扮更是现代审美观中必不可少的一部分，特别是职场人员，更应努力将自己外在的形象塑造得充满朝气、富有健康活力，从而反映出自身的内在美。

着装得体是一门艺术。首先，它讲究着装的协调，即一个人的着装要与他的年龄、体型、职业相吻合，表现出一种和谐，这种和谐能给人以美感。其次，它讲究色彩的搭配，色彩可以分为暖色（红、橙、黄等）、冷色（蓝、青等）、中间色（紫、绿等）、无色彩（白、黑、灰等），在着装时应该注重色彩的搭配，以求和谐。最后，它讲究着装要和所在的场合搭配，即在喜庆、庄重、悲伤等场合应遵循不同的规范与风俗选择不同的服装。

一、服装的类别

不同的社交场合，对服装的要求是不同的，比如参加宴会、晚会等重要社交活动的服装与郊游、运动或居家休息的服装，就有很大区别。为了着装得体，就要了解在什么场合应穿什么衣服，什么服装适合在什么场合穿。服装可分为四大类，即正装、礼服、便装和补正装。

（一）正装

所谓正装，就是在工作场合或正式场合穿的正规服装，它既不同于礼服那么考究华贵，也不像便装那么随意休闲。一般男士正装多为西装、中山装、制服，女士正装多为套裙、套裤。很多企业为了显示良好的组织形象统一发放了职业服装，即工装，也是正装的重要组成部分。另外，唐装代表了中国文化特色，我国很多正式的文化交流场合也常穿唐装。

（二）礼服

礼服是在庄重的场合或举行仪式时穿的庄重而且正式的服装，如晚礼服、小礼服等。女士礼服以裙装为基本款式。

礼服通常可分为晚礼服、小礼服、裙套装礼服和婚礼礼服。晚礼服产生于西方社交活动，是在晚间正式聚会、仪式、典礼上穿的服装；小礼服是在晚间或日间的鸡尾酒会、正式聚会、仪式、典礼上穿的服装；裙套装礼服是职业女性在职业场合出席庆典、仪式时穿的服装；婚礼礼服是在婚礼上穿的服装。

（三）便装

便装指平常穿的服装，适用范围广泛，根据不同的用途和环境，便装又分很多种。街市服比礼服随便得多，例如上街购物、看影剧、会见朋友等都可以穿，它在很大程度上受流行趋势影响，是时装的重要组成部分。每个人可根据自己的爱好及自身的客观条件选择各式各样的街市服，但穿着时一定要注意到它是否符合将要去的环境与气氛。面料可用毛、丝绸、化纤等，并可根据季节的变化而变换。旅游服、运动服等依据具体情况做准备，重要的是舒适、实用、便于行动。家庭装与家庭的气氛相称，在家里要做家务，还要休息，所以家庭装应随便、舒适、格调轻松活泼。早晚穿的有居家服、睡衣等，但不能穿这类服装会客。

（四）补正装

补正装指贴身服装，可以起到保温、吸汗、防污垢、保持身体清洁的作用，还能成为外衣的陪衬，使外衣显得更美。补正装包括胸衣、围腰、衬裙、马甲等，其主要作用是调整或保护体形，使得外衣的形状更加完美。这种服装，应选伸缩性能好、有弹性的面料。法国服装设计大师费里，因有着肥胖厚实、强壮的身躯，一件小马甲背心对于他几乎成了一种规范："我的背部太厚，而且突起呈圆弧状，背后的衣服总容易弄皱，加上一件紧身背心，不仅遮住了背后皱巴的衬衫，上衣也有了架子。"一件小小的马甲背心，也有很多的讲究。现代生活更要注意补正装的效果。

二、职场着装的礼仪原则

职场着装要展现出职业感、专业感、品位感、时代感。因此，职场着装要遵循一定的礼仪原则。

（一）TPO 原则

TPO 是英文 Time（时间）、Place（地点）与 Occasion（场合）这三个单词的第一个字母的组合。TPO 原则要求职场人员着装时要首先考虑以下三个方面的因素，体现对他人的尊重。

1. 时间

时间的含义有三层：一是指每日的早上、日间和晚上三段时间，相应的服装也分为晨装、日装和晚装；二是要考虑时令，即春、夏、秋、冬四个季节的变化对着装的影响，比如夏季的正装就应以简洁、利落为前提，而冬季的正装就应以厚实、保暖为原则；三是要注意时代间的差异，即正装也要顺应时代的潮流，既不要泥古不化，也不要刻意时尚超前。

2. 地点

这里的地点是指工作地点、活动场所等。不同的地点需要与之相协调的不同服装。上班地点应穿职业装、工装，公务活动场所应穿更加正式庄重的服装。如果女教师着无领无袖的服装上台讲课未免有失庄重；饭店宾馆的服务员打扮得花枝招展去上班就会喧宾夺主。

3. 场合

着装还要考虑出席的场合，如开会、签约、迎接、宴会等。场合不同，着装的要求也就不同。比如应聘时，穿素雅一些的服装可显得稳重；庆典场合穿着就要隆重高雅；庄重严肃的场合，着装就要更加正规、内敛。

案例分享

有争议的服装

1983 年 6 月，美国前总统里根出访欧洲四国时，由于他在庄重严肃的正式外交场合没有穿黑色礼服，而穿了套花格西装，引起了西方舆论的一片哗然，有的新闻媒体评论里根自恃大国首脑，狂妄傲慢，没有给予欧洲伙伴应有的尊重和重视。

TPO原则是人们约定俗成的着装惯例，具有深厚的社会基础和人文意义，是职场形象礼仪体现尊重的基本要求。服装所蕴含的信息内容必须与特定的时间、地点、场合相吻合。如果仪表着装没有给予交往对象足够的尊重，就会引起对方的疑惑和反感，必然影响自身和组织的美誉度。

知识链接

社交场合的服装选择

社交场合主要指宴会、舞会、晚会、聚会等交际场合，这些场合的总体着装要求是突出时尚个性，适用于社交场合的服装款式有时装、礼服或民族服装。

男士：

在参加宴会时，宁愿隆重点盛装出席，也不要过于随便，这是对主人邀约款待的重视。酒会和晚宴宜穿深色西装，白色衬衫，领带或领结都可以打。不管多隆重的宴会都可以穿深色中山装，中山装是我们的国服，是最佳的礼服和民族服装，当然可以作为宴会装。不是隆重严肃的餐宴，穿半套式西装是让自己轻松却又不会失礼的好办法，不想系领带的话，中国式立领衬衫搭配西装也是不少人的选择。

其他社交场合，如参加开业庆典、婚礼这样的场合，穿得正式、时尚、喜庆点就行；参加婚礼可以穿得适当时尚一些，但要不失庄重，西装配亮色领带是不错的选择；而在茶话会、咖啡厅，着装没什么特别要求，商务休闲装就可以。

女士：

在参加商务酒会时，可选择设计简洁、不过分华丽张扬的小礼服，也可以穿偏于时尚的露肩裙装，包括一般的聚会都可以这样穿着。正规晚宴的着装可以隆重性感，如奢华的晚礼服。

（二）和谐规范原则

职场着装不仅要适合个人的基本因素，还要与从事的职业身份相和谐。

1. 服装与个人因素相适应

（1）服装应符合年龄。俗话说，"爱美之心，人皆有之"，无论年龄大小，人们对美都可以有自己的追求。但是，不同年龄的人有不同的形象要求。作为年轻人，正是展示自我的年龄，所以穿着可适当选择靓丽时尚、突出个性的款式，例如合体的裙装会显得有朝气，有活力；中年人应选择稳重简洁的款式；而老年人则应传统、保守一些。一套黑色的中山装，穿在中老年人身上会显得端庄大方，而穿在年轻人身上则不免会显得老气和过于压抑。

（2）服装可展现性格。性格外向的人，在服装的选择上可加入多元素的风格来展示自我；性格内向的人，则应在服装的款式、颜色和花纹上保持中规中矩的风格。

（3）服装穿着要合体。服装要想穿得漂亮，就必须适合个人的体形。服装与体型的关系，最要紧的是大小合身、长短相宜。就高瘦身材的人而言，上装不宜太短，下装也不宜太短。上装短，在视觉上就会使上下身的比例失调；下装短，在感觉上会使上下身的重量失去平衡。

身材偏胖的人，衣服的肩部不能宽大，领口要低。体型比较"单薄"的人，应该选用一些质地挺括的衣服。太矮的人，不宜穿过长的衣服，衣长人矮，会使人显得更矮。

2. 服装与职业身份相和谐

职场着装在某种程度上要体现职业特点，如果每个员工都"乱穿衣"成"穿错衣"，那么将会给他人传递错误的身份信息，因此职场着装要尊重职业，尊重工作要求。例如销售人员在工作期间应穿职业套装，有一项研究表明，身着便装与身着制服的销售员产生的营销业绩大相径庭。医院的医生、护士则不能穿着鲜艳，打扮得花枝招展，这样会严重影响病人及家属的心情，不利于病人的治疗与休养。很多企业会统一发放与职业环境相匹配的工装，以体现企业的整体形象，那么员工就要严格按照企业要求统一着装。

3. 服装与色彩搭配相协调

服装色彩是服装感观的第一印象，它有极强的吸引力。服装色彩搭配得当，可使人显得端庄优雅、风姿绰约；搭配不当，则使人显得不伦不类、俗不可耐。配色是一种方式，也是一种规律，是指人们对单个色彩的搭配组合。配色美是指色彩搭配组合的效果，使人的视觉和心理产生美的愉悦感、满足感。若要巧妙地利用服装色彩搭配，得体地修饰仪表，掌握服装色彩搭配技巧就非常重要。

（1）搭配技巧一：主色、辅助色、点缀色搭配法

主色是占据全身色彩面积最多的颜色，占全身面积的60%以上，通常是套装、风衣、大衣、裤子、裙子等的颜色。

辅助色是与主色搭配的颜色，占全身面积的40%左右，通常是单件的上衣、外套、衬衫、背心等的颜色。

点缀色一般只占全身面积的5%~15%，通常是丝巾、鞋、包、饰品等的颜色，会起到画龙点睛的作用。

（2）搭配技巧二：自然色系搭配法

自然色系搭配法也称同类色相配，是指深浅、明暗不同的两种同一类颜色相配，比如青配天蓝，绿配浅绿，咖啡配米色，深红配浅红等，同类色相配的服装显得柔和文雅。

色调一般包括暖色系和冷色系两大类。暖色系除了黄色、橙色、橘红色以外，所有以黄色为底色的颜色都是暖色系。暖色系一般会给人华丽、成熟、朝气蓬勃的印象，而适合与这些暖色基调的有彩色搭配的，除了白色、黑色等无彩色外，有彩色最好使用驼色、棕色、咖啡色。以蓝色为底的七彩色都是冷色。与冷色基调搭配和谐的无彩色，最好选用黑色、灰色，避免与驼色、咖啡色等有彩色搭配。

（3）搭配技巧三：层次渐变搭配法

层次渐变搭配法也称近似色相配，是指两个比较接近的颜色相配，如：红色与橙红或紫红相配，黄色与草绿色或橙黄色相配等。近似色相配的效果比较柔和，具体有两种搭配方法：

方法一：只选用一种颜色，利用不同的明暗搭配，给人和谐、有层次的韵律感。

方法二：不同颜色、相同色调的搭配，同样给人和谐的美感。

（4）搭配技巧四：主角色和配色

单色的服装搭配起来并不难，只要找到能与之搭配的和谐色彩就可以了，但有花样的衣服，往往是着装的难点。主角色和配色的搭配方法有两种：

方法一：无彩色。黑色、白色、灰色是永恒的搭配色，无论多复杂的色彩组合，它们都能融入其中。

方法二：选择搭配的单品时，在已有的色彩组合中，选择其中任一颜色作为与之相搭配的服装色，给人整体和谐的印象。

（5）搭配技巧五：上下呼应的色彩搭配

这种方法也称三明治搭配法或汉堡搭配法。

全身色彩以三种颜色为宜。一般整体颜色越少，越能体现优雅的气质，并给人利落、清晰的印象。色彩搭配的面积比例，通常全身服饰色彩的搭配避免1:1，尤其是穿着的对比色，一般以 3:2 或 5:3 为宜。

根据以上的配色技巧，我们可以按自己的肤色、气质、个性、职业的特点来选自己的服装配色，用最协调的色彩来装扮自己。如表 5 所示。

表5　服饰色彩与体型、肤色、职业的搭配

类型	特点	着装颜色建议
体型	体型偏胖	避免采用扩张感的高明度色，如雪白，鲜黄，橘红
	体型偏瘦	宜穿扩张感的明亮色调，使比例得到相对的调整，产生视觉上的美感
肤色	白皙	不宜穿冷色调，会更加突出脸色苍白
	健康小麦色	宜穿白色，不宜穿绿、棕、蓝、紫色
	金贵黄色	少穿绿色或灰色
	健康黝黑色	适合白色、粉色或橘色等暖色调
职业	暖色	特点：热情、自信、友爱、爽朗 暖色适合需要经常接触人和特别讲究人际关系的工作。如公关人员、推销员、社工、导游员等，宜穿暖色衣服
	冷色、深色	特点：能营造严肃气氛，给人冷淡、神秘等感觉 冷色、深色衣服适宜出席重要会议，尤其是上司对下属召开会议和发布政策时穿着，对从事管理、金融、法律工作的人士皆宜
	中性色	特点：可缓和紧张气氛，达到平衡效果 中性色包括咖啡色、米色、浅灰色等，是服务人员的最佳着装颜色

知识链接

不同场合服装的色彩搭配技巧

1. 职业装的色彩搭配

职业装的穿着场所是办公室，低纯度可使工作其中的人专心致志、平心静气地处理各种问题，营造沉静的气氛。低纯度的颜色更容易与其他颜色相互协调，这使得人与人之间增加了和谐亲切之感，从而有助于形成协同合作的格局。同时，低纯度给人以谦逊、宽容、成熟感，借用这种色彩语言，职场人员更易受到他人的重视和信赖。另外，可以利用低纯度色彩易于搭配的特点，将有限的衣物搭配出丰富的组合。

2. 礼宴装的色彩搭配

参加活动、出席会议或聚餐，除了个人表现，也需要充满活力的精神，这时的着装以简洁的线条、干净的光泽为主。参加派对聚餐虽然可以穿高贵华丽的服装，但饰品款式却不一定要奢华，可以选择样式简单大方、色彩较缤纷的饰品组合，并分出重点与陪衬的配件，如此一来可带来鲜明的视觉效果。

（三）庄重得体原则

职场着装要符合职业场合。职场人员的服装是为了展现爱岗敬业、稳重大方的精神面貌，不是为了展现个人体形或个性魅力而穿薄、透、露、紧、杂的服装。因此，穿低胸装、露脐装、无袖装、透视装、超短裙、短裤、弹力衫、紧身裤等都不适合正式场合。否则，不仅自己难堪，甚至还会造成他人的反感，给人带来不庄重的印象。

职场着装除上述款式、尺寸的要求外，还有色彩的规范要求，即不宜过于鲜艳、明亮和复杂，应尽量考虑与办公室的色调、气氛相协调，并与具体的职业性质相吻合。

案例分享

不适宜的着装

田小姐在国内一家商贸公司工作。有一次，公司派她前往南方某城市参加一个大型外贸商品洽谈会。为了给外商留下良好的印象，田小姐在洽谈会上特意穿上了一件粉色的紧身上衣和一条蓝色的宽口长裤。然而，正是她这身特意的着装，使不少外商对她敬而远之，甚至连跟她正面接触一下都很不情愿。国外商界人士的着装，一向讲究男女有别。崇尚传统的商界人士一直坚持认为，在正式场合穿裤装的女性，大都不够专业，会给人一种不符合身份、不得体的印象。换而言之，商界女士在正式场合的着装，以正式的套裙装为佳。

三、职场着装的礼仪要求

（一）培养尊重意识

职场着装在某种意义上表明了员工对工作的态度，敬业的员工不需要老板的吩咐，就会穿着得体，因为他知道自己的形象就代表着企业的形象，重视自己的形象是对他人、对工作、对职业的尊重。

（二）增加审美品位

形象不仅能反映个人的气质、性格，甚至还能反映一个人的内心世界和审美品位，一个衣着缺乏品位的职场人员，不利于赢得他人的职业信赖。一位华裔投资商曾说过这样的话："我怎么也不能相信那个穿着旅游鞋、牛仔裤，头发如同干草，说话结结巴巴的小子会向我要500万美元的投资，他的形象和个人素养都不能让我信服他是一个懂得如何处理商务的领导人。"

一个成功的仪表形象，展示的不仅是一个简单的视觉印象，更多地会和一个人的能力、尊严、事业、审美联系在一起。

(三)提高文化修养

服装是一种文化,是一种品位,是一种修养。得体的着装是对他人的尊重,能够反映个人、国家、民族的文化素养。质于内而形于外,文化修养高、气质修炼好的人,更懂得如何修饰自己的着装。

英国历史上第一位女首相撒切尔夫人就是对自己的衣着非常在意的人,她对自己的服饰非常讲究,在她身上没有珠光宝气和雍容华贵,只有淡雅、朴素和整洁,但是她的衣服从不打皱,让人觉得井井有条是她的一贯作风,因此她的仪表形象为后来的事业成功奠定了基础。

技能训练

> **案例分析**

行为学家迈克尔·阿盖尔做过实验:当他以不同的装扮出现在同一个地点时,遇到的情况完全不同。当他身着西装以绅士的面孔出现时,无论是向他问路还是打听事情的陌生人都彬彬有礼,显得颇有教养;而当他装扮成流浪汉时,接近他的人以无业游民居多。

你如何理解上述实验现象?以学习小组为单位分析讨论,分享感受。

> **实践训练**

根据着装TPO原则,以小组为单位设计不同的职业交往场合中适宜的着装,填写表6。

表6 不同的职业交往场合中着装的风格

职业交往场合	着装应展现的风格
参加会议	
营销谈判	
商务宴请	
求职面试	

任务二 男士西装穿着得体

知识认知

西装又称"西服""洋装",起源于17世纪的欧洲,它拥有深厚的文化内涵。

西装是现代职场男士正装中的首选。西服革履、彬彬有礼的男士职业形象常能给人带来成熟儒雅的风度美,更容易赢得尊重。职业场合,西装如何穿出身份、穿出专业、穿出品位,都是很有讲究的。

一、西装的起源

(一)西装的起源

西装起源于欧洲,西装的结构源于北欧南下的日耳曼民族服装。据说当时是西欧渔民穿的，他们终年与海洋为伴，在海里谋生，衣服敞领、少扣，捕起鱼来才会方便。它以人体活动和体形等特点的结构分离组合为原则，形成了以打褶（省）、分片、分体的服装缝制方法，并以此确立了日后流行的服装结构模式。也有资料认为，西装源自英国王室的传统服装。它是男士穿的以同一面料成套搭配的两件或三件套装，由上衣、裤子或马甲组成。西装在造型上延续了男士礼服的基本形式，属于日常服中的正统装束，使用场合甚为广泛，并从欧洲影响到国际社会，成为世界指导性服装，即国际服。

现代的西装形成于19世纪中叶，但从其构成特点和穿着习惯上看，至少可追溯到17世纪后半叶的路易十四时代。17世纪后半叶的路易十四时代，长衣及膝的外衣"究斯特科尔"和比其略短的"贝斯特"，以及紧身合体的半截裤"克尤罗特"一起登上历史舞台，构成现代三件套西装的组成形式和穿着习惯。究斯特科尔前门襟扣子一般不扣，要扣一般只扣腰围线上下的几粒，这就是现代的单排扣西装一般不扣扣子，两粒扣子只扣上面一粒的穿着习惯的由来。

西装之所以长盛不衰，很重要的原因是它拥有深厚的文化内涵，主流的西装文化常常被人们打上"有文化、有教养、有绅士风度、有权威感"等标签。西装一直是男性服装王国的宠物，"西装革履"常用来形容文质彬彬的绅士俊男。西装的主要特点是外观挺括、线条流畅、穿着舒适。若配上领带或领结后，则更显得高雅庄重。另外，在日益开放的现代社会，西装作为一种服装款式也进入女性服装的行列，体现女性和男性一样的独立、自信，也有人称西装为女人的千变外套。

知识链接

西装的传说

风行世界的西装，据说是法国一个叫菲利普的贵族从渔民和马车夫那里学来的。

有一年秋天，天高气爽，碧蓝的天空中飘荡着几朵白云，满山的红叶像红地毯那样与湛蓝的天空比美相映。这天，年轻的子爵菲利普和好友们结伴而行，踏上了秋游的路途。他们从巴黎出发，沿塞纳河逆流而上，再在卢瓦尔河里顺流而下，品尝了南特葡萄酒后来到了奎纳泽尔。想不到的是，这里竟成为西装的发祥地了。

奎纳泽尔是座海滨城市，这里居住着大批出海捕鱼的渔民。由于风光秀丽，这里还吸引了大批王公贵族前来度假，旅游业特别兴旺。来这里的人最醉心的一项娱乐是随渔民出海钓鱼，菲利普一行也乐于此道，来奎纳泽尔不久，他们便请渔夫驾船出港，到海上钓鱼取乐去了。鱼一旦上钓，要将钓竿往后一拉，这里的鱼都挺大，菲利普感到自己穿紧领多扣子的贵族服装很不方便，有时拉力过猛，甚至把扣子也挣脱了。可他看到渔民却行动自如，于是，他仔细观察渔民穿的衣服，发现他们的衣服是敞领、少扣子的，这种样式的衣服，在进行海上捕鱼作业时十分便利。就是说，敞领对用力的人是十分舒服的，也便于大口地喘气；扣子少更便于用力，在劳动强度大的作业中，可以不扣，因为即使扣了也很容易解开。

菲利普虽然是个花花公子，但对于穿着打扮，倒有些才能。他从渔民衣服那里得到了启发，回到巴黎后，马上找来一班裁缝共同研究，力图设计出一种既方便生活而又美观的服装。不久，一种时新的服装问世了。它与渔民的衣服相似，敞领、少扣，但又比渔民的衣服挺括，既便于用力，又能保持传统服装的庄重。新服装很快传遍了巴黎和整个法国，以后又流行到整个西方世界。它的样式与现代的西装基本相似。

（二）中国西装的起源

19世纪40年代前后，西装传入中国，留学的中国人多穿西装。

中国第一套国产西装诞生于清末，是"红帮裁缝"为知名民主革命家徐锡麟制作的。徐锡麟于1903年在日本大阪与在日本学习西装工艺的宁波裁缝王睿谟相识。次年，徐锡麟回国，在上海王睿谟开设的王荣泰西服店定制西装。王睿谟花了三天三夜时间，全部用手工一针一线缝制出中国第一套国产西装，在当时的情况下，其工艺未必超得过西方国家的制作水平，但已充分显示出"红帮裁缝"的高超工艺，成为中国西装跻身于世界的先行者。

二、男士西装的细节构造

西装作为衣着整体美的组成部分，它是浓缩了的文化艺术标志。西装的细节构造一般包括衣领、花眼、袖口纽扣、垫肩、纽扣、口袋和后片开衩七部分。

（一）衣领

西装的基础领型分为平驳领、枪驳领、青果领，如图45所示。

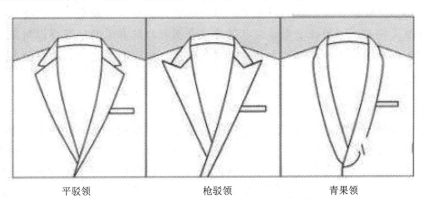

图45　西装的基础领型

平驳领通常属于钝领的一种，其领子的下半片和上半片通常有一个75°～90°的夹角，这是单排扣西装的标准制式。这种领型的西装适用于普遍的场合，给人一种沉稳的感觉。

枪驳领属于尖领，有着双尖头和笔直折线的设计，驳领朝向两肩，多用于双排扣。枪驳领既有平驳领的稳重、经典，又有礼服款的精致、优雅，在晚宴西装中出现的频率最高。

青果领又名大刀领，也是礼服领中的一款，领子柔顺。青果领适合在隆重场合穿，多用于比西装套装更正规的礼服上。经过改良的小驳领不但适合在正式婚礼中穿，也可以通过混搭在平时休闲的时候穿。

（二）花眼

花眼是西装左边的翻领上的一个扣眼，而右侧的领子上却不钉相匹配的纽扣。花眼的作用是用来扣住右侧领子的第一颗暗纽扣的，作防风沙和冬天保暖用。它的原型是"俏皮眼"。早在19世纪的欧洲，贵族子弟为显示自己的洒脱风流，逗惹情人愉悦，往往在自己的胸前藏

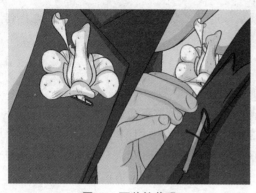

图46 西装的花眼

朵小花，于是左领上的扣眼就成了鲜花插座，背地里称"俏皮眼"，公开场合冠以"美人眼""花眼"的雅号。时至今日，许多年轻人，仍在此扣眼上插小花、徽章之类点缀，如图46所示。

（三）袖口纽扣

西装的衣袖下面沿口都钉有 3~4 颗小纽扣，这对窄而短的西装袖来说有和谐、放松作用，同时它又可防止衣袖磨损，还能起到很好的装饰作用。

知识链接

西装袖口纽扣的起源

传说它起源于法国，和历史上的大腕人物拿破仑一生以注重军容著称于世有关。拿破仑手下有位鲁莽将军鲁彼金，此人能征善战，但风纪不整，常常往袖口上抹鼻涕，为此拿破仑多次训诫，但不见效，开除军职吧，他又是难得的将才。后来拿破仑令军需将军服的袖口一律安上装饰性尖铜钉，不但壮了军容，也使鲁彼金用袖口抹鼻涕的陋习得以纠正。以后几经改正，尖铜钉变成了装饰扣，但钉于袖口前诸多不便，才逐渐移到袖口的背面去。

（四）垫肩

想要把一套西装穿得神采奕奕、充满活力，就少不了好的垫肩的衬托。垫肩是衬在西装肩部呈半圆形或椭圆形的衬垫物，是塑造肩部造型的重要辅料。垫肩的作用是使人的肩部保持水平状态。人们称它"暗中做美事"，因为它衬垫的内部不显露出来。仔细观察人体肩部时就会发现大多数的人肩是有斜度的，在西装内加入垫肩能使肩部浑厚、饱满，提高或延长肩部线条，使穿着者的肩部平整、挺括和美观。

据说最初使用垫肩的人是英王乔治一世。他相貌堂堂，但却有点"柳肩"，穿西装有点"发水"，缺乏男子汉风度。苦恼中他令人做了一副假肩缝于内衣上，使"柳肩"得以矫正。当西装热席卷英伦时，服装师将乔治一世的办法移来，使垫肩与西装为伍，成为美谈。

（五）西装纽扣

穿着西装参加正式的商务场合，就座时需要将扣子全部解开，站立时必须系好。西装上衣有单排扣与双排扣之别。

单排扣的西装上衣，最常见的有一粒纽扣、两粒纽扣、三粒纽扣三种。穿一粒扣的西装上衣，纽扣必须系上；穿单排两粒扣的西装时，只系上边那粒纽扣；穿单排三粒扣的西装时，可以只系中间一粒或者上面两粒，但不能全系。

双排扣的西装上衣，最常见的有两粒纽扣、四粒纽扣、六粒纽扣三种。穿双排扣的西装时要将所有的扣子全部系好。

（六）西装口袋

包括马甲在内的三件套西装，一般应该是由 11 个口袋组成的。

西装上衣的口袋包括：下方两侧口袋、左侧外胸袋、内侧胸袋以及内侧直袋共计 5 个口袋。西装作为带礼仪性质的服装，上衣下方两侧的口袋属于装饰性的口袋，不能随意放置物品，否则会使西装上衣变形。尤其是高档正式的西装上衣下方两侧的口袋都是不建议剪开的。上衣左侧外胸袋，除可以插入一块用以装饰的真丝手绢外，不应再放其他任何东西。上衣内侧胸袋，可用来别钢笔、放钱夹或名片，但不要放太大和过厚的东西，否则，有失西装的平整，影响整体造型，缺乏精明的职业感。如果上装还有个直袋，可以用作临时放眼镜的地方。

西装马甲的口袋包括下方两侧口袋，一般可以放小的贵重品，怀表大概没人会带了，然而打火机之类的小东西还可以放在这些口袋里。

西裤上的口袋包括：左右插袋和后袋，共计 4 个口袋。左右插袋用作插手或者临时放表所用（诸如洗手时）；而后袋有扣的左袋可放零钱（最好不要是硬币），右袋可以放纸巾。切记不得影响西裤外在的平整形象，一般情况下尽量避免放置物品。

（七）后片开衩

西装后片开衩分为后中开衩、侧开衩和无开衩三种类型，单排扣西服可以选择三者其一，而双排扣西服则只能选择侧开衩或无开衩。

西服的后中开衩又称骑马衩，是在西服后背中缝腰线以下开的 10 多厘米长的缝。它是源于英国贵族骑马时避免衣服后面下部折褶而开缝的一种款式。

侧开衩又称边衩，是在西服左右刀片缝的位置，从腰线以下开的 10 多厘米长的缝。它也是源于英国贵族骑马或坐下时避免衣服后面下部折褶而开缝的一种款式。

无开衩：就是没有以上的开衩款式的常规款，在西服左右刀片缝的位置和后背中缝都没有开衩的款式。

三、男士西装讲究品质

品质好的西装能够满足穿着的基本要求，即合体、挺括、有形、有质感。有道是"西装一半在做，一半在穿"，所以在挑选西装时必须要下功夫。一般而言，要挑选一套面料上乘、做工精细、款式大方、适合于多种场合穿的西装，需要考虑面料、色彩、图案、款式、版型、尺寸、做工七个方面。

（一）面料

鉴于西装在商务活动中往往充当正装或礼服之用，故此，其面料的选择应力求高档。以高档面料制作的西装，大都具有轻、薄、软、挺四个方面的特点。轻，指的是西装不重、不笨，穿在身上轻飘犹如丝绸。薄，指的是西装的面料单薄，而不过分地厚实。软，指的是西装穿起来柔软舒适，既合身，又不会给人以束缚挤压之感。挺，指的是西装外表挺括雅观，不发皱，不松垮，不起泡。

评价西装的品质首先看面料是否考究。高档面料主要有纯毛、花呢、华达呢、驼丝锦等，它们容易染色，手感好，不易起球，富有弹性，而且不变形。

中档面料主要有羊毛与化纤的混纺织品，它们具有纯毛面料的属性，价格适中，洗涤后也便于整理，因此，也被广泛选用。

（二）色彩

职场男士在穿西装时，往往将其视作自己在商务活动中所穿的制服。因此，西装的色彩必须显得庄重、正统，而不能过于轻浮和随便。颜色的选择上，最能体现专业、庄重和权威的就是保守的深颜色。男士西装中藏蓝色、深灰色、黑色用得最多，这些颜色的西装能适合各类职业场合。尤其是黑色，可以说是走遍天下都不怕的颜色。藏蓝色的西装也往往是每一位商界男士必备的。

按照惯例，商界男士在正式场合不宜穿颜色过于鲜艳或发光发亮的西装，朦胧色、过渡色的西装，通常也不宜选。浅色西装对场合和人的风格的要求比较特殊，要慎重选择。

（三）图案

职场男士所推崇的是成熟、稳重，所以西装一般以无图案为好。不要选择绘有花、鸟、虫、鱼、人等图案的西装，更不要自行在西装上绘制或刺绣图案、标志、字母、符号等。

通常，高档西装的特征之一，便是没有任何图案。唯一的例外是，商界男士可选择以"牙签呢"缝制的竖条纹的西装。竖条纹的西装，以条纹细密者为佳，以条纹粗阔者为劣。在着装异常讲究的欧洲国家里，商界男士最体面的西装，往往就是深灰色的、条纹细密的竖条纹西装。用"格子呢"缝制的西装，一般是难登大雅之堂的，只有在非正式场合里，才可以穿它。

（四）款式

与其他任何服装一样，西装也有不同款式。当前，区别西装的具体款式，主要有两种最常见的方法。

1. 按照西装的件数来划分

西装有单件与套装之分。依照惯例，单件西装，即一件与裤子不配套的西装上衣，仅适用于非正式场合。职场男士在正式的社交场合中所穿的西装，必须是西装套装。有时，男士在商务交往中所穿的西装套装，索性被人们称作商务套装。

所谓西装套装，指的是上衣与裤子成套，其面料、色彩、款式一致，风格上相互呼应的多件西装。通常，西装套装又有两件套与三件套之分。两件套西装套装包括一衣和一裤，三件套西装套装则包括一衣、一裤和一件马甲。按照人们的传统看法，三件套西装比起两件套西装来，要显得更加正式一些。上面所说的最正宗、最经典的商务套装，自然也非它莫属。是故，商界男士在参加高层次的商务活动时，以穿三件套的西装套装为好。

2. 按照西装上衣的纽扣数量来划分

一般认为，单排扣的西装上衣比较传统，而双排扣的西装上衣则较为时尚。单排扣的西装上衣中，一粒纽扣和三粒纽扣的穿起来比较时髦，而两粒纽扣的单排扣西装上衣则显得更为正式一些。男士常穿的单排扣西装款式以两粒纽扣、平驳领、圆角下摆为主。

双排扣的西装上衣中，两粒纽扣和六粒纽扣的双排扣西装上衣比较时尚，而四粒纽扣的双排扣西装上衣则明显具有传统风格。男士常穿的双排扣西装款式以六粒纽扣、枪驳领、方角下摆为主。

（五）版型

西装的版型，指的是西装的外观轮廓。目前，世界上的西装主要有欧式、英式、美式、日式四种主要版型。

1. 欧版西装

欧版西装实际上是在欧洲大陆,如意大利、法国流行的西装。欧版西装通常讲究贴身合体,衬有很厚的垫肩,胸部做得较饱满,袖笼部位较高,肩头稍微上翘,翻领部位狭长,大多为两排扣款式,多采用质地厚实、深色全毛面料。欧版西装的基本轮廓是倒梯形,实际上就是肩宽收腰,这和欧洲男人高大魁梧的身材相吻合。双排扣、收腰、肩宽,这是欧版西装的基本特点。

2. 英版西装

英版西装是由欧版西装演变而来的,它是单排扣,但是领子比较狭长,和盎格鲁-撒克逊这个民族有关。盎格鲁-撒克逊人的脸形比较长,所以他们的西装领子比较宽广,也比较狭长。英版西装,一般是三粒纽扣的居多,其基本轮廓也是倒梯形。

3. 美版西装

美版西装的基本轮廓特点是 O 型,讲究舒适,线条相对来说较为柔和,腰部适当地收缩,胸部也不过分收紧,符合人体的自然形态。肩部的垫衬不过于高,袖笼较低,呈自然肩型,显得精巧,一般以 2~3 粒扣单排为主,翻领的宽度也较为适中,对面料的选择范围也较广。

4. 日版西装

日版西装的基本轮廓是 H 型的,它适合亚洲男士的身材,没有宽肩,也没有细腰。一般而言,它多是单排扣款式,衣后不开衩。

上述四种版型的西装,各有自己的特点:欧版西装洒脱大气,英版西装剪裁得体,美版西装宽大飘逸,日版西装则贴身凝重。职场男士在具体选择时,可以视情况而定。

知识链接

不同体型的男士如何选择西装

1. 矮胖型的男士:这类男士在选上衣时不宜过长,最好不要盖住臀部,否则会显得人往地下堆,不提气,不精神。如果穿套装,色彩不要太鲜艳,太鲜艳的颜色会在视觉上夸大身材的宽度。

2. 瘦矮型的男士:这类男士适合穿收腰的上衣,上衣的长度不宜把臀部全部盖住,否则会使他们的身材显得更矮。在西装颜色的选择方面,以浅灰色等亮色为主,黑色、藏青色、深灰色等深色调的衣服为辅。

3. 胖高型的男士:这类男士的西装在颜色的选取上,最好以黑色、藏青色为主;单排扣,宽松式;如果选择带花纹、条纹、格子等西装,最好不要太醒目。

4. 瘦高型的男士:这类男士身材给人感觉特别单薄,因此在西装的选择上,建议尽量选择双排扣的西装,因为这种款式的西装纽扣的位置较低,穿上后可以显得他们的身体不那么单薄。

(六)尺寸

穿西装,务必要令其大小合身,宽松适度。一套西装,无论其品牌名气有多大,只要它的尺寸不适合自己,就坚决不要穿它。在商务活动中,一位男士所穿的西装不管是过大还是过小,是过肥还是过瘦,都肯定会损害其个人形象。

选择合身的西装,必须注意如下三条:一是了解标准尺寸。人所共知,西装的衣长、裤长、袖长、胸围、腰围、领围都有一定之规,唯有对此加以了解,才会在选择西装时有章可循。一般而言,西装穿着合身要注意四长(袖到手腕、衣至虎口、裤至脚面、裙至膝盖)、四围(领围、胸围、腰围及臀围)。二是最好量体裁衣。市场上销售的西装多为批量生产,其尺寸尽管十分标准,但穿在每一个人身上都未必能尽如人意。所以,有条件者最好是寻访名师为自己量身缝制西装。三是认真进行试穿。假如购买成衣,务必要认真进行试穿,切勿马马虎虎,买来不合身的西装。

(七)做工

一套名牌西装与一套普通西装的显著区别,往往在于前者的做工无可挑剔,而后者的做工则较为一般。在选择西装时,对其做工精良与否的问题,是万万不可以忽略的。

做工考究是保证西装品质的重要因素。衡量做工的好坏可从六个方面看:一是看其衬里是否外露;二是看其衣袋是否对称;三是看其纽扣是否牢固;四是看其表面是否起泡;五是看其针脚是否均匀;六是看其外观是否平整。此外,还要注意查看西装口袋两条开线条是否一致,上袖处有无褶皱。如果是条纹或格子西服,则要看这两处的条格有没有对上。

在选择西装时,除了有上述七个方面必须加以关注之外,还要了解西装有正装西装与休闲西装的区别。一般来说,正装西装适合在正式场合穿着,其面料多为毛料,其色彩多为深色,其款式则讲究庄重、保守,并且基本上都是套装。休闲西装则恰好与其相反。休闲西装大都适合在非正式场合穿着,它的面料可以是棉、麻、丝、皮,也可以是化纤面料。它的色彩,多半都是鲜艳、亮丽的色彩,并且多为浅色。它的款式,则强调宽松、舒适、自然,有时甚至以标新立异而见长。通常休闲西装基本上都是单件的。

知识链接

世界十大西装品牌

1. ARMANI(意大利)——意大利绅士
2. BURBERRY(英国)——起源于防水布的纯正英伦品牌
3. CALVIN KLEIN(美国)——极简休闲美国风
4. CERRUTI 1881(意大利)——意大利男装典范
5. GUCCI(意大利)——身份与财富的象征
6. DOLCE&GABBANA(意大利)——南地中海式的热情浪漫
7. GIVENCHY(法国)——崇尚优雅
8. HUGOBOSS(德国)——严谨、阳刚的德意志男人
9. RALPH LAUREN(美国)——自然、舒适、朴素
10. VERSACE(意大利)——华丽鲜艳

四、男士西装的穿着原则

（一）三色原则

西装及其所有配件，包括衬衫、领带、鞋袜等，全身的主色调不超过三种色系，即遵循西装穿着的三色原则。

（二）三一定律原则

穿西装时，有三个地方颜色要一致，即皮带、皮鞋、公文包保持一个颜色，首选黑色，这是西装穿着的三一定律原则。如果佩戴金属表带的手表，那么金属表带的颜色应该和眼镜镜框、皮带扣的颜色一致；如果佩戴的是真皮表带的手表，那么它的颜色应该和皮鞋、皮带、公文包一样，这样才浑然一体、协调一致。

（三）三大禁忌

（1）袖子上的商标一定要拆掉。买到西装后的第一件事，就是让服务员帮你把商标拆掉。

（2）衬衫不能放在西裤外。

（3）忌穿白袜子和尼龙袜子。穿西装、皮鞋的时候，袜子和皮鞋是一个颜色最好看，绝不可穿浅色或者花色的袜子，否则会显得不伦不类。另外，袜子最好选择棉袜或毛袜，而不宜选择尼龙袜，尼龙袜不吸湿、不透气，容易产生异味，会妨碍社交。

知识链接

试 穿 西 装

试穿时应该三面照镜，这样才能看到自己的全貌。西装合身与否最重要的方面是肩膀和长度，西装肩部应该位于肩膀外侧骨头以外1～2厘米，西装长度应盖住臀部，并且在双手自然下垂时，达到四指握拳的位置，围度以系扣后放进一拳为宜。同时应该用平时的姿态来检查是否合身，而不是故意摆出挺胸抬头的样子，还要做些抬腿、转身、伸腰的动作，这样日常才会舒服。另外，还有两点需要注意：西装领的高度应该比衬衫稍低1厘米左右；袖长应合适，穿上西装后，衬衫的袖口应露出1厘米左右。

五、男士西装的穿着搭配

（一）西装与衬衫的搭配

衬衫是西装革履形象的点睛之处，是西装套装的灵魂配件。选择合适的衬衫能体现西装的穿着品位。

1. 衬衫的挑选

（1）面料

与西装搭配的正装衬衫主要以高支精纺的纯棉、纯毛制品为主，以棉、毛为主要成分的混纺衬衫可酌情选择，不宜选择以条绒布、水洗布、化纤布为材料制作的衬衫，也不宜选择用真丝、纯麻做成的衬衫。

（2）色彩

正装衬衫必须是单一色彩，在正式的商务应酬中，白色衬衫是商界男士的首要选择。除此之外，蓝色、灰色、墨绿色、黑色有时也可以考虑；花色、红色、粉色、紫色、黄色、橙色等穿起来有张扬个性之感的衬衫不可取。

（3）图案

正装衬衫以无任何图案为佳。在一般性的商务活动中可以穿较细的竖条纹衬衫，但一定不要同时搭配竖条纹的西装。印花衬衫、格子衬衫以及印有人物、动物、植物、文字、建筑物等图案的衬衫都是非正装衬衫。

（4）衣领

衬衫的衣领应与个人的脸形、脖子以及领带结的大小结合，不能使它们相互之间反差太大。可选用扣领的衬衫，而立领、翼领和异形领的衬衫不适合与正装西装搭配。

（5）衣袖

正装衬衫必须为长袖衬衫，其袖口又可分为单层袖口和双层袖口。双层袖口的衬衫又称法国式衬衫，主要作用是佩戴装饰性袖扣（又称链扣、袖链），可显示高贵而优雅的风度。袖扣在国外是商界男士在正式场合所佩戴的重要饰物，但若将其别在单层袖口的衬衫上，就会显得不伦不类了。

（6）衬衫胸袋

正装衬衫以无胸袋为佳，如穿有胸袋的衬衫，不要在胸袋内放任何东西。

2. 衬衫的穿着

（1）衣领。衬衫以硬领衬衫为最佳，领口的大小要根据脖子的粗细进行选择，以能伸进两个手指为宜，并且内部不能穿高领衫。搭配西装时领子应平整，不能外翘，袖口的扣子一定要系上。打领带之前应扣好领口，不打领带时，领口的扣子必须打开，但只能打开一粒。

（2）袖口。衬衫袖口应该比西装袖口长出 1～2 厘米。当衬衫搭配领带时（不论穿西装与否），必须将袖口纽扣全部扣上，以显男士的刚性和力度。如果脱下西装，且没有系领带时，衬衫袖口可以按袖口宽度挽两次，但是不能挽过肘部。

（3）下摆。穿西装时，衬衫的下摆放在裤腰里面，使人显得精神抖擞、充满自信。如果放在裤腰之外，会给人不够品位的感觉。

（二）西装与领带的搭配

在正式的职业场合，男士的着装应该穿西装、打领带，衬衫的搭配要适宜。领带是西装最重要的饰物，是西装的灵魂。

1. 领带的选择

（1）面料。最好的领带，应当是用真丝或羊毛制作而成的，以涤丝制成的领带有时也可以选用。除此之外，由棉、麻、绒、皮、革、塑料、珍珠等制成的领带均不宜佩戴。

（2）色彩。蓝色、灰色、棕色、黑色、紫红色等单色领带都是十分理想的选择。在正式场合中，切勿使自己佩戴的领带多于三种颜色。一般来说，暖色系的领带能给人热情、温暖的感觉；冷色系的领带能表现庄严和冷静的感觉；明亮的领带显得活泼有朝气；暗色的领带会显得严肃；黑色的领带一般用在吊唁、慰问逝者家属或丧礼等场合。如表 7 所示。

表7　西装与领带的色彩搭配

西装颜色	搭配的领带颜色	格调
黑色西服	银灰色、蓝色、红白相间的斜纹领带	庄重大方，沉着稳健
藏蓝色西服	蓝色、深玫瑰色、橙黄色、褐色领带	淳朴大方，素淡高雅
中灰色西服	砖红色、绿色、黄色的领带	充满个性和情趣
米白色西服	海蓝色、红色、褐色领带	光彩夺目，风度翩翩

（3）图案。适用于正式场合佩戴的领带，主要是单色无图案的领带，或者是以条纹、圆点、小方格等规则的几何形状为主要图案的领带。

2. 领带的佩戴

（1）位置。穿西装上衣与衬衫时，应将其置于二者之间，并令其自然下垂。在西装上衣与衬衫之间加穿西装马甲或羊毛衫时，应将领带置于西装马甲或羊毛衫与衬衫之间。切勿将领带夹在西装上衣与西装马甲或羊毛衫之间。

（2）领带结。领带系得漂亮与否，关键在于领带结系得如何。领带结的基本要求是：挺括、端正，并且在外观上呈倒三角形。领带结的具体大小，最好与衬衫衣领的大小形成正比。系领带时，最忌讳领带结不端不正、松松垮垮。在正式场合露面时，务必要提前收紧领带结。千万不要为使自己爽快，而将其与衬衫的衣领"拉开距离"。

常用领带结主要有以下两种：

① 平结

平结适用于各种面料的领带，是最常用的一种领带结，这种系法的关键在于要使领带结下方凹陷的两边均匀而且对称，如图47所示。

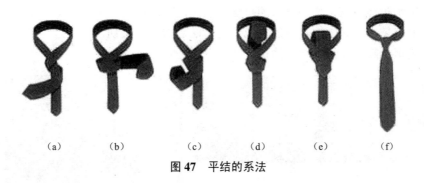

(a)　(b)　(c)　(d)　(e)　(f)

图47　平结的系法

② 温莎结

温莎结适用于细致的丝质领带，而且由于其结形较宽，比较适合于宽领的八字口的衬衫，如图48所示。

（3）长度。标准的长度，是领带系好之后，下端的大箭头正好抵达皮带扣附近。

（4）配饰。领带配饰主要指领带夹，穿西装系领带时一般不使用领带夹，除非是穿制服或者有特殊需要。例如工商税务人员，他们的领带夹上面带有国徽，是身份的象征、职业的需要；地位特别高的人，因为经常要挥手致意，必须用领带夹将领带固定住，否则会随着挥手的动作从西装中露出来。领带夹应夹在领带的黄金分割点上，即衬衫自上而下的第四粒至

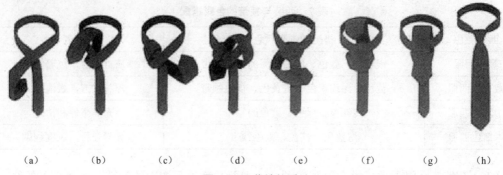

图 48 温莎结的系法

第五粒纽扣之间,这样看起来比较美观。

（三）西装与口袋巾的搭配

口袋巾,英文名称 Pocket Square,是一小块正方形的织物,折叠之后插入西装上衣胸部的衣袋。口袋巾是男士正装西服必不可少的一件配饰。一块经过精挑细选,洗净、烫平、折叠好的口袋巾,能凸显出穿着者的品位和身份,营造出正装服饰中最优雅的角落。

1. 口袋巾的选择

（1）花色。如果在正式场合,尽量选择无花色,也就是素色的口袋巾。如果在较休闲的场合,可以选择花样复杂、颜色多样的口袋巾。

（2）颜色。领带和口袋巾同为配搭西装的重要元素,因此要特别注意色彩的协调。通常不需要二者为同一款式,但在色调上需要一致。如果口袋巾上的颜色与领带相配,即使与整套装束反差较大,却仍能不失和谐。

2. 口袋巾的折法

（1）一字形折法。这是稍显正式的折法,被广泛地运用在商务男装上。折法最简洁,多适用于纯色的口袋巾,简洁的款式加上简洁的折法显得自然亲切,不会过于故作姿态。被平整地放在口袋里,露出大约 1 厘米的长度。如图 49 所示。

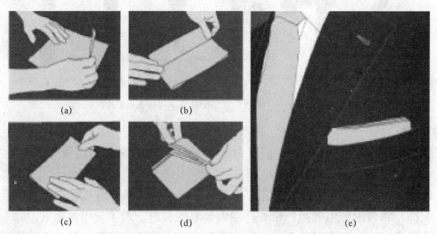

图 49 口袋巾的一字形折法

（2）三角形折法。这是一种稍显复杂的折法,平整有序是关键。被经常运用在比较严肃的一些高级宴会上,优雅高贵是此风格的重点,所以与此种折法匹配的一般都是一些高级的晚礼服。口袋巾在款式的选择上避免太过花哨,纯色、经典条纹和波点都是很好的选择。另外,因为 Tom Ford 是这种折法的大爱,所以另一种叫法为 Ford。如图 50 所示。

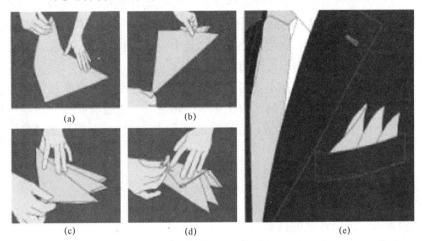

图 50　口袋巾的三角形折法

(3) 自然形折法。这种折法适合色彩鲜艳的丝质方巾,映入眼帘的是满满的温柔与风流。时尚派对与亲友聚会等较为随性的场合时推荐选用。如图 51 所示。

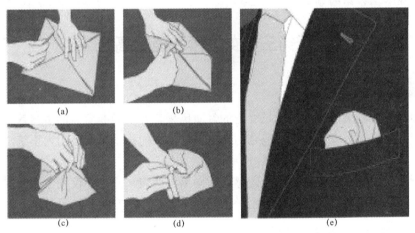

图 51　口袋巾的自然折法

(四) 西装与鞋袜的搭配

鞋袜在正式场合亦被视作"足部的正装"。不遵守相关的礼仪规范,必定会令自己"足下无光"。

选择与西装配套的鞋子,只能选择皮鞋。布鞋、球鞋、旅游鞋、凉鞋或拖鞋,显然都是与西装"互相抵触"的。按照惯例应为深色、单色。浅色皮鞋、艳色皮鞋与多色皮鞋,例如白色皮鞋、米色皮鞋、红色皮鞋、"香槟皮鞋"、拼色皮鞋等,都不宜在穿西装时选择。

男士们在穿皮鞋时要注意保持鞋内无味、鞋面无尘、鞋底无泥、鞋垫相宜、尺码恰当等事宜。另外,穿皮鞋时所穿的袜子,最好是纯棉、纯毛的袜子,禁忌选用尼龙袜、丝袜。袜子以深色、单色为宜,并且以黑色为最佳。若西裤的颜色与皮鞋的颜色不一样时,袜子的颜色应与裤子的颜色一样。

（五）西装与公文包的搭配

公文包，被称为商界男士的"移动式办公桌"，是其外出之际不可离身之物。公文包的面料以真皮为宜，并以牛皮、羊皮制品为最佳。色彩以深色、单色为好。在常规情况下，黑色、棕色的公文包，是正统的选择。标准的公文包，是手提式的长方形公文包。箱式、夹式、挎式、背式等其他类型的皮包，均不可充当公文包。

使用公文包时，一是要注意包不宜多，以一只为限；二是包不宜张扬，使用前需先行拆去所附的真皮标志；三是包不可乱装，放在包里的物品，一定要有条不紊地摆放整齐，绝不能使其"过度膨胀"；四是包不能乱放，应自觉地放在自己就座之处附近的地板上，或主人的指定之处。

技能训练

> **情境模拟——选择合适的西装**

为你身边的男同学选择一套去参加某岗位职务竞选活动的西装，请分别说出应选择的面料、款式、颜色和穿着规范。

> **实训练习——领带的系法**

练习平结和温莎结的领带系法。

任务三　女士套装搭配高雅

知识认知

得体而高雅的套装能够展现职场女士的气质风采。女士职业套装的主要款式有两类：套裙和套裤，其中套裙是女士在正式场合的首选。套裙中的裙子以西装裙为正统，西装裙又称"一步裙"，强调的是职业感和权威感。

女士职业套装要穿出典雅、庄重之感，如同男士西装一样，不仅要考虑面料、尺寸、做工、款式等品质因素，更要在套装的色彩搭配和配饰的选择方面多加用心。

一、女士套装的穿着讲究

（一）整洁平整

服装并非一定要高档华贵，但须保持清洁，并熨烫平整，穿起来就能大方得体，显得精神焕发。整洁并不完全为了自己，更是尊重他人的需要，这是良好仪态的第一要务。

（二）色彩技巧

不同色彩会给人不同的感受，如深色或冷色调的服装让人产生视觉上的收缩感，显得庄重严肃；而浅色或暖色调的服装会有扩张感，使人显得轻松活泼。因此，可以根据不同需要进行选择和搭配。

（三）配套齐全

除了主体衣服之外，鞋、袜、手套等的搭配也要多加考究。如袜子以透明近似肤色或与服装颜色协调为好，带有大花纹的袜子不能登大雅之堂。正式、庄重的场合不宜穿凉鞋或靴子，黑色皮鞋是适用最广的，可以和任何服装相配。

（四）饰品点缀

巧妙地佩戴饰品能够起到画龙点睛的作用，给女士们增添色彩。但是佩戴的饰品不宜过多，否则会分散对方的注意力。佩戴饰品时，应尽量选择同一色系。佩戴饰品最关键的就是要与你的整体服饰统一搭配。

二、女士套装的色彩搭配

女士在选择服装时往往是"先看颜色后看花"，说明色彩为服装的第一要素，对人们的视觉冲击最强烈。很多形象专家说过，"也许在衣着成功方面，色彩是最有帮助的要素"，"颜色可以是你的好朋友，也可以是你的敌人。它可以使你显得年轻，也可以使你变得老成"，"色彩不仅可以完全改变一个女人的外表，而且可以完全改变她的气质，不管她是演员还是家庭主妇"。所以对职场女士来说，要想在服装上成功搭配色彩，就要掌握一些色彩基础知识。

（一）套装色彩原则

1. 三色原则

三色原则是指在正式场合，套装的色彩在总体上尽量控制在三种颜色之内。通常情况下，女士套装用色以其中一种作为主色，占据服装的大部分面积，另外两种用作点缀色，面积要比主色小，且明度越高，面积应越小。这样有助于保持套装的简洁、高雅，避免繁杂、低俗。

2. 协调原则

协调原则是指套装的整体色彩搭配要和谐统一，不仅服装自身的色彩要和谐，而且服装与肤色、配饰色、环境色调也要和谐，这样会给人一种舒适、庄重的感觉。例如，肤色偏黑的人要避免穿过于深暗的服装，应选择色彩温和的服装；肤色发黄的人应该避免穿黄色、土黄色、紫色、青黑色的服装。

知识链接

表8所示为色彩的三要素及其含义。

表8　色彩三要素

要素	要素的含义
色相	指色彩所呈现出来的质的面貌，是区分色彩的主要依据。如红色、紫色、粉色
明度	指色彩的明暗程度，也称深浅度，是表现色彩层次感的基础。如暗红、明红。在无彩色系中，白色明度最高，黑色明度最低；在有彩色系中，黄色明度最高，紫色明度最低
纯度	指色彩的鲜艳程度。如橘红、紫红、大红

（二）套装色彩定位

1. 色彩与身材

身材较丰满的人，可以选择明度低的、深色的或暗色的服装，如灰色、深蓝色、黑色的服装，因为这些色彩的服装看起来有收缩感；身材较苗条的人，可以选择明度较高的颜色的服装，如白色与黄色，或者是浅色调的服装，因为这些色彩的服装看起来有扩张感。

2. 色彩与职业

暖色，如红、黄、橙等，能给人以热情、自信、开朗的感觉，适合经常与人打交道的职业，如公关员、营销员；而公务员、银行职员、律师等职业人士适宜选择冷色调的服装，如黑色、深咖啡色、深蓝色，因为这些色彩能给人以严肃、认真、冷静的感觉。

知识链接

性格色彩学

"性格色彩学"是中国心理专家乐嘉创立的一门心理学科，它将人的性格分成红、蓝、黄、绿四种颜色。

红色——快乐的带动者。做任何事情的动机很大程度上是为了快乐，快乐是这类人的最大驱动力。他们积极、乐观、天赋超凡，随性而又善于交际。

蓝色——最佳的执行者。持久深入的关系是这类人所刻意建立和维系的。他们具有可贵的品质，对待朋友忠诚而诚挚，并在思想上深层次地关心和交流。

黄色——有力的指挥者。这类人深层次的驱动力来自对目标的实现和完成。他们一般都具有前瞻性和领导能力，通常都有很强的责任感、决策力和自信心。

绿色——和平的促进者。这类人的核心本质是对和谐与稳定的追求，缺乏锋芒与棱角。他们宽容透明，通常都非常友善，适应性强，是很好的倾听者。

（三）套装色彩搭配

"没有不美的色彩，只有不美的搭配。"女士职业套装在选择时款式应尽可能简洁明快，但是色彩并不是一成不变的。也正是由于色彩的变化带来了职业装的与时俱进，因此掌握套装的色彩搭配技巧很有必要。

1. 同一色搭配

同一色搭配是指套装的主体上下件为同一种颜色，给人以严谨、庄重、整洁、统一的印象。正式场合的职业套裙、套裤多采用此种搭配方法。

穿同一色彩的服装，往往会给人以比较传统和拘束的感觉，为了避免造成这样的印象，搭配一些常用的饰物是一个不错的选择。女士的衬衫、丝巾、胸针可以变化不同的款式与色彩，这样的搭配不仅可以体现职业感，同时还彰显了个人的风格与魅力。

2. 邻近色搭配

邻近色搭配是指服装的主体与配件之间的色彩属相近的颜色，即在色相环中颜色是相邻的，如淡黄色与墨绿色搭配、浅咖啡色与深棕色搭配。这样的搭配非常有层次感，利用颜色深浅不同的变化，同样会引人注目。这种方式可适用于各种场合。

3. 对比色搭配

对比色的搭配如果能够使用恰当，可产生令人耳目一新的效果。这种显得青春、潇洒、时尚的搭配常用于比较轻松的场合。搭配时注意对比色的尺寸大小，面积比例要明显区别开。

二、女士套装的穿着搭配

（一）衬衫

1. 衬衫的选择

与套裙配套穿的衬衫，有不少讲究。

从面料上讲，主要要求轻薄而柔软，故此真丝、麻纱、府绸、罗布、花瑶、涤棉等，都可以用作其面料。

从色彩上讲，它的要求则主要是雅致而端庄，并且不失女性的妩媚。除了作为"基本型"的白色之外，其他各式各样的色彩，包括流行色在内，只要不是过于鲜艳，均可用作衬衫的色彩。不过，还是要以单色为最佳之选。同时，还要注意，衬衫的色彩与所穿的套裙的色彩应互相搭配，要么外深内浅，要么外浅内深，形成两者之间的深浅对比。

从图案上讲，与套裙配套穿的衬衫，最好不要有"繁花似锦"的图案。选择无任何图案的衬衫比较恰当。除此之外，也可以选择带有条纹、方格、圆点、碎花或暗花的衬衫。如果在穿着带有图案的套裙时穿带有图案的衬衫，应使二者或是外简内繁，或是外繁内简，以求变化有致。

从款式上讲，衬衫可以是带花边修饰的，也可以是普通简洁式的。

3. 衬衫的穿着

衬衫的下摆必须掖入裙腰之内，不得任其悬垂于外，或是将其在腰间打结。

衬衫的纽扣要一一系好，除最上端一粒纽扣按惯例允许不系外，其他纽扣均不得随意解开，以免在他人面前显示不雅之态。

衬衫在公共场合不宜直接外穿。按照礼貌，不许在外人面前脱下上衣，直接以衬衫面对对方，身穿紧身而透明的衬衫时，尤其应当注意。

（二）内衣

在穿着套装时，按惯例，要对同时所穿的内衣慎加选择，并注意其穿着方法。

1. 内衣的选择

内衣应当柔软贴身，并且起着支撑和烘托女性线条的作用。鉴于此，选择内衣时，最关键的是要使之大小适当，既不能过于宽大晃悠，也不能过于窄小夹人。

内衣所用的面料，以纯棉、真丝等面料为佳。它的色彩可以是常规的白色、肉色，也可以是粉色、红色、紫色、棕色、蓝色、黑色。不过，一套内衣最好同为一色，而且其各个组成部分亦为单色。就图案而论，着装者完全可以根据个人爱好加以选择。

2. 内衣的穿着

在内衣的穿着方面，必须注意以下四点：

一是内衣一定要穿。无论如何，在工作岗位上不穿内衣的做法都是失礼的。

二是内衣不宜外穿。有人为了显示自己新潮，在穿套裙时索性不穿衬衫，选择连胸式衬裙、文胸代替，此种出格的穿法，是非常不雅的。

三是内衣不准外露。穿内衣之前，务必要检查一下它与套裙是否大小相配套，以免给自身形象造成无可挽回的损失。

四是内衣不准外透。选择与内衣一同穿的套裙、衬衫时，应使三者厚薄有别。切勿令三者一律又薄又透，并色彩反差很大。那样，内衣就会被别人从外面看得清清楚楚，有失礼仪。

（三）裤装

从规范角度讲，女式套装的下装应该是裙装。在西方社会，正统的女式职业装一定是以裙装为主的。某些比较传统的人甚至认为，只有裙装才是真正意义上的套装搭配。因此，套装也被称为"套裙"。

但是，在现代社会，裤装也成了套装搭配中的重要"伴侣"。职业女性着裤装也能很好地体现大方、优雅的气质。而且，并不是所有人的身材都适合穿裙装，裤装的适用范围则要大得多。

1. 女士裤装的选择

女式的裤装面料最好与上衣是一致的。如果与上衣并不是成套的，那么面料最好是羊毛精纺的，不仅穿着舒适得体，而且也显得比较上档次。另外，还可以选择像麻纱、亚麻、桑蚕丝质地的，夏天穿着会比较透气凉快。尽量不要选择化纤材料的，如涤纶等；纯棉质地的也不要选择，因为容易起皱。

2. 女士裤装的穿着

与正装搭配的裤装一定要是长裤，绝对不能穿中裤、七分裤或是九分裤。长裤的长度以穿上高跟鞋后裤脚能遮住鞋面、露出鞋尖且不拖地为标准。长度不够则会露出丝袜，不够庄重；而长度太长以至于拖地了，就会显得邋遢，且行动不便。裤型以直筒形为主，可以带微喇，不能是窄腿裤。裤装不能是低腰裤，而应该是中腰。如果搭配衬衫和外套，应该系腰带（皮带）。

（四）套裙

在正式的社交场合，为了体现女士的柔美和端庄，最好选择穿套裙。

1. 女士裙装的选择

从颜色上看，裙装的颜色忌过分跳跃、艳丽，应该与衬衫或是上衣的颜色相匹配（注意，并不是一致），而且应该是单一的颜色，不要花哨，不能超过两种不同颜色；裙装的质地多种多样，一般来说最好是选择不太容易起皱的面料，以精纺毛料为最好。

2. 女士裙装的穿着

穿裙装时颜色与上衣要搭配，可以有一些装饰，但不要过多，一般不超过两件。裙装的长度适中，最长不超过小腿中部，最短不短过膝盖上2～10厘米，以膝盖上6厘米左右为最佳。

穿套裙时要注意以下四点：

一是大小适度。上衣最短可以齐腰，裙装最长可以达到小腿中部，上衣的袖长要盖住手腕。

二是要穿得端端正正。上衣的领子要完全翻好，口袋的盖子要拉出来盖住口袋；纽扣一律全部系上，不允许部分或全部解开，更不允许当着别人的面随便脱下上衣或披、搭在身上。

三是套裙应当协调妆饰。通常穿着打扮，讲究的是着装、化妆和配饰风格统一，相辅相成。穿套裙时，必须维护好个人的形象，所以不能不化妆，但也不能化浓妆。选配饰也要少，合乎身份。

四是兼顾举止。套裙最能够体现女性的柔美曲线，这就要求你举止优雅，注意个人的仪态等。

当穿上套裙后，站要站得又稳又正，不可以双腿叉开，站得东倒西歪。就座以后，务必注意姿态，不要双腿分开过大，或是跷起一条腿来，抖动脚尖；更不可以脚尖挑鞋直晃，甚至当众脱下鞋来。走路时不能大步走，而只能小碎步走，步子要轻而稳。拿自己够不着的东西，可以请他人帮忙，千万不要逞强，尤其是不要踮起脚尖、伸直胳膊费力地去够，或是俯身、探头去拿。

（五）衬裙

衬裙，特指穿在套裙之内的裙子。一般而言，商界女士穿套裙时，是非穿衬裙不可的。穿套裙时，尤其是穿丝、棉、麻等薄型面料或浅色面料的套裙时，假如不穿衬裙，就很有可能使自己的内衣被外人所见，那样是很不文雅的。

1. 衬裙的选择

选择衬裙时，可以考虑各种面料，但是以透气、吸湿、单薄、柔软者为佳。过于厚重或过于硬实的面料，通常不宜用来制作衬裙。

在色彩与图案方面，衬裙的讲究是最多的。衬裙的色彩，宜为单色，如白色、肉色等，但必须使之与外面套裙的色彩相互协调。二者要么彼此一致，要么外深内浅。不管怎么说，都不允许出现二者之间外浅内深的情况。一般情况下，衬裙上不宜出现任何图案。

从款式方面来看，衬裙要与套裙相配套。大体上来说，衬裙的款式应特别关注线条简单、穿着合身、大小适度这三点。它既不能长于外穿的套裙，也不能过于肥大，而将外穿的套裙撑得变形。

2. 衬裙的穿着

穿衬裙时有两点注意事项：

一是衬裙的裙腰切不可高于套裙的裙腰，从而暴露在外。

二是应将衬衫下摆掖入衬裙裙腰与套裙裙腰二者之间，切不可将其掖入衬裙裙腰之内，否则，行走的时间一长，或是动作过大时，它就有可能使衬裙裙腰暴露在外。

（六）鞋袜

鞋袜，被称为职场女士的"腿部景致"或"足上风光"，因此，每一位爱惜自身形象的人都切不可对其马虎大意。有人曾言："欲了解一位白领丽人的服饰品位，看一看她所穿的鞋袜即可。"此言更是说明了鞋袜对于职场女士的重要性。

1. 皮鞋

女士所穿的用以与套装配套的鞋子，宜为皮鞋，并且以牛皮鞋为上品。对于正装鞋，一般情况下3～5厘米的中跟鞋为最佳。款式可选择船式皮鞋或盖式皮鞋，系带式皮鞋、丁字式皮鞋、皮靴、皮凉鞋等，都不宜采用。正式场合推荐颜色为黑色、灰色、暗红色和藏青色的皮鞋，并且鞋面上不要有醒目闪亮的点缀物。

2. 袜子

搭配女士套裙的袜子应为高筒袜或连裤袜，夏季颜色要以肉色为主，绝不能穿夸张个性的袜子，例如有明显图案或色彩鲜艳的彩色袜子。袜子的长度要高于裙子的下摆。

需要强调的是,穿套裙时,须注意鞋、袜、裙三者之间的色彩是否协调。一般认为,鞋、裙的色彩必须深于或略同于袜子的色彩。若是一位女士在穿白色套裙、白色皮鞋时穿上一双黑袜子,就只会给人以长着一双"乌鸦腿"之感了。

三、女士套装的配饰

(一)丝巾

丝巾应当是职场女士的必备之物,不同款式的丝巾可以适用于不同的场合。使用丝巾,如果能注意材质、尺寸、色彩、系法的正确搭配,就能使单调的服装有了画龙点睛之妙。丝巾的面料首选应为真丝面料,大小款式可依据场合来搭配。一般职业场合中女士穿套装时,通常选择小方巾(一般规格60厘米×60厘米),而参加晚宴等聚会则可以选择大方巾或披肩。

1. 丝巾搭配

(1)素色衣服搭配素色丝巾。如黑色连衣裙配中性色系丝巾,整体感强,但搭配不慎会造成整体色彩黯淡;也可以采用不同色系的对比色搭配法,增添整套衣服的活力。

(2)素色衣服搭配印花丝巾。原则是丝巾上至少要有一个颜色和衣服的色彩相同。

(3)印花衣服搭配印花丝巾。搭配的花色要有"主""副"之分。如果衣服和丝巾都是有方向性的印花,则丝巾的印花应避免和衣服的印花重复出现,同时也要避免和衣服的条纹、格子同方向。简单条纹或格子的衣服比较适合无方向性的印花丝巾。

(4)印花衣服搭配素色丝巾。可挑选衣服印花上的某一个颜色为丝巾色。或者,选择衣服上最明显的一个颜色,用这个颜色的对比色去挑选适合的丝巾。

2. 丝巾的系法

(1)领带结

首先,将丝巾对折再对折成领带形;其次,将较长的 A 端绕过较短的 B 端,再穿过丝巾内侧向上拉出;最后,穿过结眼由下拉出,并调整成领带形。如图52所示。

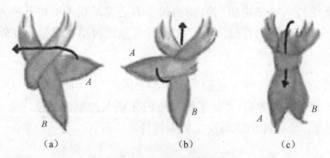

图52 丝巾的领带结系法

(2)西班牙结

首先,将丝巾对折再对折成三角形;其次,把三角形面垂在前方;最后,将两端绕至颈后打结固定。如图53所示。

(3)蝴蝶结

首先,将丝巾重复对折成领带形;其次,把较长的一端从较短的一端的下面向上穿过来系活结,把丝巾从下面穿过来的较长的一端绕过较短的一端再系一个结;最后,将较长的一

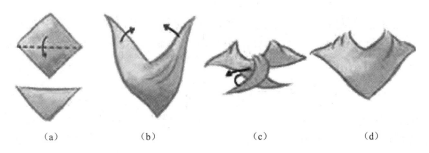

图53 丝巾的西班牙结系法

端拉出后,拉紧固定,调整尾端与结的位置。如图54所示。

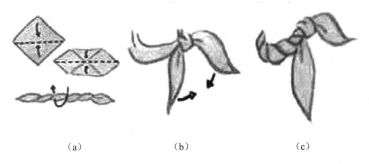

图54 丝巾的蝴蝶结系法

(4)玫瑰结

首先,将丝巾正面向下平铺,对角打个结绑在一起;其次,把剩下的两个角穿过中间那个结,一个靠右放,一个靠左放;最后,拉住那两边,向两头继续拉紧,拉到最后,反过来就是玫瑰花结。如图55所示。

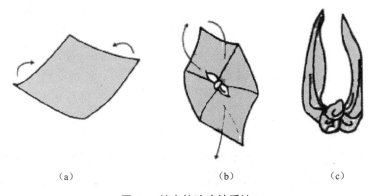

图55 丝巾的玫瑰结系法

(二)胸针和领针

精致的胸针可以提升套装的魅力与品位。胸针图案以花卉居多,故又称胸花。别胸针的部位是有讲究的:穿西装时应别在左侧领上;穿无领上衣时则应别在左侧胸前;发型偏左时,胸针应当居右;发型偏右时,胸针应当偏左。具体高度应在从锁骨位置往下一个手掌的宽度处。职业工装往往以企业徽章或工号牌来取代胸针。

领针是专用于别在西式上装左侧领上的饰品，严格来讲它是胸针的一个分支，但男女皆可选用。佩戴领针，数量以一枚为宜，而且不宜与胸针、纪念章、奖章、企业徽章等同时佩戴。

（三）首饰

在职业场合中，佩戴首饰要注意与服装搭配，还要注意根据不同场合的要求佩戴。佩戴首饰应该遵循首饰与时间、场所、目的相搭配的原则。穿着考究的服装，宜佩戴较昂贵的首饰；工作场合穿着制服时，一般应少戴或不戴首饰。女士可以戴各种首饰，而男士只宜戴戒指；女士不宜佩戴手链、脚链等夸张性首饰，并且要求佩戴的所有首饰同色、同款、同质，全身的首饰不得多于三件。

1. 戒指

戒指是一种戴在手指上的装饰品，女性和男性均可佩戴，材料可以是金属、宝石、塑料、木质或骨质的。有史以来，戒指被认为是爱情的信物。

（1）戒指的造型

女士佩戴的戒指要纤细。想把戒指戴出魅力，最重要的是根据不同的手指形状选择不同造型的戒指。多肉的手指不适合戴镶有宝石的戒指，而适合戴没有花纹、体积较小的戒指，使整个手指看起来整洁；偏瘦的手指适合戴有装饰的戒指，使手看起来丰满；短小的手指，适合戴V字形的戒指，可以从视觉上拉长手指，使手指看起来细巧；较长的手指，适合戴有花饰且两枚重叠型的戒指，可以从视觉上将手指缩短；关节粗的手指，适合戴有图形和刻有花纹的或扭绳状的戒指，这样会转移别人的注意力。

（2）佩戴方法

戒指戴在左手的不同手指上代表着不同的含义，暗示佩戴者的婚姻和择偶状况。戴在食指上表示想结婚或已经求婚，戴在中指上表示正在热恋中，戴在无名指上表示已订婚或结婚，戴在小指上则表示是独身者。戒指一般只佩戴一枚，最多佩戴两枚，戴两枚戒指时，可戴在左手两个相邻的手指上，也可以戴在两只手对应的手指上。

2. 项链

项链有多种类型，主要有金银项链和珠宝项链两大类。金银项链一般有方丝链、马鞭链等。

（1）项链的选择

项链的选择一方面要注意脖子的长短。脖子细长的女士适合佩戴方丝链，不宜过长，能显示出脖子的纤细柔美，脖子粗短的女士适合佩戴尺寸大些的项链，造型要简洁明了，不宜选用多层或短而宽的项链。另一方面要注意年龄的大小，年龄大的女士适合佩戴马鞭链、翡翠链、绿松石，能显示出成熟之美；年轻的女士适合佩戴三套链、双套链、象牙链、珍珠链等加工精细、雅致漂亮的项链，能显示出文雅之美。

（2）项链的搭配

项链的种类繁多，造型丰富，具有较强的装饰性。对于各类项链进行恰当的佩戴能够起到扬长避短的修饰作用。在佩戴项链时，应注意下面几个方面：首先，佩戴项链应与服装和谐、呼应。例如当身着柔软、飘逸的丝绸衣裙时，佩戴精致、细巧的项链，看上去会更加动人。其次，项链的颜色要与服装的色彩成对比色调为好，这样可形成鲜明的对比。如单色或素色服装，佩戴色泽鲜明的项链，能使项链更加醒目，在项链的点缀下，服装色彩也会显得更丰富。色彩鲜艳的服装，佩戴简洁单色的项链，不会被艳丽的服装颜色所淹没，并且可以使服装色彩产生平衡感。再次，不同质料的项链与不同服装款式相匹配时会产生不同的效果。如果穿着红色西装套裙，配上一根金项链，则显得热情洋溢，适合出席喜庆宴席等场合；如果穿天蓝色涤纶乔其纱连衣裙，配上一根银项链，会显得温柔开朗、妩媚多姿；如果在紧身的运动裙上，配上一根金项链，也会使你更加轻盈活泼；如果穿上一件淡绿色和白色小花相间的涤纶乔其纱衣裙，配上一根银白色珍珠项链，会使你充满明朗凉爽的气息；如果穿上一身洁白色的服装，再配上红色的珠链，将显得更加俏丽而富有魅力。最后，与其他首饰的搭配。几种首饰要相互协调，项链宜和同色、同质地的耳环或手镯搭配佩戴，这样可以收到最佳效果。

（3）项链的佩戴方法

要注意款式对路，尺寸准确。项链尺寸视人而定，脖子粗的，尺寸要大些，反之则小些。衣领高，项链尺寸不要太长，否则挂件不易露出。穿一字领羊毛衫，可只戴项链，不配挂件。穿三翻领及高领羊毛衫、绒毛衫，项链要戴在衣服外面，挂件要没有棱、角、毛刺，以免相互摩擦。佩戴项链时，还要注意项链上有一个叫汇合圈的开关，这个开关内装有钢丝轴型弹簧，拨动时不宜用力过猛，以防止弹簧断裂。

3. 耳饰

耳饰，是戴在耳朵上的饰品，大部分耳饰都是金属的，有些可能是石质的、木质的，或与其相似的其他硬物料。在职业场合中，女士的耳饰最好选择耳钉，大小为0.5厘米，且一耳只能戴一只。

（1）耳饰与脸型的搭配

圆脸的人戴垂吊式耳环能起到将脸形拉长的作用，不要戴极小型的耳环，那会使整张脸看起来更大。方脸的人须以圆形饰物来"缓和"棱角，如中等圈形耳环、扇形耳环等，但千万不要再选择方形的饰物，也别戴摇摆的长形耳坠，以免脸显得更长。倒三角形脸的人应选择上窄下宽型，如三角形、梨形的耳环，使下巴略微显宽。

（2）耳饰与肤色的搭配

耳饰的色彩应与肤色互相陪衬。肤色较暗的人不宜佩戴色彩过于饱和、明亮、鲜艳的彩色宝石类或者水晶类的耳饰，建议选择质感和色彩相对柔和的，例如珍珠耳饰比较适合。而皮肤白嫩的女士，假如佩戴暗色系耳饰，更能衬托肤色的光彩。

（3）耳饰与服装的搭配

耳饰应与服装相协调。一般而言，服装的颜色越鲜艳，耳环装饰效果就越差，所以戴耳饰时最好选择淡雅的服装。另外，佩戴耳饰应注意与服装同类型、同色调，也可以同类型、对比色调。同色系搭配可产生和谐的美感，反差比较大的色彩搭配假如恰如其分，也会有富于变化的动感。夸张的几何图形、粗犷的木质耳饰、吉卜赛式的巨型圆环很有野性味道，与休闲类的牛仔衣、夹克相匹配，可使人富有豪放的现代感。穿运动服时，不宜佩戴宝石耳饰。

（4）耳饰应与年龄身份相符

耳饰也有身份感，耳饰和服装一样，要与年龄、个性和身份相符。上班时可佩戴简洁的耳饰搭配套装，要注重镶工，镶工太粗，会降低耳饰的价值感。年轻的少女宜戴多边形等造型感、动感较强的耳钉、耳环，以塑造充满青春活力、朝气蓬勃的形象，对于制造耳环的材料，不要太过苛求。而中年女性一定要佩戴有质感的珠宝类耳饰，品质上乘的观感远比造型的出位独特更加重要。

（四）手提包

手提包的质地应选择彰显品质的皮料。手提包的颜色要注意与季节相协调，与自己的服装和所在场合的气氛相协调。在比较严肃的社交场合，最好使用颜色暗一些的、素朴一些的、形状较方正的手提包。而参加鸡尾酒会或宴会的时候，最好使用颜色鲜艳、形状美观、小巧玲珑、携带方便的手提包。

技能训练

➢ 请用丝巾系出不同的装饰效果，要求用四种以上的系法。

➢ 有位女职员是财税专家，她有很好的学历背景，常能为客户提供很好的建议，在公司里一直表现很出色。但当她到客户的公司提供服务时，对方主管却不太注重她的建议，她能发挥才能的机会也就不多。原来，她26岁，身高147厘米，体重43千克，喜爱穿鲜艳的少女装，看起来机敏可爱，像个十六七岁的小女孩。后来，一位时装大师建议她用深色的套装，对比色的丝巾、镶边帽子来搭配，甚至戴上黑边的眼镜。这位女财税专家照办了，结果，客户的态度有了较大的转变。很快，她便成为公司的董事之一。

上述案例中的女财税专家的职场经历给了你什么启迪？谈谈你对良好职业形象的价值的认识。

综合实训

➢ 情境模拟

1. 情境背景

装修公司的业务人员刘梦与房地产公司老板张总约好在西餐厅见面。为了给张总留下良好的第一印象，签下整个楼盘装修工程的合同，刘梦决定为自己的形象进行投资，于是他去商场购买了服装。最终，精心专业的打扮为他赢得了张总的好感并顺利签订了合同。

2. 模拟要求

① 3人一组，分别扮演刘梦、商场服务人员和房地产公司老板张总。

② 刘梦到商场后购买服装时与商场服务人员沟通。

③ 出门前2分钟内系好领带，并检查穿着的每一处细节。

④ 进入西餐厅与张总见面后赞美彼此的着装。

（3）实训目的

掌握职业装的穿着礼仪要求，巩固着装原则，塑造良好的职业形象。

➢ 社会实践

（1）实践场所

某商务写字楼。

（2）实践要求
观察并记录出入写字楼的职场人员的着装及配饰特点。
（3）实践目标
① 通过对职场人员职业形象的观察与对比，汇总出正反两方面的着装搭配现象。
② 通过汇总，领悟职场形象的魅力，对比找出自己平日忽略的着装细节。

模块四

职业形象仪态行为设计

任务要求

1. 以良好的神态表现与人为善。
2. 以规范的姿态体现高雅气质。
3. 以优雅的姿态展现彬彬有礼。

案例导入

商谈败于"无声"

小李刚到一家灯具厂做销售代理工作。这天，他接到一份产品订购计划书，欲订货的这家大公司约定尽快面议。一番准备后，小李来到了这家大公司。在与订购方代表商谈的过程中，小李仰坐在沙发上，二郎腿跷起，还不停地抖动，手指不时地摸摸耳朵、捂捂嘴，眼睛也不敢正视对方，不是看地就是看天花板。当对方双手递过茶水时，他用左手端起就喝；当对方问及价格和折扣问题时，他抓抓头皮后回答说"看情况……"商谈很快就结束了，这家大公司收回了向该灯具厂订货的计划书，小李的销售谈判以失败告终。

小李的商谈失败给了我们一个深刻的教训：一个人的坐立行走、举手投足、一颦一笑都能反映出一个人的处世能力和礼貌素质，也真实地影响着他人对自己的信赖和接纳度。

仪态举止是指身体呈现的各种体态和姿势，包括表情、站姿、坐姿、走姿、手势等。

良好的仪态举止使人看上去既健康又充满魅力，给人一种风度翩翩、彬彬有礼的印象，从而受人欢迎。古来素有"站有站相，坐有坐相"的说法，可见仪态举止都有一定的规矩。哲学家培根说过："相貌的美高于色泽的美，而秀雅合适的动作的美，又高于相貌的美，这是美的精华。"只要注意学习训练，养成好习惯，就能汲取美的精华。

任务一　完美形体整体塑造

知识认知

形体是人际交往中形成初始印象的首要要素，也是仪态礼仪的基础。优美的形体可以营造出优雅的仪态，形体美也是自然美的高级形态，是职场人员仪态美的基础要求。

一、形体美

形体在日常生活中一般称为"身材"，主要是指正常情况下身体表现出来的外部形态、身体姿态和修养气质，即人的体型、体态和气质。

（一）体型

体型是人体结构的类型。人体是由 206 块骨头组成的骨骼结构，骨骼外面附有 600 多条肌肉，肌肉外是一层皮肤。因此，体型包括三要素，即骨骼、肌肉、脂肪，其中骨骼决定了人的高矮，而肌肉、脂肪决定了人的胖瘦体型，反映的是身体各部分的比例。例如躯干上下之间的比例，身高与肩宽的比例，胸围、腰围与臀围之间的比例，等等。

男士理想体型为肩宽臀窄的倒梯形，身躯坚挺，胸脯厚实，肌肉饱满结实，壮实而不臃肿，身体轮廓线刚毅。女士理想体型为肩窄臀丰满的正梯形，体态轻盈，线条优美流畅、圆润柔和，肌肉和脂肪量适中，胸部和臀部曲线起伏适度。

（二）体态

体态是指人的身体动作和姿态，是人举止的重要组成部分，是人进行各种活动的基础。体态可以传递不同的信息，可以真实地反映一个人的基本素质、受教育程度以及可信任度等。恰到好处地把握体态美是积极健康心态的反映，也是走向成功的基础。

（三）气质

气质通常指人的典型而稳定的个性特点、风格和气度。气质的形成，主要受后天的环境（自然环境、社会环境）、家庭条件、文化教育、自身修养的影响。古人云"秀于中而形于外"，讲的就是外修内悟、内修外展。内在与外在完美结合，展现在他人面前的才是最完美的形象。人的内在美是指人的内心世界的美，是人的思想、品德、情操、性格等内在素质的具体体现。因此，只有在加强形体训练，提高体型美、姿态美、动作美的同时，全面提高自己的文化素养、道德修养、美学素养，才能具有气质美。

由形体构成的要素不难看出，形体美是一种综合的整体美。它既包含了人体外表形状、轮廓的美，又包含了人体在各种活动中表现出来的体态美。综上所述，所谓形体美，就是由健美体格、完美体型、优美姿态、良好气质融汇而成，并充分展现出来的和谐的整体美。

二、形体美的评价标准

形体美是一种自然现象，又是一种社会现象。在人类历史发展的过程中，形体美的评价标准多种多样，受不同时代、不同地域、不同年龄和不同性别的影响而呈现各种不同的见解和尺度。

(一)定性标准

1. 身体健康——形体美的基础

健康是指身体发育良好、功能正常、精力充沛、体格强壮等。健康是形体美的基础,而形体美又是健康美的一个重要标志。形体美以体健为基石,健康的形体从机能到形态,展示在人们面前的是一个有血有肉的生命,给人一种朝气蓬勃、健康向上和充满自信与活力的美。因此说,形体美是建立在健康美的基础上的。只有健康的体魄才能充分展示美,只有健康的形体才能塑造美。健康的定性标准有以下十个方面:

(1)有充沛的精力,能从容不迫地担负日常生活和繁重的工作,而且不感到过分紧张和疲劳。

(2)处事乐观,态度积极,乐于承担责任,事无大小不挑剔。

(3)善于休息,睡眠好。

(4)应变能力强,能适应外界环境的各种变化。

(5)能够抵抗一般性感冒和传染病。

(6)体重适当,身体匀称,站立时,头、肩、臂位置协调。

(7)眼睛明亮,反应敏捷,眼睑不易发炎。

(8)牙齿清洁,无龋齿,不疼痛,牙龈颜色正常,无出血现象。

(9)头发有光泽,无头屑。

(10)肌肉丰满,皮肤有弹性

2. 体型匀称——形体美的条件

匀称是指身体的上、下肢及躯干等各部位结构的比例和谐,它是形体美的条件。简单地说,肩宽、腰细、躯干短,上体成"V"字形,下肢修长。腰长、腿短、身体各部位的结构比例不协调,就算不上形体美。任何一种美都包含着和谐之美,女子形体美则更为突出。对于身材匀称的要求有以下十三个方面:

(1)骨骼发育正常,身体各部分之间的比例适宜匀称。

(2)站立时,头、颈、躯干和脚的纵轴在一条垂直线上。

(3)头、躯干、四肢的比例以及头、颈、胸的连接适度,上、下身比例符合黄金分割定律。

(4)体态丰满而无肥胖臃肿感。

(5)双肩对称,稍宽微圆,略显下削,无耸肩或垂肩之感。

(6)脊柱背视成直线,侧视具有正常的生理弯曲度。

(7)女性的乳房丰满而不下垂,侧视有明显的女性线条特征。

(8)腰细、结实而有力,微呈圆柱形;腹部扁平,腰围比臀围约细1/3。

(9)臀部浑圆,上翘不下垂。

(10)下肢修长,无头重脚轻之感;大腿线条柔和,小腿肚位置较高且不凸出。

(11)两腿并拢时正视和侧视均无屈曲感。

(12)肌肉富有弹性,能显示出人体形态的强健协调。

(13)从整体看,无粗笨、虚胖或纤细、重心不稳、比例失调、形态异常的感觉。

3. 姿态挺拔

姿态美与体型美关系密切，它是形体美的核心。在日常生活中，体型美需要通过优美的姿态来展现。因此，形成姿态美，脊柱是关键，应特别注意脊柱形态的形成，培养正确的坐、立、行、蹲等基本姿势。当然，优美的动作也是形体美的一种表现形式，动作美之中蕴涵着姿态美。姿态有动有静，如坐、立、卧、蹲表现出静态时的姿势，而走、跑、跳等就表现出动态时的姿势。无论是静态还是动态，都要在完成动作时轻松、协调、准确、敏捷、高效率，这样才能显示出姿态美。

除此之外，蕴涵于内在的性格、品德、情操、文化素养以及个性心理等通过行为的外化，也同样影响着形体美。依靠内在高尚的思想、情操、道德所充实起来的形体美，是更高层次的内在美与外在美的和谐统一。

（二）定量标准

古希腊人提出了人体各主要部分呈金分割的比例。意大利著名画家达·芬奇通过解剖实验，研究出人的形体美的标准：头长是身长的1/8，肩宽为身高的1/4，平伸双臂等于身长，两腋宽度与臀宽相同，乳部与肩胛骨下端在同一水平面上，大腿的正面宽度等于脸宽，人体跪姿时高度减少1/4，卧倒时仅剩1/9……达·芬奇的理论为人们研究形体美提供了重要依据。

1. 标准体重的定量测定

定量评价标准就是通过测量人体的重度（体重）、长度（身高）和围度等指标，以具体的数据来确定形体美的标准。

成人身高标准体重的计算方法：

男子标准体重（千克）= 50 + [身高（厘米）− 150] × 0.75 + (年龄 − 21)/5

女子标准体重（千克）= 50 + [身高（厘米）− 150] × 0.32 + (年龄 − 21)/5

肥胖度的测算方法：

肥胖度 =（实际体重 − 标准体重）/ 标准体重 × 100%

正常人的体重波动范围可在10%左右，如果实际的体重超过标准体重的20%，则为轻度肥胖，超过35%为中度肥胖，超过50%为重度肥胖。

2. 体型测量指数

（1）女性

上、下身比例：以肚脐为界，上、下身比例应为5:8，符合黄金分割定律。

胸围：由腋下沿胸的上方最丰满处测量，胸围应为身高的1/2。

腰围：腰的最细部位，其标准围度比胸围小20厘米。

髋围：在体前耻骨平行于臀部的最大部位测量，髋围应较胸围大4厘米。

大腿围：在大腿的最上部位、臀折线下测量，大腿围应较腰围小10厘米。

小腿围：在小腿最丰满处测量，小腿围应较大腿围小20厘米。

足颈围：在足颈的最细部位测量，足颈围应较小腿围小10厘米。

手腕围：在手腕的最细部位测量，手腕围应较足颈围小5厘米。

上臂围：在肩关节与肘关节之间的中部测量，上臂围应等于大腿围的1/2。

颈围：在颈的中部最细处测量，颈围应与小腿围相等。

肩宽：即两肩峰之间的距离，应等于胸围的1/2减4厘米。

（2）男性

身体的中心点：在股骨大转子顶部。
臂展：向两侧平伸两臂，两手中指尖的距离等于身高。
胸围：等于身高的 1/2 加 5 厘米。
腰围：较胸围小 15 厘米。
髋围：等于身高的 1/2。
大腿围：较腰围小 22.5 厘米。
小腿围：较大腿围小 18 厘米。
足颈围：较小腿围小 12 厘米。
手腕围：较足颈围小 5 厘米。
上臂围：等于大腿围的 1/2。
颈围：等于小腿围。
肩宽：等于身高的 1/4。

技能训练

依托个人基本身高、年龄、体重等基本数据，利用定量标准中的成人身高标准体重的计算方法和肥胖度的测算方法，对个人体型进行测算。并测量个人的上、下身比例、腰围、胸围、颈围等各项数据，与标准数据进行比较。

任务二　表情神态亲和友善

知识认知

表情神态是指人的面部情态，它传递着人们的思想情感。在职场交往中，一双自然坦诚的眼睛，一副热情友好的微笑面容，无疑会给人以友善的印象。

一、目光运用的礼仪规范

（一）礼貌注视

1. 注视的时间要适当

在与人交谈的过程中，注视对方的时间长短很重要。从向交往对象表示礼貌友好的角度来看，注视对方的时间一般应控制在全部交流时间的 50%～70%为宜。长时间地直盯着对方是失礼行为，会让对方感到尴尬、不自在；长时间不抬头看对方，则显示出对对方交谈的话题不感兴趣，会让对方感到索然无味。

2. 注视的区间要得体

礼貌注视对方，应使目光局限于上至对方的额头，下至对方的胸部，左右以两肩为界的方框范围里，且不要聚焦在对方脸上的某个部位，好像在用自己的目光笼罩住对方的面部。不要盯住对方的某一部分"用力"地看，特别是初次相识或一般关系及异性之间，更应该注意这一点，不要超越注视的"许可区间"。职场上，图 56 标注的三种注视区间比较常用。

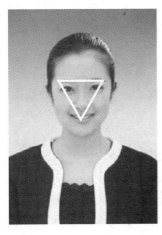 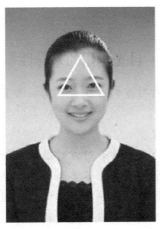 

日常交谈注视区间　　　　　商务谈判注视区间　　　　　熟人聊天注视区间

图56　礼貌注视区间

3. 注视的方向要合宜

与人见面要正视对方，即正向对对方平视、注视，表现客观、平等、理性、尊重。尽量不要站在高处自上而下地俯视别人，这样会让人感觉你的权威和优越，致使拉开彼此的亲和距离；当然也没必要低头向上瞟对方，这样会体现个人的自卑；更不应斜视、瞪视、扫视别人、上下打量人，这些都是轻蔑和挑衅的表示。

职场服务时，也常用仰视的注视方向，即主动让自己处于低处，表现对顾客的尊敬。

4. 注视的避开时段

礼貌注视体现着礼貌交往的态度，但还得注意避开注视的时段。即当对方缄默不语时不注视，当对方羞涩脸红时不注视，当对方尴尬拘谨时不注视，这样才能使交往对象充分地感觉到你的尊重、宽容和有教养。

（二）应事应时

眼睛是心灵的窗口。印度诗人泰戈尔说："一旦学会了眼睛的语言，表情的变化将是无穷无尽的。"这说明目光的表现力是极强的。良好的职场交往中，目光应当应事应时、恰到好处地运用。

双方见面时，无论是见到熟悉的人，还是初次见面的人，无论是偶然见面，还是约定见面，首先要眼中有神，面带微笑，以神采奕奕的目光正视对方片刻，显示喜悦和热情。对初次见面的人，还应头部微点，行注目礼，表示尊敬和礼貌。

在公众场合。开始发言时，要用目光环视全场，微笑致意，这表示："感谢大家的等候，我要开始讲了……"这样可以把听众的注意力收拢起来。

在回答问题时，要礼貌地注视提问者。

交谈和会见接近尾声时，目光要抬起，表示谈话的结束。道别时，要用目光注视着对方的眼睛，面部表现出惜别的情感。

在升国旗时，目光应始终注视国旗，即行注目礼。

在接受检阅时，要注视检阅者，目迎目送，礼毕将头和目光转正。

> 知识链接

目光运用的差异性

（1）日本人在闲谈时喜欢看着对方的脖子，他们认为直截了当地盯着对方的脸是不礼貌的举动。

（2）英国人在谈话时很少对视。

（3）瑞典人在交谈时，对视为佳，看着对方的眼睛说话说明你诚实。

（4）在巴基斯坦，凝视是很平常的事，不要认为是粗鲁或是威胁。

（5）不准久久凝视别人，这是希腊人一项不成文的规矩和沿袭已久的民族禁忌。

（6）阿拉伯人认为，对谈话人凝眸而视，是起码的待人礼节。与人对话而目光旁落，意味着对其不尊重。

（7）南美洲维图托族和鲍罗罗族的印第安人互相攀谈时，眼睛务必东张西望，到处打量。如果某人对三个以上的听众讲话，他必须背对着听众，目视远方，侃侃而谈。

▶ 课堂练习

两人一组，其中一人用一张纸遮挡住眼睛下面的脸庞，设计不同的思想情绪，用目光展现，如"惊讶""开心""忧伤""愤怒"等，然后请另一人猜测目光表达的情绪含义。

二、微笑表情的礼仪规范

在职场中，微笑应是常备不懈的表情。每个人都愿意面对一张微笑的面容，它能表示热情、欢迎、欣赏、礼貌和尊重。热情的微笑是职场交往中的润滑剂，它能迅速缩小彼此之间的心理距离，创造出沟通交流的良好氛围。会微笑的人永远是受欢迎的人。

（一）微笑理论认知

微笑的内涵是深厚的，它具有巨大的感染力。

首先，微笑是心理健康的标志。一个心理健康的人，一定能用真诚的微笑展示自己美好的情感、温暖的情怀以及善良的心地。与善于发出真诚微笑的人交朋友，无疑会得到坦诚、热情、无私的帮助。

其次，微笑是礼仪修养的充分展现，可以反映我们待人的真诚。一个有知识、懂礼貌的人，必然十分尊重别人，即使心中有不快的事，也能控制情绪，心存宽容，不把一副愁容摆给别人看。

再次，微笑是善良、友好、自信的反映。人们能够与别人相处得很融洽，往往是经常保持微笑的结果。因为经常笑容满面、和蔼可亲的人，才更易于接近。在人生的旅途中，既有坦途，也有坎坷，只要我们与人为善，笑口常开，就会乐而忘忧，青春常驻。

最后，微笑有一种魅力，它可以使强硬者变得温柔，使困难变得容易，使矛盾得以化解。微笑服务能极有魅力地感染顾客，拨动顾客的心弦，使营销活动在愉快、和谐的气氛中完成，给人留下热情好客的良好印象。微笑所至，难关可破。鲁迅的名句"相逢一笑泯恩仇"，形象地表达了笑能克刚，揭示了微笑的独特功效和巨大力量。

案例分享

微笑制服刁钻乘客

一次,在上海飞往广州的飞机上,有两位金发碧眼、衣着华丽的外国女郎,刚上飞机,就皱着眉头,掩着鼻子嚷嚷机舱里有怪味。一位空姐微笑着走过来,请她们原谅,并递上一瓶香水。香水却被她们扔到了角落里,接着又是一连串的刁难。虽然空姐觉得自尊受到伤害,但仍笑脸相待,一一满足她们的要求。当空姐送上可口可乐时,她们还没有喝就说可口可乐有问题,甚至将可口可乐泼到空姐身上。空姐强忍这种极端无礼的行为,再次把可口可乐递过去,并微笑着不卑不亢地说:"小姐,这可乐是贵国的原装产品,也许贵国这家公司的可口可乐都是有问题的。我很乐意效劳,将这瓶可口可乐连同你们的芳名及在贵国的地址寄给厂家,我想可口可乐公司肯定会登门道歉,并将此事在贵国的报纸上大加渲染的。"两位女郎目瞪口呆,而空姐一边说,一边还是面带微笑地将其他饮料倒给她们。事后这两位女郎留下一封信,信中自称太苛刻、太过分,而中国空姐的服务、中国空姐的微笑世界一流,无可挑剔。

(资料来源:刘小清,《现代营销礼仪》,东北财经大学出版社,2002)

谁笑到最后,谁才是真正的胜利者。有理不在声高,一个微笑的表情就能轻松应对刁难,从而展现宽容、理解和智慧的礼仪风尚。

(二)规范微笑的展示

微笑的力量是巨大的,但要笑得恰到好处,就需要注意它的规范表现。微笑的基本要求是:发自内心、自然大方、规范得体、主动真诚。具体做法是:脸部肌肉放松,嘴角两端向上略微提起,不露或微露牙齿,整个面部情态亲切自然。

规范微笑要注意以下四个结合:

1. 微笑和口眼结合

微笑时口到、眼到,笑眼传神,才能动人心弦。

2. 微笑和神情结合

一个谦逊稳重、礼貌热情的人,微笑时就能笑得亲切甜美、亲和友善。

3. 微笑和语言结合

微笑时送上一句寒暄、一句问候、一句赞美,更显声情并茂,相得益彰。

4. 微笑和举止结合

注视微笑、欠身微笑、招手微笑、鞠躬微笑、交谈微笑等都将表现自然和谐、谦虚真诚的美。

只有规范的微笑才符合礼仪要求,让人感到温暖。在公共场合,要避免放声大笑,也不要望着他人没头没脑地笑,或与人偷偷地嬉笑。

技能训练

如图57所示,面对镜子,运用含箸法,训练热情友好的微笑表情。

图 57　含箸法

任务三　基本姿态规范标准

知识认知

"站如松，坐如钟，行如风"的仪态风范，展现出严谨自律、自信坦荡的气质风度。现代职场中，一个人的站、坐、走、蹲等基本姿态在不同的场合都有规范标准，理当遵循。

一、站姿的礼仪规范

站姿，是人类身体直立时的一种姿势，是人的静态造型，是一切体态造型的基础和起点。站姿反映着一个人的修养、教育程度、性格、身体状况和人生经历。正确的站姿能够帮助呼吸和改善血液循环，减轻身体疲劳，同时会给人以挺拔笔直、舒展俊美、庄重大方、精力充沛、信心十足、积极向上的美好印象。对站姿的礼仪要求是"站如松"，其意是站得要像松树一样挺拔，同时还要掌握不同场合站姿的规范标准。

（一）基本站姿

基本站姿是身体直立，双手置于身体两侧，自然垂手，也称为侧放式站姿，是其他静态造型中的一个基础姿态。基本站姿端直挺拔、正式庄重，适用场合广泛，尤其常用于集合列队、隆重仪式、站岗执勤等场合。如图 58 所示。

（1）头正。头部正，头顶平，身体的中心要平衡。

（2）梗颈。脖颈挺直，下颌微收。

（3）展肩。双肩舒展，保持水平并稍微向后下方下沉。

（4）躯挺。躯干要尽量舒展，给人以挺拔之感。

（5）收腹。微微收紧腹部，但要呼吸自然。

（6）提臀。臀部肌肉向内、向上收紧，重心有向上提的感觉。

（7）并腿。两腿直立贴紧，内侧肌肉夹紧，身体重心尽量提高，膝盖内侧尽量贴合，脚跟靠紧，两脚尖张开，张开角度：女士为 30°～45°，男士为 45°～60°。

(8)目光。目光平视,目视前方。
(9)微笑。心情愉快,精神饱满,充满活力,给人以感染力。

(a)　　　　　　　　　　　　(b)

图58　侧放式站姿

（二）站姿种类

站姿的分类,主要以个人的脚位和手位为依据和标准。男女站姿的差异也主要表现在手位与脚位的不同。迎来送往、礼宾待客等场合的站姿要严谨规范、美观大方,充分体现对他人的尊重和友好,除可以使用基本站姿外,还常用下列站姿。

1. 女士前腹式站姿

在女士基本站姿的基础上将双手搭握于小腹前,右手在外,左手在内,四指并紧,拇指向掌心收紧,四指尖微扣,两脚成"V"字形,其夹角为30°～45°,如图59所示。这种站姿可显示女士的含蓄稳重。

2. 女士丁字式站姿

在女士前腹式站姿的基础上,将双脚摆放成夹角为30°～45°的丁字形,双腿依然并拢,如图60所示。丁字式站姿可展示女士修长苗条的身材、优雅大方的气质和挺拔俊美的形象。另外,站立中左右脚可以前后替换,双脚的重心也可以替换,因此更适合需要长时间站立的场合。

3. 男士前腹式站姿

在男士基本站姿的基础上将右手握住左手手腕,左手半握,贴于腹部,两脚成"V"字形,其夹角为45°～60°,或者两脚开立与肩同宽,如图61所示。这种站姿更显男士的亲切自然、谦卑有礼。

4. 男士后背式站姿

在男士基本站姿的基础上,双脚开立与肩同宽,将右手握住左手手腕,左手半握,放于尾骨处,双手背搭,如图62所示。后背式站姿有安全坚守之意,故也称安保式站姿,常用于服务场合安全保卫岗位。

图59　女士前腹式站姿　　　　图60　女士丁字式站姿　　　　图61　男士前腹式站姿

5. 男士跨立式站姿

所谓跨立是指叉开腿站立的动作或姿势。跨立式站姿在男士基本站姿的基础上，双脚开立与肩同宽，将一手半握放于体前腹部，另外一手半握放于体后尾骨处，如图63所示。

(a)　　　　　　　　　　　(b)

图62　男士后背式站姿　　　　　　　　　　　图63　男士跨立式站姿

（三）错误站姿

站立时两脚分得太开，身体东倒西歪，导致重心不稳；站立时交叉两腿而站，并随意抖动或晃动双腿；站立时双肩一个高一个低，松腹含胸，膝盖伸不直；站立时交腿斜靠在马路旁的树干、招牌、墙壁、栏杆上；站立时双手叉在腰间或环抱在胸前，呈现盛气凌人之感；站立时双手放于臀部或插入口袋，玩弄小物品。

二、坐姿的礼仪规范

（一）基本坐姿

坐姿是一种静态造型，端庄优美的坐姿会给人以文雅、稳重、自然大方的美感。"坐如钟"是说人的坐姿应该保持头正、腰背挺直、肩放松的状态。基本坐姿也称为正襟危坐式坐姿，其基本要领为：上身与大腿、大腿与小腿、小腿与地面，都应保持直角，女士应双膝并拢，男士双膝、双脚并拢或双腿有一拳距离。女士双手掌心向下相叠（右手在上，左手在下）轻放在腿面上，男士双手放在膝盖上，手指并拢。如图64所示。

(a)　　　　　　　　(b)

图64　正襟危坐式坐姿

（二）坐姿规范

1. 入座离座的动作规范

在公众场合，入座离座要稳重大方，不可弯腰翘臀、猛起猛坐，以免弄得桌椅响动，造成尴尬气氛。

入座时，从座椅左侧走到座位前，转身后全身保持站立的标准姿态，右脚向后撤半步，弯曲双膝，挺直腰背坐下。入座要轻而稳，从容不迫地坐到大约椅面的2/3处，动作要轻柔和缓。此时注意不要将双脚放在椅子下面，也不要把腿向前伸出很远。女士穿套裙入座前，用手把裙装向前拢一下，入座动作要优雅。

起座时，全身保持标准坐姿，右脚后撤半步，以后撤的脚尖点地，身体借力顺势向上站起，轻缓稳重离座，随即右脚前进一小步，与左脚平行，转身离开座位。注意站起时动作要轻。

2. 入座离座的礼仪规范

入座时，应注意先后顺序和座位的尊卑，有尊者在场时，一定要礼让尊者先坐上位。无论什么人在场都不可随意抢座。

落座后，坐姿的规范要领为：表情自然、亲切，腰背挺直，肩放松，背部不要靠在椅背上。两脚平落地面坐稳后，要根据交谈对象的方位自然调整腿位、脚位，选择优雅规范的坐姿，保持上半身侧向对方，以示尊重，不应只是让自己的面部侧对对方。

离座时事先说明，向周围人致意，待站好后，让尊者先行，不能还没站稳就走开或起身就跑。

（三）坐姿种类

1. 女士坐姿

优雅的坐姿能体现出女性的气质，女士坐姿要体现端庄之美。女士的坐姿包括：双腿斜放式坐姿、双腿叠放式坐姿、双脚内收式坐姿、前伸后屈式坐姿和双脚交叉式坐姿。

（1）双腿斜放式坐姿。双膝先并拢，双脚向左或向右斜放，力求使斜放后的腿部与地面成45°，如图65所示。这种坐姿又称点式坐姿，分为左斜放式坐姿和右斜放式坐姿。

（2）双腿叠放式坐姿。将双腿一上一下叠放，小腿相靠并在一起并斜向身体一侧，叠放后的腿部与地面成45°，如图66所示。这种坐姿分为左叠放式坐姿和右叠放式坐姿。

图65　双腿斜放式坐姿

图66　双腿叠放式坐姿

（3）双脚内收式坐姿。大腿首先并拢，双膝打开，两条小腿分开后向内侧屈回，如图67所示。

（4）前伸后屈式坐姿。在大腿并紧后，向前伸出一条腿，并将另一条腿屈后，两脚脚掌着地，双脚前后要保持在一条直线上，如图68所示。

（5）双脚交叉式坐姿。双膝并拢，双脚在脚踝处交叉，交叉后的双脚可内收，可斜放，但不可向前方直伸出去，如图69所示。

图67　双脚内收式坐姿　　　图68　前伸后屈式坐姿　　　图69　双脚交叉式坐姿

2. 男士坐姿

男士坐姿要体现阳刚之气，男士的坐姿包括：垂腿开膝式坐姿、前伸后屈式坐姿、双脚交叉式坐姿和双腿交叠式坐姿。

（1）垂腿开膝式坐姿。双膝分开，与肩同宽，如图70所示。

（2）前伸后屈式坐姿。双膝分开，与肩同宽，向前伸出一条腿，并将另一条腿屈后，前脚全部着地，后脚脚掌着地，双脚前后要保持在两条平行直线上，如图71所示。

图70　垂腿开膝式坐姿　　　　　　图71　前伸后屈式坐姿

（3）双脚交叉式坐姿。双膝分开，与肩同宽，双脚在脚踝处交叉，如图72所示。

（4）双腿交叠式坐姿。右腿叠在左膝上部，右小腿内收贴向左腿，脚尖下点，双手叠放在上面的腿上（右手在上，左手在下），如图73所示。

图72 双脚交叉式坐姿

图73 双腿交叠式坐姿

（四）错误坐姿

前倾后仰、歪歪扭扭；双腿向前伸出很远；两脚尖朝内，脚跟朝外，呈内"八"字；双膝并拢，双脚左右分开，呈外"八"字；两脚交叉而两膝分开，或两脚并拢而两膝分开；两腿相叠而坐时，悬空的脚尖朝天。

案例分享

被"抖"掉的生意

王总和秘书来到深圳洽谈一项合资业务，见到对方后没谈几分钟，王总就决定放弃并婉言告辞了。秘书问他："您怎么还没有深入洽谈就决定放弃了呢？""你看对方在这短短几分钟内，他的双腿就没停止过抖动，再谈下去，我的财就都被他抖掉了。"听完王总的回答，秘书也为对方的不良坐姿习惯感到厌烦。

在参加会议、业务洽谈、伏案工作、交流活动等场合中，端庄优美的坐姿，不仅可以展示一个人的高雅气质，而且可以给人有教养、值得信任的感觉，否则可能会因小失大。

三、走姿的礼仪规范

走姿是站姿的延续动作，是在站姿的基础上展示人的动态美。无论是在日常生活中还是在社交场合，正确的走姿是一种动态的美，往往是最引人注目的身体语言，也最能表现一个人的风度和活力。

（一）走姿规范

常言道"行如风"，是说人行走时，如风行水上，有一种轻快自然的美。正确的走姿，应脚尖向着正前方，脚跟先落地，脚掌紧跟落地。要收腹挺胸，两臂自然摆动，节奏快慢适当，给人一种矫健轻快、从容不迫的动态美。尤其是女性，健康而优美的曲线，迷人的体态和风姿，步态轻盈，袅袅婷婷，更是人们欣赏的焦点。如图 74 所示。

（a）

（b）

图 74　走姿

走姿的具体规范：

（1）上体正直，眼平视，挺胸，收腹，立腰，重心稍向前倾。

（2）双肩平稳，双臂以肩关节为轴前后自然摆动，摆动幅度以 30～40 厘米为宜，前摆约 35°角，后摆约 15°角，手掌朝向体内。

（3）脚尖略开，脚跟先接触地面，依靠后腿将身体重心送到前脚脚掌，使身体前移。

（4）步位，即脚落在地面时的位置。女性行走时，两只脚行走线迹应是正对前方或一条直线，或尽量走成靠近一条直线，即"一字步"，形成腰部与臀部的摆动而显得优美。男性则要两脚跟内侧呈一条直线。

（5）步幅，即跨步时两脚间的距离，一般应为前脚跟与后脚的脚尖相距为一脚或一脚半长，但因性别和身高不同会有一定差异。身材高大的，步幅可略大些；身材较矮的，则步幅偏小。另外，步幅的大小也要考虑不同的服饰等因素。女士穿裙装、旗袍、礼服时，步幅应略小些；穿裤装时，步幅可略大些，显得生动活泼。

（二）走姿位序

走姿规范能给人以风度翩翩、气质文雅的良好印象，同时还得注意不同场合的走姿位序。

1. 行进中的位序

（1）两人并行。两人并行时，遵循内侧高于外侧的原则，地位低者应居于外侧。一般讲究右侧行走，故地位低者应位于地位高者的左侧。

（2）引领走位。引领客人时，若客人不熟悉行进方向，引领人员应该走在客人前方两三步的距离，走在外侧，且起步、转弯、顿足的前后时段走侧行步，如图 75 所示，即让自己的身体正面与客人正面保持约 135°的夹角，方便关注客人及前行方向；引领人员行走的速度要考虑和客人相协调，不可以走得太快或太慢，要处处以客人为中心；每当经过拐角、楼梯或道路坎坷、照明欠佳的地方，都要提醒客人留意。

（3）两人以上并行。遵循前方高于后方、中间高于两侧、右侧高于左侧的原则。但应注意，一般情况两人以上不宜并行。

2. 上下楼梯

上下楼梯时，注意礼让他人，要走专门指定的楼梯，并减少楼梯上的停留，坚持右上右下原则。上下楼梯时，出于礼貌，可以请对方先走。需要注意的是，上楼时，男士应该走在女士的前面。

3. 进出电梯

进出电梯时，应该侧身而行，免得碰撞别人。进入电梯后，要尽量站在里面。人多的话，最好面向内侧，或与别人侧身相向。下电梯前，应该提前换到电梯门口。

图 75　引领侧行步

当陪同客人进出电梯时，如果是无人操作电梯，自己先进后出，以方便控制电梯；如果是有人操作的电梯，应当后进后出。

4. 出入房门

进入房门前，应事先通报。一定要用轻轻叩门、按铃的方式，向房内的人进行通报。贸然出入、一声不吭，都显得冒失。

先后出入房门时，为了表示礼貌，地位低者应当后进后出，而请地位高者先进先出。但当有特殊情况时，如需要开灯等情况，地位低者先进入房门。

当陪同客人时，引领人员有义务在出入房门时替客人拉门或推门。在拉门或推门后要使自己处于门后或门边，以方便别人的进出。

（三）错误走姿

走路时身体前俯后仰，两个脚尖同时向里侧或外侧呈"八"字形走步，步子太大或太小，这都给人一种不雅的感觉。走路时双手反背于背后，这会给人以傲慢、呆板之感。走路时身体乱晃乱摆，这会让人觉得轻佻、缺少教养。当然，也不能因为太过在意走姿而适得其反地让身体过度紧张，事实上，最自然的走姿才是最正确的走姿。

四、蹲姿的礼仪规范

蹲是由站立的姿势转变为两腿弯曲和身体高度下降的姿势。蹲姿其实只是人们在比较特殊的情况下所采用的一种暂时性的体态。虽然只是暂时性的体态，但也是有讲究的。

（一）蹲姿规范

蹲姿是人在处于静态时的一种特殊体位。蹲姿的基本要领：下蹲时一脚在前，一脚在后，两腿向下蹲，前脚全着地，小腿基本垂直于地面，后脚脚跟提起，脚尖着地。女性应并紧双腿，男性则可适度地将其分开。臀部向下，基本上以后腿支撑身体。蹲姿因男女的体位不同、穿着不同分为不同的类型。

1. 高低式蹲姿

下蹲时左脚在前，全脚着地，右脚稍后，脚掌着地，脚后跟提起。右膝低于左膝，臀部向下，身体基本上由右腿支撑。女士下蹲时，两腿要并紧，男士两腿间可有适当距离。注意下蹲时，上体依然保持直立，左右脚可交换。如图 76 所示。

图 76　高低式蹲姿

2. 交叉式蹲姿

通常适用于女士，尤其是穿短裙的女士，它的特点是造型优美典雅。下蹲时右脚置于左脚的左前侧，使右腿在前面与左腿交叉。下蹲时，右小腿垂直于地面，右脚全着地。左膝从右腿后面向右侧伸出，左脚脚跟抬起，脚掌着地，两腿前后靠紧，合力支撑身体。臀部向下，上身稍前倾，左右脚可交换。如图 77 所示。

3. 半蹲式蹲姿

多用于身体降到相对较低的情况。下蹲时，一腿在前，一腿稍后，身体略降低，但没有全部降下，上身仍保持直立，如图 78 所示。

4. 半跪式蹲姿

多用于下蹲时间较长，或为了方便。下蹲时一腿单膝点地，脚尖着地，另一条腿则应全脚着地，小腿垂直于地面，双膝应同时向前，双腿尽量靠拢，如图 79 所示。

图 77　交叉式蹲姿　　　图 78　半蹲式蹲姿　　　图 79　半跪式蹲姿

（二）下蹲拾物

在公共场合低处取物使用蹲姿时，无论男士、女士都应站到所取物的旁边，随着身体重心的下移，臀部向下，上身平直，前倾取物，不要弓腰驼背使劲低头去拿。男士两腿间可留有适当的缝隙，女士则要两腿并紧。女士着裙装下蹲时，多用交叉式蹲姿，注意两腿合力支撑身体，掌握好重心，一只手捡拾物品时，另一只手必要时可以扶按领口，保持衣领不走形，或自然放于衣裙之上。

（三）蹲姿禁忌

弯腰捡拾物品时，两腿叉开，臀部向后撅起，是不雅观的姿态。两腿展开，平衡下蹲，其姿态也不优雅。下蹲时，应和身边的人保持一定距离，正面和背面切勿朝向他人，因此在下蹲时要采用侧蹲。同时，下蹲时注意内衣"不可以露，不可以透"。

技能训练

在有镜墙面和座椅的训练大厅里，配以对应的静态舒缓音乐或步态节奏感音乐，训练各种站姿、坐姿、走姿、蹲姿，每种姿态按照标准要领进行练习。

1. 站姿训练

（1）身体背靠着墙，使后脑、肩、腰、臀部及足跟均能与墙壁靠紧。

（2）利用顶书的方法来练习，为使书不掉下来，颈部自然会挺直，下颌向内收，上身挺直，如图80所示。

（3）按标准要求站立时，用心体会这样几个要领：一是上提下压（指下肢、躯干肌肉线条伸长为上提，双肩保持平下、放松为下压）；二是前后相夹（指在腰部肌肉收缩的同时，臀部肌肉收缩且向前发力）；三是左右向中（指人体两侧对称的器官向正中线用力）。

图80 顶书法

2. 坐姿训练

（1）练习入座。评价标准：从容不迫地从座椅左侧入座，入座时后撤右腿半步，上身挺直入座，动作轻而缓。

（2）练习坐姿。评价标准：上半身挺直，挺胸，收腹，立腰，微收下颌，脊柱向上伸直，只坐座椅的2/3，背部与臀部成直角。

（3）坐时，双手、双脚的摆放训练。

（4）两个人并排坐，可以练习与人谈话时的动作。

（5）练习离座。

3. 走姿训练

（1）顶书训练，将书置于头顶，面对镜子，行走时双臂自然摆动，保持头正、颈直、目不斜视，可以纠正走路摇头晃脑、东瞧西望的毛病。

（2）步位、步幅训练。在地上画一条直线，行走时检查自己的步位和步幅是否正确，可以纠正外"八"字、内"八"字及步幅过大或过小的毛病。

（3）步态综合训练。训练行走时各种动作要协调，最好配上节奏感较强的音乐，注意掌握走路时的速度和节拍。保持身体平衡，双臂摆动对称，动作协调。

4. 蹲姿训练

（1）下蹲前的准备。侧向他人，切勿将正面或背部面向他人，并要与他人保持一定距离。

（2）练习不同类型的蹲姿。注意女士两膝不可分开，男士两腿可略分开。同时，女士如穿裙装下蹲时，应顺手整理自己的裙摆。

任务四　行为举止文明优雅

知识认知

行为举止主要是指一个行为人在特定场合的各种活动中，表现出来的较稳定的礼仪行为，它是由基本姿态延伸的动作和局部姿势，如手势的姿势、鞠躬的动作、适当的距离等。行为举止较可靠地体现了一个人的综合素质。

一、手势的礼仪规范

人的各种手势使用频繁，如指示手势、递接手势、语言手势等，这些手势所表达的信息也极为丰富多样。人不但在说话的时候用手的动作来加强语气、辅助表达，而且在特定之时会用手势代替语言。文明得体、优雅规范的手势会给人留下深刻的印象。

（一）指人的手势

1. 指自己

右手掌敷按左胸，如图81（a）所示。

(a)　　　　　　　　　　　(b)

图81　指人的手势

2. 指他人

五指自然并拢，手掌掌心斜向上，与地面成45°，如图81（b）所示。

（二）指方位的手势

1. 横摆式手势

指水平方位时，如示意对方"请进""这边请""请随我来"时，常用横摆式手势。手势要领：大臂与身体成45°，小臂端平，五指并拢，手掌斜向45°指向所指方位，如图82所示。

2. 直臂式手势

指远处方位时，如告知对方"在前方"或"请直行"时，常用直臂式手势。手势要领：大小臂趋于端平，五指并拢，手掌斜向45°指向远方，如图83所示。

图82 横摆式手势

图83 直臂式手势

3. 上举式手势

指高处方位时，如示意对方"请上楼"或"请看大屏幕"时，常用上举式手势。手势要领：大臂端平，小臂斜向45°上举，五指并拢，手掌斜向45°指向所指方位，如图84所示。

4. 斜摆式手势

指低处方位时，如提醒对方"小心地滑""小心台阶"或示意"请坐"时，常用斜摆式手势。手势要领：大臂与身体成45°，小臂与大臂成135°，五指并拢，手掌斜向45°指向所指方位，如图85所示。

5. 反向式手势

以右手肘部为轴，小臂自下向身体内侧抬起，抬至与胸部同高，小臂距身体约一拳距离，并与大臂成45°，手心向上，五指并拢，指向所指方位，如图86所示。

6. 双臂横摆式手势

当面对人多时，做"诸位请"的示意，常用双臂横摆式手势。手势要领：双手从身体前向两侧抬起，再以肘关节为轴，与胸同高，上身略微前倾，如图87所示。

图 84　上举式手势

图 85　斜摆式手势

图 86　反向式手势

图 87　双臂横摆式手势

在为他人指示方位时，无论什么方位的手势，尽量用右手，手腕不要打折，左手置于小腹前或垂于体侧，也可背于背后。右手伸出手臂的同时要配合规范的欠身站立姿态，并面带微笑，注视对方，以示热情和礼貌，同时展现良好的专业素质。

（三）引领时的手势

为客人引路指示方向时，以肘关节为轴，小臂与大臂成 140°左右，手掌与地面基本成 45°。引领的手势不宜过多，动作不宜过大，但要让对方能看见。

引领时的手势需注意三点：

（1）几步远的情况下，需一直保持指引手势；如果距离远，可以在最开始的时候示意，行走的时候，就可以正常行走（转弯处需用手势告知），到位后，需再次示意；在引领就座时，手位要放低。

（2）手不是完全张开的，虎口微微并拢，平时手放在腰间。

（3）在引领过程中，女性的标准礼仪是手臂内收，然后手尖倾斜上推，显得很优美；男士要体现出绅士风度，手势要夸张一点，手向外推。

（四）递送物品的手势

递送物品时的手势应遵循以下四个原则：

1. 双手递送

双手递物最好，以示尊重，如图88所示。如不方便，可用右手递送。用左手递送物品，通常被视为失礼之举。

2. 递到手中或方便接拿

主动调整递送的距离和方位，要尽量递到对方手中，或递到对方方便接拿的位置。

3. 正面正向递出

如递送带有文字性的书籍或物品时，必须正面朝上递出，以便对方接过去之后阅读，如图89所示。

图88 递送物品的手势（1）

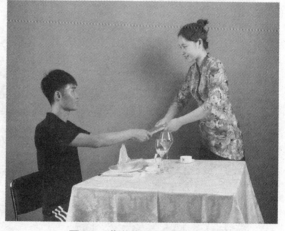
图89 递送物品的手势（2）

4. 把安全留给对方

须将物品的安全部位递送给对方。如在递送带尖、带刃的物品时，不要把尖、刃直指对方，应使尖、刃对着自己，或者朝向其他方向。

总之，递送物品的手势礼仪体现在细节处，而细节恰恰展示了礼貌素质。如图90所示。

（五）语言性的手势

人们在日常交往中，常常借助各种手势来表达自己的思想和愿望，如夸奖、否定、应答、比喻、代表数字、象形模拟等。丰富多彩的手势又可称为最具有表现力的"体态语言"。我们应恰当地使用得体适度的手势为自己的语言表达增加感染力，准确表达自己的内心情感，建立友好的人际关系。

1. 语言手势要积极文明

使用手势为自己的语言表达增加渲染力时，要传递积极文明的思想情感。例如，鼓掌是

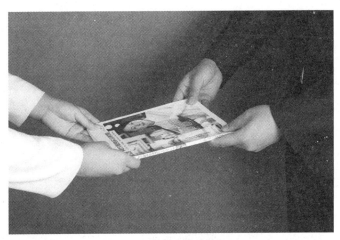

图90　递送物品的手势（3）

表示欢迎、期待、感谢，运用时要注意其力度、速度、幅度，要适应场合和身份，不能鼓倒掌或敷衍了事地鼓掌。再如，用向上伸出的大拇指表达对他人的夸奖与赞许，如果向下伸出拇指则是负面的侮辱人的手势；用向上伸出的食指可以表示数目，但用向上伸出的小指则表示"小""微不足道""最末名""倒数第一"，且引申而来表示"轻蔑"，因此要避免使用。

2. 语言手势要入乡随俗

不同国家、不同民族、不同地域的手势含义是不同的。特别是在涉外活动中，不要乱用手势，要入乡随俗，因为在不同民族之间或同一民族的不同群体之间，语言手势存在巨大的文化差异。在讲话和交际时，如果随便使用自己文化圈中的语言手势，往往会产生始料不及的不良后果。例如，将大拇指和食指搭成一个圆圈，再伸直中指、无名指和小指，这个手势相当于英语中的"OK"，一般用来征求对方意见或回答对方，表示"同意""赞扬""允诺""顺利""了不起"。但在法国，这个手势表示"零"和"一钱不值"。在菲律宾，这个手势表示"想得到钱"或"没有钱"。

3. 语言手势要得体适度

与人交谈时，手势不宜过多，动作不宜过大，更不应指手画脚、手舞足蹈，要得体适度。总之，要正确地运用手势，给人一种文明规范、彬彬有礼的感觉。

案例分享

"钢琴手"泄露谈判秘密

某公司市场部的宋经理有一个绰号叫"钢琴手"，因为他经常坐在办公桌旁有意无意地敲打桌面，尤其是他在与商家谈判时，更是会频繁地敲打桌面。当他感觉谈判进展不顺时，就会四个指头连续敲打桌面，心里越不满，敲得就越快速和响亮。当他认真思考一个建议方案时，就只用中指轻轻敲打桌面。而当他满怀欣喜时，四个手指就连续交替地在桌面上滚动敲打。

宋经理的这个谈判习惯让客户们感到他很不礼貌，并很快被对手们了解并加以利用，谈判对手会根据宋经理"弹钢琴"的节奏洞悉其心理,并避免争执的场面,或者从中探知他的谈判底线。

几年过去后,宋经理偶然间从一个以前的对手那里得知自己在谈判桌上无意中泄露了自己的秘密,顿时懊悔不已。

职场中,不良的手势习惯不仅是失礼的行为举止,还很可能影响事业的顺利成功,所以一定要注意手势礼仪,做到文明规范。

知识链接

"V"形手势的渊源

第二次世界大战期间,德国法西斯入侵西欧各国,许多人纷纷流亡英国。当时有个叫维克多·德拉维利的比利时人,每天利用电台进行短波广播,号召同胞们奋起抗击德国占领军。

1940年年末的一天晚上,他在广播里号召人们到处书写"V"字,以表示胜利的坚定信心。几天之间,在比利时首都布鲁塞尔和其他城市的大街小巷,甚至在德军兵营、岗楼和纳粹军官的住宅里,都出现了"V"字。

由于它形式简单明了,很快流传至欧洲各沦陷国。朋友们见面,伸出食指和中指,用一个"V"字,代替其他一切招呼。用这种无言的方式表达自己的心愿,成为当时的一种时尚,连英国首相丘吉尔也常常做这个手势激励国民。

二、鞠躬的礼仪规范

鞠躬起源于中国的商代,主要表达"弯身行礼,以示恭敬"的意思。人们在现实生活中,逐步沿用这种形式来表达自己对地位崇高者或长辈的崇敬。尤其是在服务行业领域,服务人员更是少不了鞠躬服务。

(一)基本要求

鞠躬即弯身行礼,它既适合于庄严肃穆或喜庆欢乐的仪式,又适用于普通的社交和商务活动场合。在鞠躬的时候,应保持上身的挺拔,动作自然、谦恭、规范、适度、大方。鞠躬有不同的角度:15°~90°,一般来说不同的鞠躬角度表达不同程度的敬意,角度越大表示敬意程度就越深。如图91所示。

(二)动作要领

(1)行鞠躬礼时,面对对方保持正确的站立姿势,两腿并拢,双目注视对方的脸部,随着身体向下弯曲,双手逐渐向下,朝膝盖方向下垂。视线由对方脸上落至自己的脚前1.5米处(15°鞠躬)或脚前1米处(30°鞠躬)。如图92所示。

(2)男士双手放在身体两侧或双手合起放在体前,女士双手合起放在体前。鞠躬时必须伸直腰,双脚脚跟靠拢,脚尖处微微分开,然后将伸直的腰背,由腰开始上身向前弯曲。鞠躬时,弯腰速度适中,之后抬头直腰。动作可慢慢做,这样令人感觉很舒服。

(3)脖子不可伸得太长,不可挺出下巴。

图 91　鞠躬（1）

图 92　鞠躬（2）

（三）鞠躬四忌

（1）不脱帽鞠躬。行礼之前，应当脱帽，摘下围巾，身体肃立，目视受礼者。戴帽子鞠躬既不礼貌，也容易滑落，使自己处于尴尬境地。

（2）鞠躬时抬头。鞠躬时目光应向下看，表示一种谦恭的态度，不要一面鞠躬，一面试图翻起眼睛看对方。

（3）行进中鞠躬。行鞠躬礼时，应停步，躬身 15°～30°，眼往下看，并致问候。切忌边走边看边躬身，这是十分不雅观的。

（4）在鞠躬时，背对客人或离人过近，易造成撞挤或妨碍。

> 知识链接

日本的鞠躬礼

日本人做自我介绍时，第一次见面，要说"初次见面"，然后互相鞠躬。日本人通常不喜欢彼此握手。日本人的鞠躬礼分为以下几种：

（1）礼节性最高的 90°鞠躬，表示特别的感谢，特别的道歉。
（2）45°鞠躬，一般用于初次见面，也应用于饭店或商场等服务员对顾客的欢迎。
（3）30°鞠躬，一般用于打招呼，比如早上遇到同事的时候，也可以用于关系比较亲密的朋友之间。

三、适当的距离

一位心理学家曾经做过这样一个试验：在一个刚刚开门的大阅览室里，里面只有一位读者，心理学家进去后直接坐在他的旁边，很快这位读者就起身走到别的地方去了。试验测试了 80 人次，试验的结果是在一个空旷的阅览室里，没有一个人能够忍受一个陌生人紧挨自己坐下，大多数人会很快离开到别处就座。有人则干脆明确表示："你想干什么？"这个实验说明了人与人之间需要保持一定的空间距离，当这个距离有人侵入时，就会感到不舒服、不安全，甚至恼怒起来。

心理学家发现，在拥挤的环境中，每个人的个人空间是 0.6～0.8 平方米；而在不拥挤的环境中，每个人的个人空间会扩大到 1 平方米。每个人都有属于自己的个人空间，在职业场合中，应该注意与他人拉开适当的距离，以免造成尴尬的局面。

人类学教授霍尔博士将交往中的距离领域划分为四种类型：亲密距离、私人距离、社交距离和公共距离。

（一）亲密距离

亲密距离是在 6～18 英寸之间（15～46 厘米）。15 厘米以内，是最亲密的区间，彼此能感受到对方的体温、气息。15～46 厘米之间，身体上的接触可能表现为挽臂执手，或促膝谈心。46 厘米以内，在异性之间，只限于恋人、夫妻等，在同性之间，往往只限于贴心朋友。

亲密距离是指两人的身体能很容易接触到的一种距离，甚至是亲密无间。这一距离多用于情人或夫妻间的谈情说爱，也用于父母与子女之间或者是非常要好的朋友之间。

这种距离能使一方感受到另一方身体的气息，并能很容易产生皮肤接触而给人以某种舒适感。两位成年男性交往时，由于特定的心理因素作用，一般不采用这种距离。而女性知己往往喜欢这样近距离的相处。这个距离是每个人都很敏感的领域，因而交往时要特别小心这种距离。倘若你忽视了这一距离的灵敏性，无意间与一个交往不深或不熟识的异性形成了亲密距离，往往会被误解，弄出一些意想不到的不愉快来。

（二）私人距离

私人距离是在 1.5～4 英尺之间（46～122 厘米）。这是人际间隔上稍有分寸感的距离，较少有直接的身体接触。

私人距离是指比亲密距离稍远一点的距离，一般表现为伸手可以握到对方的手，但不容易接触到对方的身体。通常朋友间的交谈多采用这个距离。在社交场合，某些人为了向对方表示特殊的亲近感也会有意采用这样的距离。

（三）社交距离

社交距离是在 4～12 英尺（1.2～3.7 米）之间。这已超出了亲密或熟人的人际关系，而是体现出一种公事上或礼节上的较正式关系。

社交距离的范围规定比较灵活，近可相距两三步，相当于两张办公桌的距离；远可相距五六步或更远些。通常用于与个人关系不大的人员交往。例如，在小型招待会上，隔几步远与没有过多交往的认识者打招呼或简单寒暄几句便离开。这一距离对双方没有过多的约束力，表示不想多作交谈。

（四）公众距离

公众距离是在 12～25 英尺（3.7～7.6 米）之间。公共距离一般指公共场合中演讲者与台下听众、舞台上演员与观众的距离，这是约束感最弱的距离。

值得注意的是，这四类距离在交往中往往会发生动态变化，即交往双方间距离会发生缩短或拉开，这种变化本身也是一种"语言"，而且是社交中最应注意的"语言"。我们应该学会从这种距离变化中窥见对方的心理变化，判断对方的真实意向，以便及时做出相应的反应：是进一步深谈，还是适时告辞。总之，我们在人际交往时应注意对方对于距离变化的敏感度，以便取得良好的交往效果。

技能训练

➤ 训练指示手势和递送手势

分小组围成圆圈队形，首先巩固训练六种指示方位的手势，互相检查手臂、手掌角度和方位是否到位，然后小组成员依次按照礼仪规范要求互相递接物品：书、文件夹、笔、剪刀、水杯。

➤ 鞠躬训练

（1）面对镜子，进行鞠躬的动作练习，体会动作要求，感受通过自己的鞠躬向对方传达出的尊敬之意，发现问题及时纠正。

（2）面对面两人一组，逐一进行不同角度的鞠躬练习：15°、30°、45°、90°，尽量做到动作自然、谦恭、规范、适度、大方、整体协调。

综合实训

➤ 情境模拟

（1）情境背景

酒店迎宾入住服务

（2）模拟要求

① 两人一组，扮演迎宾员，以规范的迎客站姿分别站在酒店两侧热情迎接。

② 两人扮演大堂引领人员，以规范的行进步态、手势为宾客引路。

③ 两人扮演酒店前台工作人员，以规范的站姿和递送物品的手势为宾客服务。
④ 两位同学扮演宾客，随工作人员办理入住手续。
（3）实训目的
通过模拟实际活动场景，将课堂上学练的表情神态、规范姿态得体地表现。

模块五

职业形象语言沟通设计

任务要求

1. 语言谈吐遵循礼仪要求，建立良好社交。
2. 接打电话塑造礼仪形象，提高沟通效率。
3. 网络沟通注重礼仪细节，构建顺畅交流。

案例导入

如此"五里"

一位年轻人去风景区旅游。当时天气炎热，他口干舌燥，筋疲力尽，不知距目的地还有多远，举目四望，不见一人。正失望时，远处走来一位老者，年轻人大喜，张口就问："喂，离青海湖还有多远啊？"老者目不斜视地回了两个字："五里。"

年轻人精神倍增，快速向前走去。他走啊走，走了好几个五里，青海湖也不见踪迹，他恼怒地骂起了老者。

年轻人的"五里（无礼）"使得他错过了获取准确信息的机会，可见谈吐礼仪在社会交往中的重要作用。

美国前哈佛大学校长伊立特曾说："在造就一个有修养的人的教育中，有一种训练必不可少，那就是优美、高雅的谈吐。"语言是表达思想及情感的重要工具，是人际交往的主要手段，在人际关系中起着重要的作用。在人际交往中，因为不注意语言的礼仪规范，或用错了一个词，或多说了一句话，或不注意词语的色彩，或选错话题等而导致交往失败或影响人际关系的事，时有发生。因此，在人际交往中，与他人的语言沟通必须遵从一定的礼仪规范，才能达到双方交流信息、沟通思想的目的。

任务一　语言谈吐恰当得体

知识认知

语言是双方信息沟通的桥梁，是双方思想感情交流的渠道。语言在人际交往中占据着最基本的位置。谈吐则是通过优化语言来提高表达效果，其目的是通过传递尊重、友善、平等的信息，给人以美的感受。语言谈吐与一般语言的不同在于它不能使用侵犯他人的攻击性语言，而是通过文明、礼貌的语言建立起情感沟通的纽带。在使用轻松、诙谐、明快、幽默、委婉、庄严、赞美的语言所营造的自然、愉快、兴奋、亲切、可敬和舒畅的氛围中培植和增进友谊。

一、交谈语言艺术

（一）准确流畅

在交谈时如果词不达意、前言不搭后语，很容易被人误解，达不到交际的目的。因此在表达思想感情时，应做到语音标准、吐字清晰，说出的语句应符合规范，避免使用似是而非的语言。应去掉过多的口头语，以免语句断开；语句停顿要准确，思路要清晰，谈话要缓急有度，从而使交流活动畅通无阻。

语言准确流畅还表现在让人听懂，因此交谈时尽量不用书面语或专业术语，因为这样的谈吐让人感到太正规、受拘束或理解困难。

案例分享

咬文嚼字的书生

古时有一则笑话，说的是有一位书生，突然被蝎子蜇了，便对其妻子喊道："贤妻，速燃银烛，你夫为虫所袭！"他的妻子没有听明白，书生更着急了，说道："身如琵琶，尾似钢锥，叫声贤妻，打个亮来，看看是什么东西！"其妻子仍然没有领会他的意思，书生疼痛难熬，不得不大声吼道："快点灯，我被蝎子蜇了！"

（二）委婉表达

交谈是一种复杂的心理交往，人的微妙心理、自尊心往往在里面起重要的控制作用，触及它，就有可能产生不愉快，因此，对一些只可意会不可言传的事情，人们回避忌讳的事情，可能引起对方不愉快的事情，不能直接陈述，只能用委婉、含蓄、动听的话去说。

在沟通过程中，避免使用主观武断的词语，如"只有""一定""唯一""就要"等不带余地的词语；要尽量采用与人商量的口气；避免直接提醒他人的错误或拒绝他人，要学会使用先肯定后否定的语言方式，如"是的……但是……"这个句式，把批评的话语放在表扬之后，就显得委婉一些。

（三）掌握分寸

谈话时语言要有放、有收、不过头、不嘲弄、把握"度"。谈话时不要唱"独角戏"，夸夸其谈，忘乎所以，不让别人有说话的机会。说话要察言观色，注意对方情绪，对方不爱听的话少讲，一时接受不了的话不急于讲。开玩笑要看对象、性格、心情、场合。一般来讲，不随便开女性、长辈、领导的玩笑，一般不与性格内向、多疑、敏感的人开玩笑，当对方情绪低落、心情不快时不开玩笑，在严肃的场合、用餐时不开玩笑。

（四）幽默风趣

交谈本身就是一个寻求一致的过程，在这个过程中常常会出现不和谐的地方而产生争论或分歧，这就需要交谈者随机应变，凭借机智抛开或消除障碍。幽默可以化解尴尬局面或增强语言的感染力，它建立在说话者高尚的情趣、较深的涵养、丰富的想象、乐观的心境和自信的基础上，它不是耍小聪明或"卖嘴皮子"，它应使语言表达既诙谐，又入情入理，应体现一定的修养和素质。

案例分享

马克·吐温的幽默

美国作家马克·吐温机智幽默。有一次他去某小城，临行前别人告诉他，那里的蚊子特别厉害。到了小城，正当他在旅店登记房间时，一只蚊子正好在他眼前盘旋，这使得旅馆职员不胜尴尬。马克·吐温却满不在乎地对职员说："贵地蚊子比传说中不知聪明多少倍，它竟会预先看好我的房间号码，以便晚上光顾，饱餐一顿。"大家听了不禁哈哈大笑。结果，这一夜马克·吐温睡得十分香甜。原来旅馆全体职员一齐出动，驱赶蚊子，不让这位博得众人喜爱的作家被"聪明的蚊子"叮咬。幽默，不仅使马克·吐温拥有一群诚挚的朋友，而且也因此得到陌生人的"特别关照"。

（五）声音优美

每个人的声音都是有感情的，也是有色彩的。如何让自己的声音富有吸引力，展现出独特的个人魅力，这也是一门艺术。

首先，要注意音调的高低变化。无变化的声音是单调的，如同催眠曲，令人进入精神凝滞状态，达不到讲话的目的。因此，与人交谈时，应根据谈话内容的变化，适当调整音调的高低，给人抑扬顿挫的感觉。

其次，要采用柔和语调。在社交场合中，一般以柔言谈吐为宜。尽可能使声音听起来柔和，避免粗、厉、尖、硬的讲话声音。以理服人，而不是以声、以势压人，理直气和更能诚服于人。语言美是心灵美的语言表现，"有善心，才有善言"，因此要掌握柔言谈吐，首先应加强个人的思想修养和性格锤炼。

再次，要控制好音量。谈话时，音量的控制也非常重要，太大的声音会令人反感，以为你在那里装腔作势；音量太小会使人听不清楚，以为你怯懦。一般来说，应根据听者距离的远近来调节自己的音量，达到最适合的状态。

最后，要注意说话语速。说话时一直保持同一语速会使人产生听觉上的疲劳，容易昏昏欲睡，打不起精神。因此，在与人交谈时，应该把握说话的语速，不要太快或太慢，应追求一种有快有慢的音乐感，在主要的语句上放慢速度作强调，在一般的内容上稍微加以变化。

案例分享

说者无心，听者有意

老石在家举办个人六十岁寿辰宴，邀请了四位自己最要好的朋友，约好了开宴时间。结果到约定时间后来了三位朋友，于是大家就耐心等着，但过了一刻钟后老石有点着急了，在客厅里大声自言自语地说了句话："怎么搞的，该来的还不来！"这时，三位朋友中的其中一位听罢，感觉不舒服，于是站起身找了一个借口委婉地拒绝了老石的这一次盛情邀请，告辞走了。老石怎么也没拦住，情急之中又说了一句话："唉，这不该走的怎么就走了呢！"话音刚落，剩下的两位朋友中的一位立刻站起身来面带不快地冲着老石甩出一句话："是我该走了！"于是拂袖而去。这时，老石仿佛明白过来了，遗憾地对剩下的唯一一位朋友解释道："你看看，他俩肯定是多心了，我说的又不是他……结果可想而知，这位最后的朋友听罢，二话没说也迅速走掉了……一场宴会就这样不欢而散。

语言表达得是否清晰，除了普通话、音量、语速要符合规范要求外，还需注意省略是否恰当，停顿、重音强调是否准确，还要考虑根据实际语言环境控制语气、语调等因素。

二、使用礼貌用语

使用礼貌用语，是人类文明的标志，也是全世界共同的心声。使用礼貌用语不仅会得到人们的尊重，提高自身的美誉和形象，而且还会对自己的事业起到良好的辅助作用。在我国，政府有关部门向市民普及文明礼貌用语，基本内容为"五句十字"礼貌语，即"请""谢谢""您好""对不起""再见"。实际的社会交往中，日常礼貌用语远不止这十个字，归结起来，主要可划分为如下几个大类：

（一）问候语

人们在交际中，根据交际对象、时间等的不同，常采用不同的问候语。比如，在中国实行计划经济的年代，由于经济发展水平不高，人们面临的首要问题是温饱问题，因而人们见面的问候语是"吃了吗"？今天，在中国的不发达的农村，这句问候语仍然比较普遍，而在经济比较发达的农村和城市，这句问候语已经很少听到了，人们见面时的问候语是"您好""您早"等。

在英国、美国等说英语的国家，人们见面的问候语根据见面的时间、场合、次数等不同而有所区别。如双方是第一次见面，可以说："How are you？"（您好！）如在早上见面可以说："Good morning."（早上好！）中午可以说："Good noon."（中午好、午安！）下午可以说："Good afternoon."（下午好！）晚上可以说："Good evening."（晚上好！）或"Good night."（晚安！）在美国非正式场合人们见面时，常用"Hello""Hi"等表示问候。在信仰伊斯兰教的国家，人们见面时常用的问候语是"真主保佑"。在信奉佛教的国家，人们见面时常用的问候语是"菩萨保佑"或"阿弥陀佛"。

（二）欢迎语

交际双方一般在问候之后常用欢迎语。世界各国的欢迎语大都相同。如"欢迎您！"（Welcome to you！）"见到您很高兴！"（Nice to meet you！）"再次见到您很愉快！"（It is nice to see you again！）

（三）回敬语

在社会交往中，人们常常在接受对方的问候、欢迎或鼓励、祝贺之后，使用回敬语以表示感谢。由此，回敬语又可称为致谢语。回敬语的使用频率较高，使用范围较广。俗话说"礼多人不怪"，通常情况下，只要你接受了对方的热情帮助、鼓励、尊重、赏识、关心、服务等都可使用回敬语。使用频率最高的回敬语，是"谢谢""多谢""非常感谢""麻烦您了""让你费心了"等。

（四）致歉语

在社会交往过程中，常常会出现由于组织的原因或是个人的失误，给交往对象带来了麻烦、损失，或是未能满足对方的要求和需求，此时应使用致歉语。常用的致歉语有："抱歉""对不起""很抱歉""请原谅""真抱歉，让您久等了！"等。

真诚的道歉犹如和平的使者，不仅能使交际双方彼此谅解、信任，而且有时还能化干戈为玉帛。在人际交往中，有些人放不下架子或碍于面子，不愿直接道歉，这也是人之常情。其实，道歉的方式很多，道歉时可采用委婉的方式。如果今天的交往对象是你以前曾经冒犯过的人，那么你可以说："真是不打不相识啊，俗话说得好，不是冤家不聚头，来，让我们从头开始！"道歉并非降低你的人格，及时得体的道歉也充分反映出你的宽广胸襟、真诚情感和敢于承担责任的勇气。

有些时候，如果由于组织的原因或个人原因给交往对象造成一定的物质上、精神上的损失或增加了心理上的负担，在道歉的同时还可赠送一些纪念品、慰问品以示诚心致歉。

（五）祝贺语

在交际过程中，与交际对象建立并保持友好的关系时，应该时刻关注交往对象，并与他们保持经常性联系。比如：当交往对象过生日、加薪、晋升或结婚、生子、寿诞，或你的客户举行开业庆典、周年纪念、有新产品问世或获得大奖时，可以以各种方式表示祝贺，共同分享快乐。

祝贺用语很多，可根据实际需要进行选择。如节日祝贺语："新年快乐""祝您圣诞快乐"；生日祝贺语："祝您生日快乐"；当得知交往对象取得事业成功或晋升、加薪等，可向他表示祝贺："祝贺你"。常用的祝贺语还有"恭喜恭喜""祝您成功""祝您福如东海，寿比南山""祝您新婚幸福、白头偕老""祝您好运""祝您健康"等。

此外还可通过贺信、在新闻媒介刊登广告等形式祝贺。如"庆祝大连国际服装节隆重开幕！""××公司恭贺全国人民新春快乐！"等。总之，在当今社会，适时使用祝贺用语，对交际来说有百益而无一害。

（六）道别语

交际双方交谈过后，在分手时，人们常常使用道别语。最常用的道别语是"再见"，若是根据事先约好的时间可说"回头见""明天见"。中国人道别时的用语很多，如"走好""慢走""再来""保重"等。英美等国家的道别语有时比较委婉，常常有祝贺的性质，如"祝你做个好梦""晚安"等。

（七）请托语

在日常用语中，人们出于礼貌，常常用请托语，以示对交往对象的尊重。最常用的是"请"，还常常使用"拜托""劳驾""借光"等。在英美等国家，人们在使用请托语时，大多带有征询的口气。如英语中最常用的"Can I help you？"（需要帮忙吗？）"Could I be of service？"（能为您做些什么？）以及在打扰对方时常使用的"Excuse me"，都有征求意见之意。

知识链接

常用的敬辞雅语

初次见面说"久仰"；很久不见说"久违"。
等待客人说"恭候"；迎接客人说"欢迎"。
探访别人说"拜访"；起身作别说"告辞"。
中途先走说"失陪"；请人勿送说"留步"。
请人批评说"指教"；请人指点说"赐教"。
请人帮助说"劳驾"；托人办事说"拜托"。
麻烦别人说"打扰"；求人谅解说"包涵"。
希望照顾说"关照"；需要考虑说"斟酌"。
接受好意说"领情"；欢迎购买说"惠顾"。

三、选择交谈话题

亚里士多德曾经说过，交谈由谈话者、听话者、主题等三个要素组成，"要达到施加影响的目的，就必须关注此三要素"。又如一位学者所言："如果你能和任何人连续谈上10分钟而又能使对方发生兴趣，你便是最优秀的交际人物。"

所谓话题，是指人们在交谈中所涉及的题目范围和谈资内容。换言之，话题是一些由相对集中的同类知识、信息构成的谈话资料及其相应的语体方式、表述语汇和语气风格的总和。谈话内容的选择反映着言谈者品位的高低。在人际交往中，学会选择话题，就能使谈话有个良好的开端。

（一）宜选的话题

话题的范围可以很广，上到国家大事、时事政治、节日庆典、体育赛事，下到与日常生活有关的普通话题。例如：孩子大了，进哪家学校比较好；花木被虫子咬了，该买什么药；这周上映的电影，哪一部最值得看；早上吃得好不好，等等。金正昆教授对此有独到的见解，他将话题归纳为以下四类：

1. 事先既定的话题

事先既定的话题，即交谈双方业已约定，或者一方先期准备好的话题，如征求意见、传递信息、研究工作等。职场上，有的交谈话题是双方约好的，在见面时寒暄几句后就要直入话题，切忌长篇大论地谈些无关紧要的事情，否则会给对方轻浮、不踏实的感觉。

2. 格调高雅的话题

选择内容文明、格调高雅的话题，如文学、艺术、哲学、历史、地理、建筑等，这些话题可以反映一个人的知识结构，对身边事物的关注情况，对问题的看法。从这些话题的交谈中，可以了解对方，也是推销自己的好办法。这类话题适合各类人群交谈，切忌不懂装懂。

3. 轻松愉快的话题

轻松的话题令人轻松愉快、身心放松，这类话题适用于非正式交谈，允许各抒己见，任意发挥。这类话题主要包括文艺演出、流行时装、美容美发、体育比赛、电影电视、休闲娱乐、旅游观光、名胜古迹、风土人情、名人逸事、烹饪小吃、天气状况，等等。

4. 对方擅长的话题

选择话题时还要注意选择擅长的话题，尤其是对方有研究、有兴趣的话题。俗话说，尺有所短，寸有所长，每个人都有自己擅长的领域。与对方交谈时，可以通过一些话语，试探对方的爱好或特长，然后投其所好，选择对方擅长的话题，给对方一个表现机会，也显得自己谦虚，虚心学习。例如：青年人对于足球、通俗歌曲、电影电视的话题关注较多；老年人对于健身运动、饮食文化之类的话题较为熟悉；公职人员关注的多是时事政治、国家大事；普通市民则更关注家庭生活等；男士多关心事业、个人的专业；女士对家庭、物价、孩子、化妆、衣料、编织等更容易津津乐道。

（二）忌讳的话题

俗话说："酒逢知己千杯少，话不投机半句多。"在与他人交谈时，要想使交谈气氛融洽和谐，避免话不投机带来的尴尬，就应当有意识地避开某些话题。

1. 不能选择格调错误的内容

不能非议自己的祖国、民族、党、政府、现存的社会规范，因为污蔑自己的国家，也是等于在污蔑自己。谈论这些问题，会让人觉得你思想偏激，甚至品德有问题，从而对你产生不良印象。此外，非议自己的家乡，也是极度不好的话题。对自己的家乡给予负面的评论，也是对自己的不尊重，这样不仅会给人消极、悲观的感觉，也让人难以信任。因此在社交场合，应该避免谈论这些格调错误的话题。

2. 不能涉及别人的隐私

在社会交往中，对交往对象给予关心是理所当然的，但是应注意关心有度，交谈有度，不能问及他人隐私问题。所谓隐私，自然是不可随意示人的东西。当今社会，人们对隐私的保护意识日益增强。若是初交，话题应该尽量避免涉及属于对方隐私范围的话题。最好不要询问对方的年龄、收入、婚姻、信仰、住址、职业和经历。即使是对方主动提及，也应斟酌考量，适可而止，不要没完没了地谈论该话题，刨根问底，非要把对方调查清楚，须知关心过度也是种伤害。

3. 不能涉及国家机密与行业秘密

国有国法，家有家规。在谈话内容中，切忌打探国家机密及行业秘密，否则会被判定为违法乱纪行为。我们时常在电视中的答记者问时听到如下的回答："无可奉告"或"这个问题我不能告诉你"，这就是在保守国家和组织的机密。

4. 不能随便非议交往对象

俗话说，说者无心，听者有意，传话者图利，随便非议交往对象，会让人家尴尬和难堪。不非议对方是有教养的标志。

5. 不能在背后议论领导、同事和同行

好说是非者必是是非人。在单位内部，可以批评和自我批评，但是内外有别，在他人面前不能随意评说自己单位和部门的坏话，思想上、行动上维护自己单位、组织的形象这是一种教养。自尊的一个非常重要的标志就是尊重自己的职业，尊重自己的单位。社会分工不同，行行能出状元。一个受人尊重的人是有实力的人，是爱岗敬业的人，是维护自己所在组织团队的人。一个人爱国、爱家、爱岗也是有礼貌有修养的体现。

6. 不能谈论庸俗低级的问题

交谈中涉及一些荒诞离奇、耸人听闻、黄色淫秽的事情是不合时宜的。双方交谈，尽量不要选择低档次、很庸俗的话题，如低级庸俗的笑话，男女之间的隐私，别人的毛病和生理上的缺陷，等等。话题的低级往往表明了思想和人格的低级，显示出谈话人的浅薄和无聊。

四、有效沟通技巧

（一）说的技巧

1. 围绕主题

职业场合交往有效沟通的基本要求就是围绕既定主题展开交流。如经营管理规章制度传达实施、日常事务工作信息传递、征询意见、求得业务帮助、讨论问题看法、研究业务合作项目等。

围绕主题就是强调沟通的目标明确性，就某个问题达成共识，即成为有效果的沟通。

围绕主题也强调了沟通的时间观念，在尽量短的时间内完成沟通的目标，成为有效率的沟通。

知识链接

交流沟通中的对象性原则

当与小孩沟通时，不要忽略了他的"纯真"；
当与少年沟通时，不要忽略了他的"冲动"；
当与青年沟通时，不要忽略了他的"自尊"；
当与男士沟通时，不要忽略了他的"面子"；
当与女士沟通时，不要忽略了她的"情绪"；
当与领导沟通时，不要忽略了他的"权威"；
当与长辈沟通时，不要忽略了他的"尊严"。

2. 真诚赞美

赞美是沟通的润滑剂。赞美是人们的一种心理需要，是对他人敬重的一种表现，是有效沟通中说的礼仪技巧。真诚适度的赞美令人愉快，能很快拉近彼此之间的心理距离，为有效沟通提供前提。

真诚赞美是情真意切的、发自内心的赞美，是实事求是、措辞恰当的赞美。相反，若毫无根据、夸大其词地赞美别人，则让人感到虚情假意，甚至会陷入尴尬境地，也就阻碍了沟通的深入开展。

真诚赞美的前提是发现对方的闪光点。法国雕塑家罗丹曾说："对于我们的眼睛而言，这个世界不是缺少美，而是缺少发现。"只有发现了美，才能具体翔实、热情洋溢地赞美到对方的心坎里，才能表现出真诚友善。

借用第三者的口吻来赞美对方，是真诚赞美的一种技巧，运用好这一技巧，更有利于及时有效地沟通。如："早听说您的办事能力很强，今天更深刻感受到了！"

此外，赞美并不一定总用一些固定的词语，不是见人便说"好"，而是可以赞美得不留痕迹。

3. 巧妙说服

交流时，你可能常常会遇到对方的思想或要求欠妥，不能被你所接受，于是想指出对方的缺点和不足之处，这时的沟通尤其要注意说的礼仪，即运用技巧巧妙地说服对方，才能实现有效沟通。

巧妙说服常用到"同理心原则"。建立同理心是指观察和确认他人的情绪状态，并给予适当的反应，站在对方的角度，委婉含蓄地让对方接受自己的观点或建议。说话时要慎用"我觉得""我认为"，要多使用"您""你们""我们"。如："小刘，我发现你的建议很好，同时把……考虑上就更好了"，"一开始我也这样认为，让我们换一个角度……""我也有过相同的经历……如果我是你的话也……我们一起想想……"。

说服对方时，要选择恰当的提议时机，尽量将案例、资讯及数据摆出来，用事实说话，但要注意千万不能伤到对方的自尊。

说服对方时，要推心置腹，动之以情，通过感情这座桥梁到达对方的内心世界，以真心打动对方。说服对方时要求同存异。"沟通没有对错，只是站的立场不同罢了。"求同存异，满足对方"被肯定、被接受"的心理需求，缩短彼此的心理距离，就一定能够达到有效沟通的目的。

案例分享

晏子谏杀烛邹

齐景公很喜欢鸟，就派烛邹为他养鸟，结果因烛邹不慎，鸟飞跑了。齐景公大怒，要下令杀了他。晏子对齐景公说："烛邹有三条罪状，请让我将他的罪状一一列出，加以斥责后再来杀掉他。"齐景公说："可以。"于是召见烛邹，晏子在齐景公面前列数他的罪过，说："烛邹！你是我们君王的养鸟人，却让鸟飞跑了，这是第一条罪状；让我们君王为了一只鸟而要杀人，这是第二条罪状；让诸侯听到这件事，认为我们的君王是看重鸟而轻视手下的人，这是第三条罪状。"晏子列完了烛邹的罪状，请齐景公杀掉烛邹。齐景公听罢，说："不用杀他了，我明白你的意思了。"

说服他人的方法很重要，有时避其锋芒，运用高超的语言技巧，就会收到事半功倍的效果。

（二）听的技巧

1. 有表情地听

表情能表达丰富的情感态度。眼睛是心灵的窗口，在听的过程中，一定要礼貌注视对方，保持目光交流，用目光表情传递出积极主动、热情快乐的心情，并且适当点头示意，与对方进行表情互动，表现出有兴趣的状态，给到对方"说"的鼓励。相反，若总是低头不语、东张西望、左顾右盼、频频看表、抓耳挠腮，则表示对对方的话题或观点不耐烦，无形中表示拒绝交流，这就违背了沟通的双向性，背离了沟通的目标。

2. 有回应地听

除了用表情表示聆听外，还要有适时的语言回应，如表示肯定、认同时发出"哦""嗯""是的"等应答声。鼓励对方继续表达时说"太好了，那下一步怎么打算呢？""哦，原来是这样呀，那后来呢？"这样适时地回应，与对方形成心理上的默契，就能够使交流更加深入。也可以通过重复、强调对方谈话中的关键词，把对方的关键词语经过自己语言的修饰后，回馈给对方。如果没有听清楚、没有理解时，在不打断对方的前提下适时告诉对方，请对方做进一步解释，以便全面理解对方要传递的意思。

3. 有目的地听

有效沟通中的聆听环节是要听出对方的真实需求、思想、委屈、快乐等，还要对对方的话语和肢体语言在交流中传递的小细节进行快速汇总和分析，所以聆听不是简单地听就可以了，需要会心地、有目的地听，要把对方沟通的全部信息、内容，包括情绪、情感，甚至言外之意，都尽可能地把握好，并记在心里，这才能使自己在回馈给对方的内容上，与对方的真实想法一致，这是有效沟通的重要保障。

4. 听的禁忌

（1）忌听而不闻，不用心思、不做任何努力地听。

（2）忌随意打断对方，只满足自己的感受。

（3）忌随意插话补充，轻视他人，抬高自己。

（4）忌轻易否定对方，自以为是，目中无人。

（三）问的技巧

社交场合沟通的最终目标是达成一个共同的协议。要充分了解并确认对方的需求、目的，经常会通过提问得知。常见的提问方法有两种，如表9所示。

表9 提问的两种方法对比

项目	开放式问题提问	封闭式问题提问
特点	回答没有框架，可以让对方自由发挥；答案是多样的，是没有限制的	提问时给对方一个框架，让对方只能在框架里回答；选择回答；答案是唯一的，是有限制的
举例	你吃午餐了吗？ 您什么时候有时间？ 你的订购计划是怎样的？ 你为什么喜欢这样的工作？	你午餐吃的什么？ 您是上午有时间还是下午有时间？ 你订购一套还是两套？ 你喜欢你的工作吗？

续表

项目	开放式问题提问	封闭式问题提问
优势	收集信息全面，得到更多的反馈信息，谈话的气氛轻松	可以引导对方直接给到自己想要的结论，容易控制谈话的时间
劣势	占用一定的沟通时间，谈话内容容易跑偏，不便于控制沟通节奏	收集信息不全面，不利于了解对方的真实意思，只能是确认信息。另外，封闭式问题有时会让对方产生一些紧张或戒备的感觉
应用	时间充裕，需要收集信息，让对方充分参与、充分主导时用开放式问题	时间有限，需要尽快得出结论，自己控制局面时用封闭式问题

如果在提问的过程中没有注意到开放式和封闭式问题的区别，往往会造成收集的信息不全面或者浪费了很多的时间，达不到有效沟通的目的。所以，在进行职场沟通时可用开放式问题开头，先营造一种轻松的氛围，一旦谈话跑题，就用封闭性问题引导，如果发现对方有些紧张，再给予开放式问题缓和对方情绪。

案例分享

大奏奇效的问法

在第二次世界大战结束时，日本的许多商店因人手奇缺，想减少送货任务，于是就将问话顺序进行了调整，将"是您自己拿回去呢，还是给您送回去"改为"是给您送回去呢，还是您自己带回去"，顾客听到后一种问法，大都说"我自己拿回去吧"，结果大奏奇效。

（四）答的技巧

1. 回答问题时要高效精练

（1）及时主动

在进行社交沟通时，及时主动地回答对方的提问是礼仪的基本要求。问而不答或假装没有听到提问避而不答都是影响沟通效果的，甚至会出现沟通障碍，自然就达不到沟通目标。最高境界的回答是"答在对方未开口之前"，即在明白对方的所需或理解对方的疑虑时，还没等对方开口提问就主动回答，这样的回答无疑会给对方一个惊喜，留下一个热情友善、聪明睿智的印象。

（2）精练准确

漫无中心的回答或答非所问的回答都是无效的沟通，也是对对方的不敬和失礼。所以回答问题时要换位思考，站在对方的角度分析对方提问的真实需求，经过快速汇总和提炼，将问题的实质答案说出，这是体现高超的沟通能力的一个重要方面。

（3）忌否定回答

沟通时，人们最不愿意听到的是冷冰冰的一句"不知道""不清楚""没有""可能""大概"等否定或模棱两可的回答。"一问三不知"的沟通是失效的，如果确实不知道答案，礼仪的要求是用歉意的、客气的语气回答"抱歉，这点我暂时还不太清楚……"之后，再提供可参考的答案或引导对方寻求答案，如"稍等，我帮你问问……""要不看看说明书……"等。

案例分享

低效的回答

某超市菜摊老板叫来采购员小王，说道："咱们的货架显空了，你去集市上看看都在卖些什么。"小王从集市上转完回来，答道："我看见集市上只有一个老头在卖土豆。"老板接着问："土豆多少钱一斤呢？"小王并没有问土豆的价钱，说"不知道"，又觉不妥，于是他急忙又跑回集市问清后，答复道："老板，土豆8角钱一斤。"老板接着问："那他那里一共有多少袋、多少斤呢？"小王挠了挠头，当他气喘吁吁地从集市上又跑回来时，老板脸上露出了无奈的表情……

回答问题要做到"答在对方未开口之前"，及时主动、精练准确是需要动脑筋的，只有以负责任的态度，仔细聆听对方的问题，换位思考对方的真实需求，才能回答得令对方满意。上述案例中的小王如果这样回答："老板，我去集市上看到只有一个老大爷在卖土豆，我问了一下，8角钱一斤，共有20袋600斤，我先买了两个回来给您看看。另外，我了解到他一会儿还会弄来几筐西红柿和青椒，价钱合适，如果买得多，还可以进一步洽谈。"这样的回答，没有老板会不满意的。

2. 拒绝对方时应委婉含蓄

在社交沟通中，有的问题需要直截了当地回答清楚准确，还有的内容，尤其是涉及商业机密的，就不能回答，但直接拒绝又会影响交往合作，这时，就需要既尊重对方的情面和心理感受，又不损害自身的利益，因此需要委婉而含蓄地回答。如询问销售量、销售额一类涉及公司运营机密的问题，可以含蓄地回答"有多大销售能力，就销售多少"、"销售部都有一定的销售计划，部门定多少我们就完成多少"、"每年都有淡季、旺季，往往都不尽相同"。再如一个商户突然不邀而至，贸然来到你的办公室，而你实在不想用很长的时间与之周旋，此时如果直接说"我要开会了，你来得不是时候。"就会使对方很尴尬，这时就可以委婉相告："我本来要去参加一个研讨例会，可您这位稀客驾到，我岂敢怠慢，所以专门请了5分钟晚到假，陪你叙一叙。"言外之意对方也就很清楚了。这样表达既不失敬意，也中听多了。

案例分享

令人折服的回答

一位西方记者曾在记者招待会上提问："请问，中国人民银行有多少资金？"周恩来委婉地答道："中国人民银行的货币资金吗？有18元8角8分。"当他看到众人不解的样子，又解释说："中国人民银行发行的面额为10元、5元、2元、1元、5角、2角、1角、5分、2分、1分的10种主辅人民币，合计为18元8角8分……"

周总理举行记者招待会，介绍我国的建设成就。这位记者提出这样的问题，有两种可能性：一是嘲笑中国穷，实力差，国库空虚；二是想刺探中国的经济情报。周总理在高级外交场合，同样显示出机智过人的幽默风度，让人折服。在沟通中，我们很可能遇到这样的问题：在对方看来是没有理由拒绝的，但是由于一些情况只能拒绝。这时，可以给出替代此问题的方法，看似回答了，实则在变相地拒绝对方，这就需要一定的智慧和应变能力，平日要多积累，多学习，加强沟通技巧的训练。

技能训练

同桌之间任意选择一个话题，设定一个目标，进行5分钟的交流沟通。合理恰当运用沟通中的语言艺术、礼貌用语、交谈话题与交谈技巧，感受彼此沟通的高效性。如果5分钟内感觉沟通目标没有达到，请参考下列情况，找找沟通低效的原因。

（1）没有说清楚。
（2）说的方式不适宜。
（3）只注重了说，没有注重听。
（4）没有完全理解对方的话，以致询问不当。
（5）时间不够。
（6）情绪不良。
（7）没有注重回应。
（8）缺乏信息或知识。

任务二　接打电话礼貌高效

知识认知

电话是工作往来不可或缺的通信工具。在日常工作中，直接影响通话效果的是通话者的态度、声音和使用的言辞，这三者一般被称作"电话三要素"，也是电话形象的塑造基础。接打电话有很多礼仪规范，从通话前的准备到铃声的响起，从第一声的问候到礼貌地挂断，从电话形象的塑造到手机的管理使用，每一个环节都能反映出一个人的沟通能力、礼貌素质以及组织形象。

一、电话礼仪形象

接打电话时虽然眼睛看不到对方，但彼此的表情姿态、语音声调、语言态度都会通过耳朵给对方留下一个印象，这就是所谓的电话形象。它不仅能反映通话者的个人素质，而且也能体现所在组织的管理水平。

（一）姿态端正

面部表情和通话姿势都会影响声音的变化，所以接打电话也要抱着"对方看着我"的心态，表情要体现热情尊重。如微笑着发声，声音是亲和甜美的。不论站姿或坐姿，上身都要保持端正，如果躺卧歪倒着通话，声音也是懒散的。另外，通话中要养成左手拿话筒，右手随时做好记录准备的习惯，如图93所示。

（二）声音清晰

接打电话不同于面谈，对彼此信息的传递全凭声音，所以要尽量讲普通话，吐字清晰，语调柔和，语速适当放慢，音量适中即可。喜悦的心情能传递出欢快的语调，注意控制情绪。

图93 接打电话礼仪

不能冲着电话大声叫喊，尤其是服务性质的工作电话，声音过大会给人盛气凌人的印象。

（三）语言文明

有些人认为打电话彼此看不到，常常就忽略了使用文明用语。其实恰恰相反，越是看不见，就越关注说的每一句话，所以绝不可掉以轻心。"您好""请问""麻烦您""对不起""打扰了""劳驾""谢谢""再见"等都是常用的电话礼貌用语，几乎每次打电话都会涉及，接打电话时不能省略。

二、电话礼仪要求

（一）拨打电话把握时间

给对方拨打工作电话要在对方上班10分钟后到下班10分钟前的时间范围内打。早7点之前、晚10点之后，以及他人休息、用餐时间段要避开，而且最好别在节假日打扰对方。另外，要考虑下面三个因素：

1. 时机

周一，尤其是上午，大多数人或开例会，或计划一周的工作，都很忙碌，不宜打。周五的下午除必要的工作通知外，一般的沟通电话就不宜打了，因为得到的答复很可能就是：等下周上班再联系吧。所以可以利用好周二到周四期间最合适的时机进行电话沟通。每天上午8~10点尽量不要贸然打电话，夏季的下午13~15点不宜打电话。

2. 时差

往外地拨打电话要考虑对方所在地区与本地的时间差，如新疆地区比北京晚2小时，伦敦相对北京要晚8小时，纽约相对北京要晚13小时，如果忽略了时差，往往自己上班打电话时对方已休息了，就很失礼。

3. 时长

一般通电话的时长主要由拨打的一方控制，"电话三分钟原则"已列进很多单位的规章制度中，所以，在拨打电话之前要事先估算好，做到长话短说，闲话不说。如果打电话的时间须长于五分钟以上，而又没有提前预约，应该向对方说明要办的事，征询对方现在是否方便，如果对方不便就请对方另约时间。

案例分享

欠考虑的时差

小王上午9点半给客户打电话：
"喂，是李总吗？"
"你是？"
"我是前两天拜访过你的小王呀。"
"哦，小王，我在吃早……"
"啊，都9点半了你还在吃早饭呀！"
"我到新疆出差来了……你晚点打吧……"
"哎，到哪儿出差都没关系呀，反正我就电话给你说点事……"
没等小王说事，张总的电话就挂断了。
显然，不懂时差、不考虑时机的通话会很失礼，最遗憾的是对方不高兴了自己还不知道为什么。

（二）接听电话注意"四声"

1. 关注"铃响声"

电话在接通之前礼仪就存在了。如果办公电话尤其是服务电话铃响4声以上才接通，会让人产生一种不坚守岗位或工作懒散的负面联想，超过5声以上接通，对方积极沟通的情绪就会受到影响。所以工作电话要在铃响2~3声时迅速接听。如果由于特殊情况铃声超过5声了，接通后要首先道歉。一般的工作岗位电话铃声响过一声时先不要仓促接起，除非是专岗服务转接电话。

2. 重视"第一声"

接通电话后的第一声是给对方留下第一印象的关键点，礼貌的第一声一定是先问好再自报家门，如："您好，这里是×××（单位）。"或"您好！我姓×。"内线电话只报清部门即可。如果对方误拨，要理解宽容，不能大声责怪。

3. 控制"背景声"

电话里双方对话之外的声音都是"背景声"，这是不需要出现的通话噪声。在接听电话前或过程中应注意避免背景声传到对方的耳朵，防止背景声干扰自己的思路。曾经一个客户咨询业务时对着电话说："我现在很不喜欢闻烟味！"原来接电话的营销员在通话中点火抽烟又玩弄手中的打火机，让客户感觉到了他的不耐烦情绪。所以，接听电话时要尽量远离嘈杂环境，控制周围声音，绝不能对着话筒抽烟、喝茶、吃东西、打哈欠、咳嗽等。

4. 礼貌"挂断声"

接听完毕后，一般情况下要等打进电话的一方先挂断电话，自己再挂断，除非你是客户、领导、长辈身份时可以先挂断，但要注意挂断声要轻稳。

案例分享

失礼的电话接听

某杂技团计划于下月赴美国演出，该团团长刘明就此事向市文化局请示，于是他拨通了文化局局长办公室的电话。

可是电话铃响了足足有八九声，依然无人接听。刘明正纳闷着，突然电话那端传来个不耐烦的女高音："什么事啊？"同时，刘明感觉到电话另一端环境很嘈杂，刘明一愣，以为自己拨错了电话："请问是文化局吗？""废话，你不知道自己往哪儿打的电话啊？""哦，您好，我是市杂技团的，请问王局长在吗？""你是谁啊？"对方没好气地盘问。刘明心里直犯嘀咕："我叫刘明，是杂技团的团长。"

"刘明？你跟我们局长什么关系？"

"关系？"刘明更是丈二和尚摸不着头脑："我和王局长没有私人关系，我只想请示一下我们团出国演出的事。""出国演出？王局长不在，你改天再来电话吧。"不等刘明再说什么，对方就"啪"的一声挂断了电话。

刘明感觉像是被人戏弄了一番，拿着电话半天没回过神来。

接听电话"四声"礼仪很重要，它不仅是个人素质的反映，也是单位组织管理形象的写照。另外，接听后，如果对方要找的人不在，应直接告知："抱歉，他现在没在，如果需要转告，我可以帮忙。"不能好奇心过重，故意打探隐私，这是很失礼的。

三、高效通话礼仪

（一）拨打前做好准备

1. 心境准备

拨打电话前首先要调整好精神状态，避免因过分懒散、紧张或过分兴奋造成误拨和说话缺乏条理。刚过完节假日上班的第一天、刚午睡后到岗、紧急事件的应对或者一些指标任务带来的工作压力等都难免会影响工作心境，在这些时刻拨打电话一定要做自我积极暗示，控制情绪，克服倦怠和烦躁心理后再拿起电话。

另外，有些电话内容可能会引起对方不快，或打电话讨论敏感问题时，都要提前做好思想准备，避免受到对方情绪的影响而造成通话障碍。

2. 内容准备

拨打工作电话往往是有事咨询、有事请教……为确保简明扼要、表达全面，拨打前应把电话的中心内容打个腹稿，重要的事情还要列出提纲，内容紧急重要、数据复杂、时间约定严格的电话必须先打好草稿，经核实无误后，方可拨号。这样的准备工作有助于提高通话效率，避免因对方的偶然插话打断或转移自己的话题中心。

（二）拨通后灵活应变

（1）电话拨通后，对于认识的人，简单问候后即可直奔主题；对于不认识的人，要先讲明自己的身份、目的再谈问题。

（2）需谈论有争议的问题、敏感性问题时，要先向对方询问谈话是否方便。

（3）如果要找的人不在，必要时可委托对方，简要说明事情要求后要记住委托人的姓名，并表示感谢。

（4）中途若因不明情况断声，拨打方要主动再次拨通。

(三)接听后认真负责

1. 准确记录

职场的工作电话每一个都很重要,都跟工作密切相关,要认真聆听,不可敷衍。对重要事项可运用"5W1H"技巧,左手拿话筒,右手执笔记录,不留疏漏,这是确保电话沟通效率的基本习惯。否则,放下电话因事务繁忙或时间关系而把电话内容忘了或记不准了,还得重新通话询问,浪费了时间不说,耽误了工作就会造成失职。

知识链接

"5W1H"技巧

接听电话时,传达或记录重要工作事项常用到"5W1H"技巧:
When——何时:接通电话的时间。
Whose——何人:拨打电话人的姓名。
Where——何地:拨打电话人的所在地或单位部门。
What——何事:需要转告或记录的事项内容。
Why——为什么:事项的缘由或目的。
How——如何进行:事项的处理方式或方法。

2. 复核应答

接听电话时一定要专心,不要频繁打断对方,要适时回应,如使用"嗯""知道了""好的""明白""记下了"等短语,让对方感觉你在认真聆听。

遇到对方说及重要信息时要强调、复述、确认,如提及的时间、地点、电话号码、数据等,防止自己误听误记造成差错,同时也给对方留下办事负责认真的好印象。

3. 查询有方

当遇到需要在查询资料或需要请示后才能答复对方的问题,要根据实际情况和工作经验考虑对方等候的时间,如果等候时间估计会超过 2 分钟,就要告诉对方,同时商定待机等候还是挂机回拨。

4. 转接有礼

很多时候在办公场所接通电话时,自己不是对方要找的人,这很正常,热情为他人转接电话是与人为善的表现。这时不要让对方久等,如果呼唤距离较远的人要用手轻捂话筒,如果要找的人不在或不便接听,应说"对不起,他刚离开了办公室,需要的话我可以转告"。当对方需要转告时,一定记下身份、电话等信息,对方致谢后要说"不客气"。特别需要注意的是,不要随便将同事尤其是领导的手机号码告诉对方。

案例分享

恼人又无效的通话

甲:"喂,喂,你是小王吧?"
乙:"你才是小王八呢,会说人话吗,找谁?"

甲："哦，我，我找小王。"
乙："男小王还是女小王？"
甲："当然是男的。"
乙："他不在！"
甲："不在？为什么不在？"
乙："你问我，我问谁？！"
甲："哦，他上哪里了？"
乙："我怎么知道，他又没向我请假！"
甲："那你就转告他……"
乙：啪！（重重的挂断声）

接打电话的言辞用语很重要，一些容易引起误会的、不礼貌的、闲散无用的话一定不要随意出口，否则会适得其反。

四、手机使用礼仪

当今职场，手机也常常作为办公往来的通信工具。除遵循上述电话礼仪的规范外，使用手机还要遵循以下两个主要方面的礼仪，以示对人对事的尊重，也是公共道德的体现。

（一）使用手机要看场合

1. 禁用场合

飞机上、加油站、驾驶中、音乐影剧院、庄严肃穆场合、医院手术室或重症室、法庭、活动仪式进行中以及有特殊规定的工作岗位等场合严禁使用手机，且要及时关机。

2. 静音场合

课堂、会议室、图书阅览室、病房、公共休息室、与他人洽谈沟通中以及需要避免声音干扰的场合要及时将手机调成静音。

3. 慎用场合

餐桌旁、公交车上、电梯里、行路中、办公室等公共场合或工作岗位，不可以旁若无人地接打电话，应谨慎使用，尽可能压低声音长话短说，尽量减少对他人的干扰，将手机调成震动状态。

（二）正确利用短信功能

（1）不适宜接打电话的场合，或电话不易说清、对方不便记清某些信息的时候，可利用收发短信的方式相互联络。

（2）不清楚对方是否方便接听电话又怕打扰到对方时，可先短信留言："方便时请回电。"

（3）收到领导、长辈、客户等位尊者的短信后要及时回复。

（4）适时发送节日、生日等祝福短信，最好署上自己的姓名。

（5）收到群发通知短信，要及时回复："收到，谢谢！"

（6）不要在与人交谈的同时查看短信或编辑短信。

（7）严禁编辑和转发不健康的或不文明的短信。

技能训练

> **电话礼仪综合练习**

（1）学生以组为单位完成以下任务。

① 通知本公司所有销售经理明日下午 14 时在会议室召开年度销售业绩总结会议。

② 原定于明日下午 14 时同总经理洽谈产品价格的计划改为今天下午 16 时。

③ 取消明天上午的中层干部会议。

（2）学生以组为单位，模拟情境，以电话通知的方式完成以上任务。完成任务后讨论接打电话的过程中是否符合表 10 和表 11 中的电话礼仪的要求。

表 10　被叫服务礼仪

内容	操作标准	注意事项
被叫服务礼仪	1. 接听电话时，必先使用问候礼貌语言"您好"，随后报出自己所在单位："这里是……" 2. 在通话过程中，发声要自然，忌用假嗓，声音要柔和、热情、清脆、愉快，音量适中，带着笑容通话效果更佳。 3. 认真倾听对方的讲话内容。为表示在专心倾听并理解对方的意思，应不断报以"好""是"等话语作为反馈。 4. 重要的电话要做记录。 5. 接到找人的电话应请对方稍等，尽快去叫人；如果要找的人不在，应诚恳地询问："有事需要我转告吗？"或"能告诉我您的电话号码，等他回来给您回电话，好吗？" 6. 接听电话时，遇上访客问话，应用手势（手掌向下压，或点点头）表示"请稍等"。 7. 若接听的是邀请电话或通知电话时，应诚意致谢。 8. 通话完毕，互道再见后，应让打电话者先收线，自己再放听筒	1. 耐心、热情、礼貌、负责任。 2. 嘴不可太靠近话筒，送出给对方振痛耳膜的声音或失真的声音都是失礼的。 3. 不要在办公场所长时间打私人电话，不要用电话聊天。 4. 不能将单位领导的私人电话号码和要害部门的电话号码随意告诉对方。 5. 电话要轻拿轻放

表 11　主叫服务礼仪

内容	操作标准
主叫服务礼仪	1. 打电话前，应准备好打电话的内容，电话接通后应简明扼要地说明问题，不要占用太长的通话时间。 2. 如通话时间较长，应首先征询对方是否现在方便接听。 3. 当对方已拿起听筒，应先报出自己的所在单位和姓名。若对方回应时没有报出他们所在的单位和姓名，可询问："这里是×××吗？"或"请问您是×××吗？"对方确认后，可继续报自己打电话的目的和要办的事。 4. 在通话过程中，发声要自然，忌用假嗓，音调要柔和、热情、清脆、愉快，音量适中，带着笑容通话效果最佳。 5. 认真倾听对方的讲话内容。为表示在专心倾听并理解对方的意思，应不断报以"好""是"等话语作为反馈。 6. 打给领导的电话，若是秘书或他人代接，应先向对方问好，后自报职务、单位和姓名，然后说明自己的目的；若领导不在，可询问或商议一下再打电话的时间

> **情景模拟**

（1）情境背景

电话铃响一阵，接电话人拿起听筒，一声不吭。

"喂！"打电话人呼叫。
"喂。"
"你是谁？"
"我找老张。"打电话的人想了一下说。
"找哪个老张？"
"张××"。
"你是哪里？"
"你要哪里？"
"我要××旅行社。"
"不是××旅行社。"电话被啪的一声挂断了。

（2）模拟要求

两人一组，扮演角色进行情境模拟。

（3）实训目的

通过本实训，加深学生对电话礼仪的学习，掌握电话礼仪在职场中的应用技巧。

任务三　网络沟通诚信有规

知识认知

网络沟通是指通过基于信息技术的计算机网络来实现信息沟通活动。在互联网高速发展的今天，网络商务不断改变着人们的生活方式与传统的经营模式。网络沟通因没有地域限制、不受自然因素影响、降低沟通成本等优点深受商务人士的喜爱。但广泛进行网络商务的同时，网络沟通中出现的问题也日益凸显，因此，遵守网络沟通的规则和礼仪就显得尤为重要了。

一、网络沟通基本礼仪

（一）以人为本

网络沟通是一种通过虚拟的方式和单人或多人的沟通方式。网络沟通一般是一种看不到对方，又听不到对方声音的沟通方式，常会使用户在面对电脑屏幕时忘了是在跟其他人打交道，行为语言上往往会产生自我放松的思想，降低了自己的道德标准，有的甚至留言粗鲁无礼，有的过分要求对方，更有甚者进行人身攻击，这都是没有教养的表现。要记住，网络沟通的第一礼仪就是"记住人的存在"。

以人为本，把握分寸正是人性和人心所能接受和需要的。发电子邮件、跟帖、QQ聊天、微信沟通等应以不侵犯他人的言论权为基础，以在乎自己一样的态度来在乎对方，这样既能树立自己的网络形象，表现自己的修养，也会备受他人的尊重。

（二）尊重他人

尊重他人是获得他人尊重的开端。因为网络的虚拟、匿名性质，对方无法从你的外表来判断，因此你的一字一句就成为对方对你印象的唯一判断。所以，要注意用词句法，现实中不该说的话在网络上同样也不要说。文明上网、礼貌沟通是职场人员的基本道德要求。

网络沟通中，尊重他人首先要尊重他人的隐私。对方的真实姓名、性别、聊天记录、电子资料等应该是隐私的一部分。如果对方都是用网名聊天，即使你知道他的真名也不可公开。随意转发或传播他人电脑里的个人电子邮件或工作函件，也是不尊重他人隐私的表现。

尊重他人，还要尊重他人的时间。职场商务往来要公私分明，不能看到对方的工作 QQ 头像亮着，就随意打扰聊闲天，尤其是对方 QQ 签名写着只收发工作信息时，更不能轻易打扰。在公共论坛上，不要以自我为中心，随意提问，让别人为你寻找答案而浪费时间。在提问之前，先自己上网搜索和研究，很有可能同样的问题以前已经有人问过多次了，答案触手可及。

知识链接

网络沟通工作温馨提示

（1）重要的通知和文件，不通过网络聊天工具下发和传递。
（2）必须使用网络聊天工具传递公文时，不要忘记当面或电话通知本人，注意接收。
（3）向领导汇报工作，一定不要使用网络聊天工具。

（三）宽容礼貌

在电脑上打字难免会出现错字、多字、漏字的情况，遇此情况要理解宽容，不要大惊小怪、小题大做，更不要讽刺挖苦、尖酸刻薄。一般从上下文句中能看出意思的就理解默认，不要太在意，有不清楚的地方，要礼貌指出。

沟通时要用平和、平等的语气进行交流、分享。由于网络使用者来自不同的文化背景与生活层次，无法像面对面一样很快了解或知晓背景后交流，这就要求双方更要礼貌客气，不管对方是什么背景，都要"见面"招呼，"退出"告辞，平等宽容，语言礼貌，语气友好。

案例分享

无奈的网络谐音词

张晓刚大学毕业，应聘到了一家企业的策划部工作。她时尚、新潮、活泼开朗，工作热情很高。策划部领导和同事大都是工作二十多年的老同志，张晓的到来给部门带来了朝气，大家因此很开心。但是一旦进入网络工作交流状态时，大家的眉头就锁起来了，原因是张晓总喜欢用一些新潮的网络谐音词，如"筒子"（同志）"油菜花"（有才华）"灰常果酱"（非常过奖）等。遇到类似的语言，领导及老同志们不得不皱着眉头先琢磨半天。后来，领导专门提醒了她工作交谈要正式些，不要影响工作效率，张晓听罢感到十分尴尬。

很多年轻人以用网络谐音词聊天为时尚、新潮，但一定要考虑场合及对象。工作场合、正式会议时的网络沟通讲究严谨高效，过于频繁的网络谐音词、表情符号会影响到工作的严肃性，应尽量避免。

（四）自我保护

不要随便在网上留下单位电话、个人联系方式、个人消息，以免被骚扰。在使用 QQ、微信等社交软件时，不必使用真名，可用表现自身特点的别名，但一旦确定，不宜频频更换，以便交流。另外要特别注意自己的"签名""朋友圈"的内容,不要暴露自己在工作上的感受,尤其是负面的情绪。毕竟,客户会通过你的只言片语推测或联想,这对你个人或单位都可能产生不好的印象。

"黑客"往往凭借其高超的计算机知识和网络操作技能,进入一些重要单位的服务器,或是擅改程序,或是偷窥机密,造成网络混乱,并从中获利。我们必须正确使用网络技术,既不能充当"黑客",同时又必须防范"黑客"。对于利用网络进行犯罪的事实,我们知道后应该及时向公安机关举报。

二、电子邮件收发礼仪

电子邮件又称电子信函或电子函件,其优点是方便、快捷、省时、容量大、对他人干扰小,而且经济实用。通过收发电子邮件沟通信息,虽然互不谋面、听不到声音、看不到表情,但收发时同样要求遵循一定的礼仪规范。

(一)主题准确突出

标题要提纲挈领,添加邮件主题是电子邮件和信笺的主要不同之处,在主题栏里用短短的几个字概括出整个邮件的内容,便于收件人权衡邮件的轻重缓急,分别处理。关于电子邮件的主题,主要有如下的礼仪要求:

(1)主题突出,让人一目了然,也可适当使用醒目字眼,以引起注意。

(2)每封邮件只针对一个主题,对同类的内容最好使用相同的主题命名格式,这样便于日后整理存档邮件。

(3)回复对方邮件时,一定要注意:如果谈论的内容已经和之前的内容发生了变化,可以根据回复内容的需要更改主题,使收件方更加清楚该邮件的主要内容。

(4)空白主题或不规范的主题是不职业、不重视对方的表现。

案例分享

疏忽了主题,邮件成了"垃圾"

某医药集团研发中心市场部刚入职的员工石竹在两周前接到了领导交代的任务:给200名医药代表发《新产品发布会会议通知》电子邮件,并要求电子邮件回执。可是过了一周多了,负责组织会议的工作人员查看邮件时竟然只收到几封回执。

根据以往的经验,负责组织会议的工作人员觉得这是不正常的,于是给医药代表们打电话询问,医药代表们竟然都说没有接到邮件通知。工作人员又问石竹,他说保证都发了,并且有已发邮件记录。经过查阅记录,工作人员发现石竹发出的邮件没有明确的主题,只是习惯地写了个"小石"就群发了,结果没有人知道小石是谁、是何内容,大多数人就直接将此邮件拽进了"垃圾箱"。

我们知道,在信息时代,垃圾邮件或误发邮件的情况常常出现,如果不注意邮件的书写礼仪,就会出现上例中的情景,造成严重的工作损失。

（二）简明扼要行文通顺

1. 开头称呼

邮件的开头要称呼收件人，以示对对方的问候和尊重。这既显得礼貌，也明确提醒收件人此邮件是面向他的，要求其给予必要的回应；在有多个收件人的情况下可以称呼大家。问候语是称呼换行空两格写"你好""您好"或"你们好"。

2. 自报家门

若对方不认识你，首先应当说明自己的身份或姓名。你代表的公司名称是必须通报的，以示对对方的尊重。点明身份应当简洁扼要。

3. 内容简洁

电子邮件正文应简明扼要地说清楚事情，多用简单词汇和短句，准确清晰地表达，不要出现让人晦涩难懂的语句。多用列表形式，且一封邮件最好把相关信息全部说清。如果具体内容确实很多，正文应只作摘要介绍，然后单独添加附件。同时要在正文中提示收件人查看附件，如果附件是特殊格式文件，应在正文中说明打开方式，以免影响收件人使用。

4. 文字通顺

文字尽可能避免拼写错误。在邮件发送之前，注意使用拼写检查，仔细阅读，检查行文是否通顺。另外，现在法律规定电子邮件也可以作为法律证据。因此，写电子邮件时须仔细推敲，这既是对别人的尊重，也是对自己的保护。

5. 结尾签名

电子邮件末尾加上签名档是必要的。签名档可包括姓名、职务、公司名称、联系电话、传真、地址等信息。

（三）发送邮件确保成功

有时因为网络问题或计算机本身设定等问题，邮件可能发送不成功或发送后被退回，因此点击发送后要检查电子邮件是否发送成功。重要的电子邮件还要得到对方的回复确认，或者至少让他知道有邮件过来。发送完毕后，还可电话通知并确认对方收到。转发敏感信息或者机密信息要小心谨慎，不要把内部消息转发给外部人员或者未经授权的接收人。不发送垃圾邮件或者附加特殊链接作邮件。

（四）回复邮件及时响应

收到他人的重要电子邮件后，及时回复对方是必不可少的礼仪，这是对他人的尊重。理想的回复时间是 2 小时以内。

> **知识链接**

中国第一封电子邮件

1987 年 9 月，CANET（中国学术网）在北京计算机应用技术研究所内正式建成中国第一个国际互联网电子邮件节点，并于 9 月 14 日发出了中国第一封电子邮件："Across the Great Wall we can reach every corner in the world."（越过长城，走向世界）揭开了中国人使用互联网的序幕。这封电子邮件是通过意大利公用分组网 ITAPAC 设在北京的 PAD 机，经由意大利 ITAPAC 和德国 DATEX-P 分组网，实现了和德国卡尔斯鲁厄大学的连接，通信速率最初为 300 bps。

三、网络新闻发布礼仪

网络新闻突破传统的新闻传播概念，在视听方面给受众全新的体验。网络新闻的发布可省去平面媒体的印刷、出版，电子媒体的信号传输、采集声音图像等。发布网络新闻时，应注意以下几点：

（1）无广告。选择没有广告的版面进行投放，这样读者看起来舒服。

（2）不同版。不与其他企业的新闻稿出现在同一版面，以免读者被其转移视线，受到影响。

（3）标题清。文章标题要大而醒目，文中的字体字号与报纸整体风格一致，让读者看不出炒作的痕迹。

（4）配插图。每篇文章都要配上相关的精美插图，图文并茂，增加可读性。

（5）单独登。每篇软文均单独刊登，不与其他软文同时出现，防止一次投入太多，读者消化不了。

（6）无热线。不附热线电话，不加黑框，消除一些广告痕迹。

（7）有报花。每篇文章都配上相应的报花，如"焦点新闻""专题报道""热点透视""环球知识""焦点透视"等，让读者一目了然。

四、即时通信文明礼仪

即时通信，是指能够即时发送和接收互联网消息等的业务。近几年来，即时通信迅速发展，功能日益丰富，逐渐集成了电子邮件、博客、音乐、电视、游戏和搜索等多种功能。即时通信不再是一个单纯的聊天工具，它已经发展成集交流、资讯、娱乐、搜索、电子商务、办公协作和企业客户服务等为一体的综合化信息平台。运用即时通信平台时，须注意以下几点：

（1）不要随便要求别人加你为好友，除非有正当理由。视频时，应注意自身形象和环境形象。

（2）在别人状态为忙碌的时候不要打扰。如果是正式的谈话，不要用"忙么？打扰一下"等开始一段对话，而是把对话的重点压缩在一句话中。

（3）如果谈工作，尽量把要说的话压缩在 10 句以内。

（4）不要随意给别人发送链接或者不加说明的链接。随意发送链接是一种很粗鲁的行为，属于强制推送内容给对方，而且容易让别人感染上病毒。

（5）尊重别人的劳动，不要随意转载。

技能训练

> **角色扮演**

全班人员分两组，分别扮演商务人员，且适时互换，以通知一次商务活动为主题，模拟发送和回复电子邮件。

（1）主要内容：按照题目要求发送和回复电子邮件。

（2）具体要求：用心拟定邮件主题，认真检查邮件正文，及时准确回复邮件。

综合实训

> **情境模拟**

（1）情境背景

开展一场"演讲口才"的专题讲座活动，主办方为学生会，主讲老师是"最受学生欢迎的专业课老师"之一。

（2）模拟要求

① 分组扮演角色：6人一组，分别扮演两位学生会干部、两位老师、两位陌生人。

② 情境设计：一位学生会干部去邀请老师担任主讲。两位老师中一位因某事没有答应做主讲老师，另一位老师愉快地答应了。之后，网络通知活动的时间、地点等。

③ 另一位学生会干部去邀请两个陌生人周末来听讲座。其中一位拒绝参加，另一位被说服周末来听讲座。之后，电话通知活动的时间、地点等。

（3）实训目的

运用交流沟通、网络沟通、电话沟通等礼仪技巧，体验表达、倾听、赞美、说服、拒绝、应答、提问等沟通环节。通过模拟强化训练，提升自己的语言沟通能力。

交际篇

培养职业礼仪

　　一个人的生活习惯对个人素质的形成有着至关重要的作用。注重职场个人气质的培养及职场礼仪的打造，在工作中一定要养成良好的习惯，有了良好的习惯才能带来好心情，造就好生活，也只有生活习惯良好的人才能赢得更好的人缘和前程。

模块一

社会交往礼仪

任务要求

1. 职场称呼致意得体恰当。
2. 职场介绍相识礼貌友好。
3. 职场接打电话礼貌高效。
4. 职场拜访接待礼貌周到。

案例导入

张先生与王小姐在公园相遇,由于好久没见,张先生大方、热情地向王小姐伸出手,想与王小姐握手。谁知王小姐却没有将手伸出来与他握手,王先生很尴尬,只好摸摸自己的头。

虽然这只是生活中的一件小事,但是却经常发生在我们的生活中。究竟是张先生做得不对还是王小姐失礼呢?

任务一 见面礼仪

知识认知

见面是交往的第一步。见面时的礼仪是职场人员留给公众第一印象的重要组成部分。心理学的研究成果表明:人们初次见面对他人形成的印象往往最为深刻,而且在以后的人际交往中起着指导性作用。为此,职场人员对见面的礼仪规范应予以特别的重视。

一、称呼

各国、各民族语言不同,风俗习惯各异,社会制度不一,因而在称呼与姓名上差别很大。如果称呼错了,姓名不对,不但会使对方不高兴,引起反感,甚至会闹出笑话,出现误会。称呼指的是人们在日常交往中,所采用的彼此之间的称谓语。在人际交往中,选择正确、适当的称呼,反映着自身的教养、对对方尊敬的程度,甚至还体现着双方关系发展所达到的程度和社会风尚，因此要掌握正确的称呼礼仪。

（一）国内称呼方式

1. 直呼其名

如"李梅""王刚"，这种称呼一般适用于同事、同学、朋友之间。

2. 只呼名不道姓

如"晓霞""志国"，这种称呼显得比较亲近，反映出两人之间的关系比较亲近，适用于平辈间关系比较好的朋友、同学，也适用于长辈对晚辈，或者老师对学生的称呼，但这种称呼不适用于晚辈对长辈。

3. 相对年龄的称呼

如"小张""老李"等，这种称呼在职场中常见，但不适合正式场合的称呼。

4. 仿亲属称呼

如称呼"大哥""大姐""大爷"等，这种称呼是用一种不是亲属而仿似亲属的称呼方式，可以拉近彼此之间的距离，在职场中比较适用，在社会交往中应用也很广泛。例如，在问路的时候，我们并不知道对方的姓名职位，所以都称呼为"大哥""大姐""大爷"等。但是这种称呼方式并不适用于正式场合。

5. 称呼"老"或"先生"

对于年纪比较大的知名人士、学问高深的老人，我们可以尊称对方为"老"或"先生"。我国著名作家冰心女士，由于德高望重，我们尊称其为"冰心先生"。为表示对长者、学者的尊重，也称其为"王老""胡老"等。

6. 称呼职业、身份

用对方的职业和身份称呼他，如医生、律师、老师等。前面可以加上其姓氏，称呼为"孙医生""李老师"等，这种称呼可用于正式场合。

7. 称呼行政职务、技术职称

这是一种最正规的称呼方式，按照对方的行政职务或技术职称来称呼，前面加上姓氏或姓名，如"王经理""郭教授"等。这种称呼方式适用于职场、正式场合、社交场合。这种称呼更能显示出对交往对象的尊重，也能区分出不同的身份。

8. 称呼"同志"

可以单独称呼对方为"同志"，或者连姓名一起称呼。

9. 简称

有一些称呼比较长，可以采用简称，如"刘工程师"可以简称为"刘工"，"王总经理"可以简称为"王总"。这种简称只适用于非正式场合，在正式场合还是要按照全称来称呼。

10. 泛尊称

这种称呼方式是和国际称呼礼仪接轨的，即对男性统称"先生"；对未婚女性称"小姐"；对已婚女性称"夫人""太太"；对婚姻情况不清楚的女性称"女士"。

（二）国际称呼方式

1. 地位高的官方人士

一般指部长以上的高级官员，按国家情况称"阁下"加职衔或"先生"。例如"部长阁下""总统阁下""主席先生阁下""总理阁下""总理先生阁下""大使先生阁下"等。但美国、墨西哥、德国等国没有称"阁下"的习惯，因此在这些国家可以称"先生"。对有地位的夫人可称"夫人"，对有高级官衔的女士，也可称"阁下"。

2. 君主制国家的国王等

按习惯称国王、皇后为"陛下"，称王子、公主、亲王等为"殿下"。对有公、侯、伯、子、男等爵位的人士既可称"爵士"，也可称"阁下"，一般也称"先生"。

3. 军人

一般称军衔，或军衔加"先生"，知道姓名的可冠以姓与名。例如"上校先生""莫利少校""维尔斯中尉先生"等。有的国家对将军、元帅等高级军官称"阁下"。

4. 教会中的神职人员

一般可称教会的职称，或姓名加职称，或职称加"先生"。如"福特神甫""传教士先生""牧师先生"等。有时主教以上的神职人员也可称"阁下"。

5. 有些国家可以称"同志"

对各种人员均可称"同志"，有职衔的可加职衔。例如"主席同志""议长同志""大使同志""秘书同志""上校同志""司机同志""服务员同志"等，或姓名加"同志"。有的国家还有习惯称呼，如称"公民"等。在日本对女性一般称"女士""小姐"，对身份高的女性也称"先生"，如"中岛京子先生"。

（三）不当称呼

在社会交往中，不适当的称呼主要有：第一，无称呼；第二，不适当的俗称；第三，不适当的简称；第四，地方性称呼。如表12所示。

表12 社会交往中的不当称呼

不当称呼	内　　容
无称呼	在社会交往中，不称呼对方而直接开始谈话是非常失礼的行为。或称呼"哎""喂"等
不适当的俗称	有些称呼不适于正式场合，切勿使用。例如"兄弟""哥们儿""姐们儿"等称呼，会显得使用这种称呼的人素质不高，缺乏修养
不适当的简称	比如"南航"，便令人无法辨其为南方航空公司还是南京航空航天大学
地方性称呼	有些称呼，具有很强的地方色彩。如北京人爱称人为"师傅"，山东人爱称人为"伙计"。但在南方，"师傅"是指"出家人"，"伙计"就是"打工仔"

二、问候

问候是最简单、最常用的礼节。问候可以通过语言来表达。一般来说，对初次见面的人说一声"认识你很高兴"，对已经相识的人说声"您好""晚上好"，即可达到问候的目的。在社会交往中，通常由身份较低的一方问候身份较高的一方，即主人问候客人，职务低的问候职务高的，男士先问候女士，晚辈问候长辈。问候时的态度要主动而热情。当他人问候自己时，要立即回应。

在语言问候的同时，还可以同时用行为来表达，除了握手外，致意、鞠躬和拥抱也是常用的基本礼节形式。

（一）致意礼仪

致意是用语言或行为向别人问好，表示自己的慰问。致意是社交活动中最简单、最常用的礼仪。例如：见面时问好、点头、微笑、举手、欠身、脱帽等。

从礼源上看，挥手致意与军人举手敬礼的动作同出一源。在欧洲中世纪，骑士们常常在王公大臣、公主、贵妇面前比武扬威，在高唱赞歌经过公主的坐席时，要同时举手齐眉做"遮住阳光"的动作，意思是把公主比作光芒四射的太阳。后来，这个动作成了军人接受检阅、遇见长官时的礼节。现在人们见面或告别时的举手、脱帽等动作也是这一动作的变体。

1. 致意的形式

（1）起立致意

起立致意通常用在各种社交活动进行时领导、来宾到场，或者坐着的晚辈、下级见到长辈、上级到来或离去时，或坐着的男士看到站立的女士时。一般站立时间不长，只要对方表示你可以就座，即可坐下。

（2）举手致意

举手致意时，右手臂向前上方伸出，手上举约至头高位置，掌心向着对方，轻轻摆下手即可，不要反复摇动，向远距离的人打招呼时需伸直手臂。

（3）点头致意

点头致意适用同一场合多次见面时或仅有一面之交的人相遇时，也可用于不便与对方直接交谈的场合。例如在会议会谈的进行当中，可以点头为礼。有时同事之间常见面，上下班时，也可以用点头表示打招呼。点头的正确做法是向下微微一动，幅度不可以过大，也不必点个没完。

（4）欠身致意

欠身致意表示对他人的尊敬，使用范围比较广。例如别人将你介绍给对方，或是主人向你献茶时，可以用欠身礼节，一方面表示自谦，另一方面，也表示向对方致敬。欠身要求上身稍向前倾，但不低头，眼睛视线投向对方脸部。如果是坐姿，欠身时只需稍微起立，不必站直。

（5）脱帽致意

脱帽致意用于朋友、熟人见面时。脱帽的方法是稍稍欠身，用离对方稍远的那只手（或右手）脱帽。有帽檐的前进帽，用右手拇指和食指捏住帽檐中间脱帽，如果是礼帽，用右手三个指头捏住帽顶中间部位，并将其置于与肩齐平的位置，脱帽礼毕离去时再戴上帽子。若是戴着无檐帽则可以不脱帽，只欠身致意就可以了。

2. 致意的礼仪

在各种场合，男士、年轻者、学生、下级应向女士、年长者、老师、上级致意。致意的方法，往往同时使用两种：点头与微笑并用；欠身与脱帽并用。在使用非语言符号致意礼节时，则伴之以"你好！""早上好！"等简洁的问候语，这样会使致意显得生动、更有活力。遇到对方向自己致意时，应以同样的方式向对方致意，毫无反应是无礼的。致意的动作简单，但也不可以马虎，必须认真按礼节方式使用，以充分显示出对对方的尊重。

（二）拥抱礼

拥抱礼是流行于欧美的一种见面礼节。其他地区的一些国家，特别是现代的上层社会中，亦行有此礼。

正规的拥抱礼行礼时，通常是两人相对而立，各自举起右臂，将右手搭在对方的左肩后面，左肩下垂，左手扶住对方的右腰后侧。首先向对方右侧拥抱，其次向对方的左侧拥抱，最后再次向对方的右侧拥抱，拥抱三次后礼毕。当然，在一般的场合行拥抱礼，不必如此讲究，次数也不必如此严格。

拥抱礼多行于官方或民间的迎送宾朋或祝贺致谢等场合。许多国家的涉外迎送仪式中，多行此礼。欧洲人非常注重礼仪，他们不习惯与陌生人或初次交往的人行拥抱礼、亲吻礼、体面礼等，所以初次与他们见面，还是以握手礼为宜。

（三）鞠躬礼

鞠躬礼源于中国，先秦时期就有"鞠躬"一词，当时是指弯曲身体之意，代表一个人谦虚恭谨的姿态，后来逐渐形成弯身的礼节，称为鞠躬。西方也有这种礼节。据说16世纪前，西方礼仪以拥抱亲吻为主，16世纪发生一场大瘟疫，为避免传染，鞠躬礼、屈膝礼就发展起来。日本、朝鲜更为盛行。现在鞠躬已成为一种比较常见的礼节。在初见的朋友之间、熟人同志之间、主人客人之间、上级下级之间、晚辈长辈之间，为了表达对对方的尊重，都可以行鞠躬礼。

一般情况下，行鞠躬礼的基本要求是：身体立正，行礼者和受礼者互相注目，不得斜视和环顾，手在身前搭好或手放在腿的两侧，以腰为轴，眼睛向前下方看。行礼时不可戴帽，如需脱帽，脱帽所用之手应与行礼相反，即向左边的人行礼时，应用右手脱帽，向右边的人行礼时就用左手脱帽。行礼者在距离受礼者两米左右行鞠躬礼，行礼时，身体上部向前倾$15°\sim 90°$，具体的前倾幅度视行礼者对受礼者的尊重程度而定。

现在世界上对鞠躬礼应用最多的是日本人。日本人由于特殊的历史背景和地缘文化，形成了进出房门低头俯身，日常交际低姿态待人的民族习惯。

（四）亲吻礼

西方现代的亲吻礼，在欧美许多国家广为盛行。美国人尤其爱行此礼，法国人不仅在男女间，而且在男子间也多行此礼。法国男子亲吻时，常常吻两次，即左右脸颊各亲吻一次。比利时人的亲吻比较热烈，往往反复多次。

行此礼时，往往与一定程度的拥抱相结合。不同身份的人，相互亲吻的部位也有所不同。一般而言，夫妻、恋人或情人之间，宜吻唇；长辈与晚辈之间，宜吻脸或额；平辈之间，宜贴面。

英国的上层人士，表示对女士的敬意和感谢时，往往行吻手礼。在法国一定的社会阶层中吻手礼也颇为流行。不过行吻手礼时，嘴不应接触到女士的手，也不能吻戴手套的手，不能在公共场合吻手，更不得吻少女的手。在德国，正式场合仍有男子对女子行吻手礼，但多做个吻手的样子，不必非要吻到手背上。在波兰民间，吻手礼十分通行。一般而言，吻手礼的行礼对象应为已婚妇女，行礼的最佳地点应为室内。

吻手礼的正确做法是：男士行至已婚女士面前，首先垂手立正以示敬意，然后以右手或双手捧起女士的右手，俯首用自己微闭的嘴唇，去象征性地轻吻一下其指背。男子同上层社会贵族女士相见时，如果女方先伸出手做下垂式，男方则可将指尖轻轻提起吻之；但如果女方不伸手则表示不吻。行吻手礼时，若女方身份地位较高，要支屈一膝做半跪式后，再握手吻之。假如吻出声响或吻到手腕之上，都是不合规范的。

在当代，许多国家的迎宾场合，宾主往往以握手、拥抱、左右吻面或贴面的联动性礼节来表示敬意。

知识链接

中国古代的见面礼仪

（1）女性与亲属、熟人见面，双手手指相扣，放于左腰侧、弯腰屈身，互道"万福"。

（2）百姓见官行跪拜礼。

（3）相见第一句话，多问："食昧"（意即吃了吗）。相传，汉武帝时期，汉兵入闽，灭无诸国，男人有的战死，有的逃亡外地；女人被迫与唐兵成亲，不愿成亲者便逃匿他乡。他（她）们经常处于饥饿状态，因此相见便问"食昧"。

技能训练

按照表13的内容，练习见面礼仪。

表13 见面礼仪

内容	操作标准	注意事项
打招呼	1. 在熟悉的情况下，用得比较多的是标准式："您好""各位好""大家好"。 2. 在熟悉的情况下或是为了表示尊重，一般不用标准式，而是用时效式："早上好"。 3. 如果打招呼者不止一人，可统一打招呼，不一一具体到每个人；或由上而下，先招呼身份高者，后低者；或由近而远，先招呼距离近者，再招呼距离远者	1. 与西方人打招呼时，避免用中国式的打招呼方式。 2. 注意不同国家打招呼的方式不同
致意	1. 举手致意。公共场合与远处的熟人打招呼，一般不出声，只是举起右手，掌心朝向对方，轻轻摆一下即可，摆幅不要太大。 2. 点头致意。不宜交谈的场合，头微微向下一动，不必幅度太大。与熟人在同一地点多次见面或有一面之交的朋友在社交场合相见，均可点头为礼。 3. 欠身致意。身体微微向前一躬，这种致意方式表示对他人的恭敬，适用范围较广。 4. 脱帽致意。微微欠身，距离对方稍微远一点儿的那只手脱下帽子，然后将脱下的帽子置于大约与肩平行的位置，向对方致以问候之意	脱帽致意时，脱下的帽子不可以立即戴上，一般要等到脱帽礼全过程结束后才可以戴上

任务二 介绍礼仪

知识认知

介绍是一切社会交往活动的开始，是人际交往中与他人建立联系、增进了解的最常见的形式。通过介绍可以缩短人与人之间的距离，扩大社会交往范围，增进彼此了解，消除不必要的误会和麻烦。

一、介绍

介绍分为自我介绍、为他人介绍、集体介绍三种情况。一般介绍有三要素：姓名、单位、职务。

（一）自我介绍

1. 自我介绍的时机

自我介绍指的是主动向他人介绍自己，或是应他人的请求而对自己的情况作一定程度的介绍。自我介绍是向他人展示自己的一个重要手段，自我介绍的成功与否，甚至直接关系到给别人的第一印象的好坏及以后交往的顺利与否。在下列情况下，需要进行自我介绍。

（1）自己希望结识他人时

在多人聚会时，如果对一个不相识的人感兴趣，想与他认识，在没人引荐的情况下，可以将自己先介绍给对方。一般情况下，对方也会主动向你作自我介绍。

（2）他人希望结识你时

在社会交往中，如果有不相识的人对你感兴趣，点头致意，表示出想结识的愿望时，自己应当主动作自我介绍，表示出对对方的好感和热情。

（3）需要让其他人认识你时

在一个陌生的环境或者面试时，需要让大家认识或者注意时，应当作自我介绍，这时的自我介绍比较正式，是下一步交流的前提和基础。

此外，在自我介绍的时间选择上，要选择适当的时机，应当在对方有兴趣、有需要、不打扰、情绪好时介绍自己。

2. 自我介绍的内容

根据不同的场合、不同的交往对象和不同的社交需要，自我介绍也应有一定的针对性，要注意把握自我介绍的内容、时间和态度。

（1）应酬式自我介绍应简单明了，只介绍姓名即可。

（2）公务式介绍有四个要素：姓名、单位、部门、职务，即除了介绍姓名外还要介绍工作单位和从事的具体工作。例如：您好，我是中国人民大学国际关系学院××教授。此外，自我介绍时务必要使用全称。当你第一次介绍你的单位和部门的时候，别忘记使用全称。

（3）社交式自我介绍一般用于需要进一步的交流和沟通时，所以在介绍姓名、单位和职务后，还应进一步介绍兴趣、爱好、经历及交往对象和某些熟人的关系等，以便对方对你加深了解，建立友谊。

3. 自我介绍的礼仪

自我介绍时要简洁明了，用的时间越短越好，切不可信口开河、不得要领。从态度上要实事求是，既不过分谦虚，也不要自吹自擂、夸大其词。

自我介绍时要面带微笑，充满自信与热情，善于用眼神来表达自己的友善，显得胸有成竹、落落大方；注意自己的语音、语调和语速，语气自然，语速正常，吐字清晰，从容不迫，通常会让对方产生好感。

（二）为他人介绍

为他人介绍，通常指的是由某人为彼此素不相识的双方相互介绍、引见。在社会交往中，人人都有可能需要承担介绍他人的义务，当需要由你负责介绍陌生人相识时，应承担起介绍人的责任。如果你是活动的组织者，你就应当主动为客人作介绍；当有人请你作介绍时，你应当热情表示愿意承担此任。

在为他人作介绍时，首先必须了解被介绍双方所处的地位、身份等，并遵循尊者优先了解对方的原则。目前，国际公认的介绍顺序是：将男士介绍给女士；将年轻者介绍给年长者；将职位低的介绍给职位高的；将客人介绍给主人；将晚到者介绍给早到者。

在这五个顺序中，如果被介绍双方符合其中的两个以上的顺序，一般应按后一个顺序进行介绍。介绍时，先称呼女士、年长者、身份高者、主人、先到场者，再一一介绍对方。比如，将一位年轻的女士介绍给一位大企业的负责人，则应不论性别，应先提这位企业家，"张总，这是我的大学同学王虹"。作为聚会场合的介绍人，应牢记介绍双方的姓名和单位，说错姓名、单位、职务是最大的失礼行为。

介绍时，多用敬辞、谦辞、尊称。例如："请允许我向您介绍……""请让我来介绍一下……"在半正式或非正式场合，还可以使用一些较不正式但属于正确的介绍词。例如："×小姐，您认识××先生吗？""小赵，来见见××先生好吗？"朋友之间，可以用轻松、活泼的方式，比如说："老王，这就是我常提到的我们单位的才子小吴。这位是大名鼎鼎的老王。"

在作具体介绍时，手势动作应文雅，仪态端庄，表情应自然。无论介绍哪一方，应有礼貌地平举右手掌，手心向上，手背向下，四指并拢，以肘关节为轴，指向被介绍者一方，并向另一方点头微笑，如图 94 所示。介绍时，除长者、女士外，一般应起立，但在宴会桌、会谈桌上，视情况介绍人和被介绍者可不必起立，被介绍双方可点头微笑致意；如果被介绍双方相隔较远，中间又有障碍物，可举起右手致意，或点头微笑致意。

图 94　介绍礼仪

（三）集体介绍

集体介绍是为他人介绍的一种特殊形式，指被介绍者其中一方或者双方不止一人，甚至是许多人。在作集体介绍时，原则上应参照为他人介绍的顺序进行。在正式活动和隆重的场合，介绍的顺序是礼节性极强的问题。在作集体介绍时，应根据具体情况慎重对待。一般有以下几种情况：

1. 将一人介绍给大家

当被介绍双方地位、身份大致相当时，应是一人礼让多人，先介绍一个人或者少数人的一方，再介绍人数较多的一方。

2. 将大家介绍给一人

当被介绍双方的地位、身份存在明显差异，地位、身份较高者为一人或人数少的一方时，应先向其介绍人数多的一方。

3. 人数较多的双方介绍

被介绍双方均为多人时，应按照先介绍位卑的一方，后介绍位尊的一方；先介绍主方，后介绍客方的顺序加以介绍。介绍各方成员时，则应由尊到卑，依次而行。

4. 人数较多的多方介绍

当被介绍者不止双方，而是多方时，应根据合乎礼仪的顺序，确定各方的尊卑，由卑而尊，按顺序介绍各方。如果需要介绍各方的成员时，也应按照由尊到卑的顺序，一次介绍。

三、握手

握手礼是当今世界上最通行的相见礼节，也是人们日常交往中最常用的一种见面礼节。握手是用以表达见面、告别、祝贺、安慰、鼓励等感情的礼节方式。虽然握手是一件再简单不过的动作，但它贯穿于各国人们交往、应酬的各个环节，因此我们不能忽视握手的礼仪。

（一）握手的礼仪

1. 右手握手

在人们问候之后或互致问候之时，双方各自伸出自己的右手。握手时一定要用右手，这是约定俗成的礼貌。在一些东南亚国家，如印度、印度尼西亚等，人们不用左手与他人接触，因为他们认为左手是用来洗澡和上卫生间的。如果是双方握手，应等双方右手握住后，再将左手搭在对方的右手上，这也是常用的握手礼节，以表示更加亲切、更加尊重对方。

2. 适当的距离

彼此之间保持一步（一米左右）的距离，太近会让人觉得局促不安，太远会显得生疏，好像故意冷落对方。适度的距离会让人觉得亲切友善、有礼有节。

3. 力度适中

握手时要注意力度适中，一般是握住对方的手后，稍用力即可。过紧的握手，或是只用手指部分漫不经心地接触对方的手都是不礼貌的。

4. 时间适宜

握手时，一般轻捏对方的手摇晃两三下，时间最好控制在3秒钟以内。

5. 态度自然友善

握手的同时要注视对方,微笑致意或问好,上身略微前倾,态度真挚亲切,切不可东张西望,漫不经心。

6. 手位适当

握手握出世态人情,也握出了待人接物的态度和礼貌修养。因此,在人际交往中应根据不同的场合、不同的对象自觉地运用各种具体的握手方式。

（1）平等式握手

平等式握手是标准的握手形式。手掌垂直向下,双方掌心相对,如图95所示。同事之间、朋友之间、社会地位相等的人之间,往往会采用这种形式的握手。

图95 平等式握手

（2）支配式握手

支配式握手也称命令式握手或压制式握手。将手掌心向下或左下方,握住对方的手,最大的特点是以"支配"他人的气势为核心。这种握手行为,表现出握手人的优势、主动、傲慢或支配的地位。在交际活动中,社会地位较高的一方易采用这种方式与对方握手。

（3）谦恭式握手

谦恭式握手也称乞讨式握手,与支配式握手相对。将手掌心朝上或向左上方同他人握手,虽然有坦诚表白的显示信号,但其中也有"求"的意思,这种手势能传达给对方一种顺从的态度。在某些场合表示愿意从属对方,并乐意受对方的支配,以示自己的谦虚和毕恭毕敬时,可以采用这种方式握手,往往会产生良好的交际效果。

（4）双握式握手

双握式握手也称手套式握手,即主动握手者用右手握住对方的右手,再用左手握住对方的手背,这样对方的手就被握在主动握手者的双手掌中间,这种形式的握手,在西方国家被称为"政治家的握手"。

用双手握手的人,是想向对方传达自己热烈深厚的感情,显示自己对对方的依赖和友谊。若左手握住对方的胳膊或肩膀,而进入对方亲密区,则显得更加亲切、温暖。

（5）捏手指式握手

握手时,不是两手的虎口相握,而是有意或无意地只捏住对方的几根手指或手指尖部。女士与男士握手时,为表示自己的矜持与稳重,常采用这种方式,隐含保持一定距离的意思。如图96所示。

图 96 捏手指式握手

（二）握手的顺序

握手时应注意伸手的次序。在和女士握手时，男士要等女士先伸手之后再握，如女士不伸手，或无握手之意，男士则点头鞠躬致意即可，而不可主动去握住女士的手；在和长辈握手时，年轻者一般要等年长者先伸出手再握；在和上级握手时，下级要等到上级先伸出手再趋前握上。另外，接待来访客人时，主人有向客人先伸手的义务，以示欢迎；送别客人时，主人不能主动握手，否则有逐客之嫌，这时客人要先伸手，表示对主人的感谢，并让主人留步。

（三）握手的注意事项

1. 切忌握手时左顾右盼或眼看第三者

握手时应双目注视对方，两手相握时，通过双方的目光传递出内心的愉快和情感，并用语言配合动作和眼神，边握手边说："您好！""见到您很高兴！""欢迎您！"等等。

2. 忌用左手握手

尤其是与阿拉伯人、印度人打交道时要牢记此点，因为在他们看来左手是不洁的。

3. 握手时应站起来表示礼貌

在正常情况下，坐着与人握手是不礼貌的，除非是老年人和残疾人。

4. 手必须干净

与他人握手时，手应该是干净的，否则会给对方以不舒服、不愉快的感觉。

5. 忌交叉握手

多人握手时，切忌交叉握手。当自己伸手时发现别人已伸手，应主动收回，并说声："对不起。"待别人握完之后再伸手相握。特别要记住，与基督信徒交往时，要避免两人握手时与另外两人相握的手形成交叉状，这种形状类似十字架，在基督信徒眼中是很不吉利的。同样的道理，他们也忌讳在门槛处与他人握手。

6. 忌戴帽子和手套

男士戴帽子和手套同他人握手是不礼貌的，握手前一定要摘下帽子和手套。若女士身着礼服、礼帽、戴手套时，与他人握手可以不摘下手套。军人与他人握手时也不必摘下军帽，应先行军礼再握手。

技能训练

➢ **握手礼仪练习**

按照表14的内容，练习握手礼仪。

表14 握手礼仪

内容	操作标准	注意事项
握手	1. 方式。两人相距约一步，上身稍向前倾，伸出右手，拇指张开，四指并拢，手掌相握。 2. 时间。一般礼节性的握手不宜时间过长，两手稍稍用力一握，3~5秒即可。 3. 规则。年长者与年幼者，女士与男士，已婚者与未婚者，上级与下级，主人与客人，应由前者先伸出手，后者再相握。	1. 不可坐着与他人握手，特别是遇到年长者、地位高者 2. 握手时，不能有气无力，但也不能过分用力 3. 握手时不将左手放在裤袋里

➢ **情境模拟**

（1）情境背景

李明和他的哥哥李刚一起去听××大学金教授的讲座，李明对金教授的讲座很感兴趣，想考金教授的研究生。由于金教授曾经给李刚所在的班级上过课，认识李刚，因此李明想请李刚在会后把自己介绍给金教授，并希望和金教授有进一步的交流。

（2）模拟要求

三人一组，分别扮演李明、李刚、金教授，进行模拟表演。

（3）实训目的

能够结合职场角色加深所学内容，以良好的第一印象为自己获得更好的发展机会。

任务三 拜访与接待礼仪

知识认知

拜访与接待是最常见的社交形式，是人们联络感情，扩大信息来源，增进友谊和沟通关系的有效方法。在职场中，由于个人礼仪修养的差异，有的人处处受欢迎，有些人却让人唯恐避之不及。因此，要达到交际的目的，职场人员必须掌握拜访与接待的礼仪。

案例分享

李勇是一位刚大学毕业分配到××公司的业务员，今天准备去拜访某公司的张经理。由于事前没有张经理的电话，所以李勇没有进行预约就直接去了张经理的公司。李勇刚刚参加工作，还没有准备职业装，所以他选择了休闲运动的打扮。到达张经理办公室时，刚好张经理正在会见客人。张经理的秘书告诉李勇，张经理一会儿会见完客人，还有个重要的会议，所以请他改天再来。李勇只好扫兴而去。

一、拜访的礼仪

拜访作为交往的重要方式，已越来越多地受到人们的重视。拜访是指个人或单位代表以客人的身份去探望有关人员，以达到某种目的的社会交往方式，它实质上是拜会、会见、访问、探访等的统称。常见的拜访礼仪如下：

（一）事先预约

1. 事先相约

拜访前应事先与拜访对象约定，事先相约是首要的礼貌准则。事先不打招呼，贸然造访，一是可能会扑空，二是会扰乱拜访对象的计划，是不礼貌的行为。不得已必须要突然拜访时，可在拜访 5 分钟前打个电话。

如果事先已约好，就应遵守时间，准时到达。如确有意外情况发生而不能赴约或需要改期，也要事先通知拜访对象，并表示歉意，因为失约或迟到都是不礼貌的行为。

2. 选择拜访时间

拜访时间的选择以不妨碍拜访对象为原则，选择拜访对象方便的时候。若是公务拜访应选择拜访对象上班的时间，一般来说最好不宜选择星期一的上午和星期五的下午，还应避开上班后的半小时和下班前的半小时；若是私人拜访，最好选择在节假日前夕，应尽量避免在用餐时间、午休时间，或者是在晚上 10 点之后登门。一般来说，上午 9~10 时，下午 2~4 时或晚上 7~8 时是最适宜拜访的时间。如果是前往医院探望病人，要事先了解医院的探视时间，安排在医院规定的探视时间内去探视，不要贸然前往。

3. 选择拜访地点

拜访地点要视拜访的具体目的而定。若是公务拜访则应选择在办公室或娱乐场所，若是私人拜访则应选择在家里或者在娱乐场所。

（二）拜访前的准备

双方约定后，为了能更好地达成拜访目的，拜访者要认真做好赴约准备。

1. 仪表修饰得体

如果是正式的公务拜访，穿着打扮要干净整洁，符合职业的特点和要求。如果是朋友之间的拜访，虽不必太讲究，但也要整洁大方、修饰得体。

2. 内容准备充分

一般来说，拜访他人都有一定的目的性，如需要商量事情，拟请拜访对象帮忙做一些工作等。因此拜访前应准备好相关内容的材料，以免措手不及，影响拜访目的的实现。此外还应考虑怎样与拜访对象交谈更为妥当，特别是拜访身份高者或年长者，更要注意谈话的内容，选择拜访对象最能接受的方式进行谈话。如果是拜访客户，在拜访之前要了解客户的情况，有助于拟定谈话内容的顺序。

3. 准备足够的名片

名片是社会交往中的重要工具，因此在拜访之前要准备足够的名片。

4. 材料准备充分

拜访前要准备好所需的文字资料或电子资料，以及其他的相关材料。

5. 准备赠送礼物

赠送礼物是社交应酬、拜访的需要，也是交际活动的重要举措。恰当地选送一些礼物，往往有助于联络感情、密切关系、加深友谊。礼物选送应轻重得当、合乎时宜、不落俗套。好的礼物会使受礼者倍感珍贵，达到增进感情的目的。

（三）拜访的礼仪

1. 遵时守约

遵时守约是社会交往活动中的重要交际原则，也是一个人应有的礼貌修养。一般情况下，国外习惯准时或略迟两三分钟，国内习惯准时或提前三五分钟到达。这样，一方面可以避免到得太早，拜访对象没有做好迎客的准备，出现令拜访对象难堪的场面；另一方面也不会因迟到而让拜访对象焦急等待。如确因故迟到、失约，要详细说明原因，郑重致歉。

2. 礼貌登门

到朋友家或拜访对象的办公室，事先都要敲门或按门铃，等到有人应声允许进入或出来迎接时方可进去，不可不打招呼擅自闯入。即使门敞开着，也要以其他方式告知拜访对象有客人来访。

3. 放好物品

拜访者有时携带物品或礼品，进门后，应按拜访对象指定的位置放好，不可乱扔乱放。

4. 言行适当

无论是公务拜访还是朋友之间的拜访，进门后，首先要和拜访对象握手、问候，遵循见面的礼节方式。然后待拜访对象坐下或招呼坐下后方可坐下。同时注意坐姿端正，即使在十分熟悉的朋友家也要注意。

拜访过程中，拜访对象倒的茶水要双手接住，不能推让，应从座位上欠身，双手接过，并表示感谢；拜访对象端上的用品或点心要等年长者先取后自己再取。

在交谈中，拜访者须语言适度，表达准确，不夸大其词，亦不要过于谦卑，自信而不自大。交谈时，除了表达自己的思想观点外，还要注意倾听拜访对象谈话的内容、拜访对象的情绪和周围环境的变化，并注意适时做出反应。谈话内容不要涉及拜访对象不愿提及的话题和个人隐私。

5. 适时告辞

当话题谈完，拜访的目的已达到时，就应起身告辞。告辞之前要稳重，不要显得急不可耐。最好是自己讲一段带有告别之意的话之后，或者是在双方对话告一段落，新的话题没有开始之前提出告辞，或者在拜访对象有了新的客人而自己又不认识时提出告辞。

如果来访的客人很多，自己有事需要提前离开，应悄悄地向拜访对象告辞，并表示歉意，以免惊动其他客人。如被其他客人发现，应礼貌地致歉和告辞。

告辞应该坚决，不要告而不辞，只说不动。应该说走就走，不要拖泥带水。如果是拜访朋友，告辞时应对主人，尤其是女主人的热情招待表示感谢："谢谢您的盛情招待。"或"给您添麻烦了。"这是应有的礼貌。

告辞时要同拜访对象和其他客人一一告别，应主动与他们握手，并使用礼貌用语，"请留步""您请回""再见"。

二、接待的礼仪

接待是人们在日常生活与工作中经常会遇到的事情，"接待无小事""接待显形象"都说明了接待是非常重要的。只有掌握了相关的接待礼仪知识，才能在接待工作中不出纰漏，既可以塑造自己的良好形象，又可以提升组织的知名度与美誉度。

（一）接待前的准备

1. 心理准备

对于来访的客人，无论是有约的还是无约的，无论是生人还是熟人，无论是业务关系还是友人关系，都要有一视同仁的心理准备。同时调整好自己的心境，做好情绪准备，用满腔的热情接待来访的客人。

2. 物质准备

（1）接待环境应该清洁、整齐、明亮、美观、无异味。因此要提前打扫房间、庭院，布置迎客的花卉、绿色植物，表现出欢迎的气氛，各种物品摆放要整齐。

（2）整洁的仪表服饰能表现出对来访客人的尊重。接待人员应注意仪表清爽，男性应刮胡子，头发整齐干净；女性应适当化妆。

（3）根据来访客人的特点提前适当准备一点水果、烟具、茶叶之类的物品，以免到时候手忙脚乱。接待用的点心要挑选爽口而容易入口的，也就是小块、好下咽的，尽量避免选择难嚼、黏手、味道重的；水果不要选多籽、太硬或咀嚼声音大的；准备茶点时，要同时准备一些叉子或牙签及纸巾，便于客人取用。

（4）根据客人来访的目的，准备好需要的相关材料，如公司的宣传简介、产品目录等。

（5）准备好赠与客人的名片，不要在客人来到后到处寻找。

（6）根据实际需要，适当准备饭菜，预订旅馆客房，以及客人返程的车、船、机票，等等。

3. 了解客人

作为接待者必须对客人的情况有详尽的了解，才能做到心中有数，搞好接待工作。要了解清楚客人的目的和基本情况，如姓名、性别、职务、级别及一行人数，以及到达的时间和地点等，以便有针对性地做好接待前的准备，便于安排交通工具和住宿，以及确定适宜的接待规格。

4. 接待规格

在公务接待中，由谁出面接待，是对客人的尊重和友好，因此，要根据客人的身份确定接待规格。

（1）对等接待

对等接待指主要陪同人员与客人的职位相当的接待。这是最常用的接待规格。

（2）高规格接待

高规格接待即主要陪同人员比客人的职位要高的接待。这是表示对客人特别的重视和友好。

（3）低规格接待

低规格接待即主要陪同人员比客人的职位要低的接待。在公务中采用低规格接待，往往是由于所在单位的级别造成的。例如，公司董事长到分公司视察，分公司经理出面接待，只能是低规格接待。

（二）接待礼仪

接待工作的好坏直接影响客人的心情与感受。接待的准备工作应于客人到达前15分钟全部就绪，否则会让客人产生自己不受尊重之感。同时，庄重的接待仪态及温和的说话语气，都能表达出对客人的尊敬。

1. 迎客礼仪

（1）迎接

对前来访问、洽谈业务、参加会议的外国、外地客人，应首先了解对方到达的车次、航班，安排与客人身份相当的人员前去迎接。若因某种原因，相应身份的主人不能前往，前去迎接的主人应向客人做出礼貌的解释。主人到车站、机场去迎接客人，应提前到达，恭候客人的到来，绝不能迟到让客人久等。否则事后无论怎样解释，都无法消除这种失职和不守信誉所带来的消极影响。

若是在家中会客，应在约定时间提前去迎接。"出迎三步，身送七步"是我国迎送客人的传统礼仪。

见到客人后，应首先问候"一路辛苦了""欢迎您来到我们这个美丽的城市""欢迎您来到我们公司""欢迎光临""您好"，等等。

（2）住宿

主人应提前为客人准备好住宿，帮客人办理好一切手续并将客人领进房间，同时向客人介绍住处的服务设施，将活动的计划、日程安排交代给客人，并把准备好的地图或旅游图、名胜古迹等介绍材料送给客人。将客人送到住地后，主人不要立即离去，应陪客人稍作停留，热情交谈。谈话内容要让客人感到满意，如客人参与活动的背景材料、当地风土人情、有特点的自然景观、特产、物价等。考虑到客人一路旅途劳累，主人不宜久留，以便让客人早些休息。分手时应将下次联系的时间、地点、方式等告诉客人。

2. 待客礼仪

（1）茶点

招待客人时，茶水饮料最好放在客人的右前方，点心水果最好放在客人的左前方。

我国习惯以茶水招待客人。在招待尊贵的客人时，茶具要特别讲究，倒茶、递茶都有许多讲究。上茶时，应在客人入座后，取出杯子，当着客人的面将杯盖揭开，先烫洗杯子，再放入适量茶叶，沏茶。从客人的左边为客人上茶。

请客人吃水果前，应将洗净消毒的水果和水果刀交给客人削皮。如果代客人削皮，一般只应削到你的手指即将碰到果肉为止，以保持水果的清洁卫生。

（2）谈话

谈话是待客过程中的一项重要内容，是关系到接待是否成功的重要一环。谈话首先要紧扣主题。如果是朋友间的交流，应找双方都感兴趣的话题、共同关心的问题交谈。其次要注意谈话的态度和语气。谈话时要尊重他人，不要恶语伤人，语气要温和适中。最后应认真倾听客人讲话，并以相应动作和面部表情予以配合，让客人感觉到很受重视。

（3）陪访

陪同客人参观、访问、游览时，要事先熟悉情况，安排好交通工具及相关物品。游览时要注意照顾客人，做到热情、礼貌，门票、车票费用尽量由主人支付。

3. 送客礼仪

送客比迎接更重要，它可以留给对方美好的回忆。送客是接待中的最后一环，处理不好将影响到整个接待工作的效果。俗话说："编筐编篓，全在收口。"送客环节的礼仪表现，既是对一次交往活动的总结，又是为以后的交往活动打基础。

（1）婉言相留

无论接待什么样的客人，当客人准备告辞时，一般都应婉言相留。

（2）起立相送

客人打算离去时，主人要起身送出，但一定要待客人起身后，自己再站起来，否则会有逐客之嫌。要帮忙检查是否有物品遗漏，免得让客人回头再来一趟，这是一种体贴客人的行为。

（3）握手告别

主人将客人送至门外，并与客人握手话别，在客人离去握手时，不要忘记：应该由客人首先伸手。

（4）"下次再来"

在客人离开前，应询问他是否是熟悉回程路线，以及搭乘交通工具的地点和方向，尤其对远道而来的客人更应表达关心之情。此外，不要忘了向客人道别说："请走好""再见""请下次再来"等。

（5）安排交通

送别客人时应按接待时的规格对等送别，做好交通方面的安排，帮助购买车船票或机票，并将客人送至车站、码头或机场。如果客人来访时带有一些礼品，那么在送别时也要准备一些礼品回赠客人。

（6）目送离去

主人应将客人送到门外。若送到电梯口，应陪客人等候电梯，握手告别后目送客人下楼或乘电梯离去。若是尊贵的客人，则一定要将客人送至车旁，看着客人坐好，车开出一段距离后，才可离去。坐车要遵循"右为上，后为上，前为下"的原则，请客人坐轿车的右后座位上；但如果客人已随意坐好，就不要烦劳人家再起身重新坐下。除非上司要求，否则送客不必太远。

知识链接

中国古代拜访礼仪

（1）登门拜访之礼。初次登门拜访必须携带礼物，称为"贽"。拜访结束时或回拜时，主人退"贽"。尊长、拜师礼仪、求婚礼等可以不退。

（2）迎客拥彗之礼仪。仆人持扫帚躬身迎接。对于贵客，到郊外远迎，或燃放鞭炮迎接。

进屋时，主人应当让客人先进，或侧身相迎，甚至倒退引客进屋。进屋后，主人象征性地拂拭坐席上的尘埃，然后敬请客人入座。

（3）"客来敬茶"之礼仪。给客人敬茶时，第一杯只敬2/3，所谓"浅茶满酒"。官宦之家有"端茶送客"之礼。后来有的主人要下逐客令，"端茶"示意，仆人马上喊"送客"。明朝万历年间又开始流行"客来敬烟"的礼俗。

综合实训

➢ 情境模拟

（1）情境背景

A公司总经理张宏安排主管华东区事务的营销副总张伟强、技术副总李想、助理林娟前往机场接机。根据沟通确认，B公司一行乘坐的航班将在北京时间 14:15 到达机场。由于这一时段到达的航班很多，大厅十分拥挤。

（2）模拟要求

① 两团队合作，分别扮演A公司和B公司的人员。

② 模拟在机场迎接、问候的情景。

③ 准备好相关接待物品。

任务提示：

① 称呼的要求：注意对上级、女士的称谓。

② 介绍与自我介绍要求：介绍的顺序、介绍的方式。

③ 握手的要求：注意握手的顺序、方式、时间和禁忌。

（3）实训目的

通过本实训，加强学生对接待礼仪的学习，掌握接待礼仪在职场中的应用。

模块二

商务会见礼仪

任务要求

1. 名片递送行为有度。
2. 馈赠礼品适情适宜。
3. 谈判会见真诚友好。
4. 舞会酒会彬彬有礼。
5. 乘车规范上下有礼。

案例导入

某企业的徐总在一次宴会上遇见知名企业家崔董。徐总看见崔董正与别人谈话，于是上前很礼貌地说："崔董您好，我是××企业的徐总，这是我的名片。"崔董随便看了一下就放在了桌子上，继续进餐和与旁人谈话。徐总和崔董在递送和接受名片时，有哪些礼仪上的不对之处？

显然在此案例中送名片的徐总和接受名片的崔董都存在礼仪性的错误，徐总不应在他人交谈的情况下赠送名片，而崔董不应在接受名片后，随便看一下就放在了桌子上。那么递送和接受名片的礼仪究竟有哪些呢？

任务一 名 片 礼 仪

知识认知

名片是社会交往的工具和个人身份的象征，是当代社会私人交往和公务交往中一种最为经济实用的介绍性媒介。现代社会人们越来越注重名片的使用，联系业务、结交朋友，互送名片成为初交见面时不可缺少的程序，也是使用者要求社会认同、获得社会理解与尊重的一种方式。

名片在我国西汉时就流行了，不过当时没有纸，只是削竹、木为片，上面写上姓名，供拜访者通报姓名使用。此竹、木片西汉时称谒；东汉时改称刺，又称名刺；以后改用纸，称名纸，相当于现在的名片。

名片上一般印有姓名、公司名称、头衔、联络电话、地址等，有的还印有个人的照片。职场人员使用的名片，除了具有个人意义外，还被视为其所在组织形象的一个缩影。现在，越来越多的社会组织对其成员使用的名片十分重视，制作讲究，尽量使之具有特色和魅力。

一、名片的设计

好的名片，能够巧妙地展现出名片原有的功能及精巧的设计，名片设计的主要目的是让人加深印象，并可以很快地联想到你的专长与兴趣。例如在旅游活动中，导游人员精美的名片设计，无形中可增加游客的依赖感。

（一）设计要求

1. 设计美观精巧

名片作为一个人、一种职业的独立媒体，在设计上要讲究艺术性。印刷技术和设备的不断发展为名片艺术化的发展提供了可能。精美的文字及图形，考究的压痕及凹凸，规整的折叠，将独到的创意展现得淋漓尽致，从而被认知、被接受，增强合作的可能性。

2. 信息全面准确

名片虽小，却像一面镜子，能够如实地反映出持有者的信息。一般来讲，名片的正面上方印有工作单位，中间印有姓名和职务，下方印有地址和电话，名片正面印有中文，背面往往印有相应的英文。在印刷名片时，一定要仔细，做到准确无误。随着科学技术的发展，名片内容也在不断地扩充，如有的名片写着 QQ、博客、微博的账号等。当然如果名片上没有这些内容又确有让对方知道的必要，也可以当场在名片的空白处亲笔注明。

3. 文字通俗易懂

名片起源于交往，而且是文明时代的交往，因为名片离不开文字。现代社会的名片除印刷字体的变化外，也产生了许多具有装饰性、变化性的新颖字体，如手绘字就是在强调书写时的轻快和创意趣味等诸多前提下设计出来的特殊字体。无论何种文字形态，设计者应注重名片文字的基本要求，即便于记忆，易于识别。

（二）名片的制作

1. 名片的规格

国内通用的名片规格为9厘米×5.5厘米，即长为9厘米，宽为5.5厘米。境外人士多使用10厘米×6厘米的规格，女士则多使用8厘米×4.5厘米的规格。如无特殊需要，不应将名片做得过大，甚至有意做成折叠式，免得给人以标新立异、虚张声势、刻意卖弄之嫌。

2. 名片内容

名片被称作人的第二脸面，所以对名片的样式、制作及印刷都应十分讲究。无论是横式还是竖式，一张标准的名片都应包括三个方面的内容：

（1）本人所属单位、徽记及具体部门，印在名片的上方或左方。

（2）本人的姓名、学位、职务或职称，印在名片的中间。

（3）与本人联系的方法，包括单位所在地址、电话号码和邮政编码等，印在名片的下方或右方。

二、递送名片的礼仪

名片应放在随身携带的精致名片夹中。穿西装时，名片夹只能放在左胸的口袋里。左胸是人的心脏所在地，将名片放在靠近心脏的地方，其含义无疑是对对方的一种礼貌和尊重。将名片放在其他口袋里，是一种很不雅致的行为。如果在一次活动中需要接受的名片很多，最好将他人名片和自己的名片分开放，否则，一旦慌乱会误将他人名片递出，那就失礼了。

递名片给他人时，应郑重其事，面带微笑。最好是起身站立，走上前去，用双手的拇指和食指分别持握名片上端的两角，将名片正面朝向对方，送到对方胸前，如图97所示。如果是坐着，应起身或欠身递送。将名片递给他人时，口头上应有所表示。可以说"我叫×××，这是我的名片，请笑纳""请多指教""多多关照""今后保持联系""我们认识一下吧"，或是先作一下自我介绍。

(a)

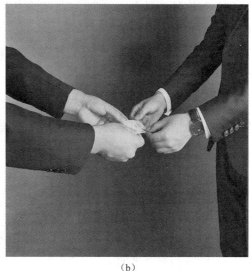
(b)

图97　递送名片礼仪

三、接受名片的礼仪

接受他人名片时，应立即停止手上所做的一切事情，起身站立，面含微笑，目视对方，并视情况口头道谢，或重复对方所使用的谦词敬语，恭敬地用双手的拇指和食指接住名片的下方两角，并轻声说"谢谢"或"能得到您的名片十分荣幸"。如对方地位较高或者有一定知名度，则可道一句"久仰大名"或"请您多关照""请您多指教"的赞美之词，不可一言不发。若需要当场将自己的名片递过去，最好在收好对方名片后再给，不要左右开弓，一来一往同时进行。

接过名片后，应十分珍惜，并当着对方的面，仔细将名片读一遍。不懂之处应当即请教："尊号怎么念？"随后当着对方的面郑重其事地将他人的名片放入自己携带的名片盒或名片夹之中，千万不要随意乱放，以防污损。如果接过他人名片后一眼不看，或漫不经心地随手向衣袋或手袋里一塞，是对人失敬的表现。

如果同外宾交换名片，可先留意对方是用单手还是双手递名片，随后再跟着模仿。因为欧美人、阿拉伯人和印度人惯于用一只手与人交换名片，日本人则喜欢用右手送自己的名片，左手接对方的名片。

四、交换名片的时机

（一）交换的情况

一般来说，以下几种情况会有交换名片的可能性：
(1) 希望认识对方。
(2) 被介绍给对方。
(3) 与对方商议交换名片。
(4) 对方向自己索要名片。
(5) 初次拜访对方。
(6) 通知对方自己的变更情况。

在公共场合欲索取他人的名片时，可说："以后怎样向您请教？""以后怎样同您保持联系？"

（二）不宜交换的情况

以下几种情况，则不必把自己的名片递给对方，或与对方交换名片：
(1) 对方是陌生人。
(2) 不想认识对方。
(3) 不愿与对方深交。
(4) 对方对自己并无兴趣。
(5) 对方正在与他人谈话或忙于其他事务。
(6) 经常与对方见面。
(7) 双方之间的地位、身份、年龄差别很大。

当对方递给你名片之后，如果自己没有名片或没带名片，应向对方表示歉意，说明理由。

如自己无意送人名片时，可说"对不起，名片未带。"或"对不起，我的名片用完了，有机会再给您补上"等婉言相拒。

名片的交换顺序一般遵循"客先主后，身份低者先，身份高者后，男士先给女士"的原则。当与多人交换名片时，应依照职位高低的顺序，由尊到卑，或由近及远，按顺时针或逆时针方向依次发送。

五、递接名片时的注意事项

（一）随身携带名片

出席重大的社交活动，一定要记住带名片。出门之前，盘点好自己的名片，准备充足的名片，以备不时之需。

（二）容易取出名片

名片应该放在名片夹内，而不应该放在别的票证夹里，更不应该随意夹在本子里。把自己的名片准备好，整齐地放在名片夹、盒或口袋中，要放在易于掏出的口袋或皮包里。不要把自己的名片和他人的名片或其他杂物混在一起，以免用时手忙脚乱或掏错名片，取出名片时要干净利落，十分顺畅。

（三）认真阅读名片上的内容

接名片时要用双手，并认真看一遍上面的内容。如果接下来与对方谈话，不要将名片收起来，应该放在桌子上，并保证不被其他东西覆盖，使对方感觉到你对他的重视。

（四）不要在一群陌生人中到处发名片

在一群陌生人中到处发名片会让人误以为你想推销什么物品，反而不受重视。在商业社交活动中尤其要有选择地提供名片，才不使人以为你在替公司搞宣传、拉业务。

（五）把握出示名片的时机

对于陌生人或巧遇的人，不要在谈话中过早递送名片。这种热情一方面会打扰别人，另一方面有推销自己之嫌。参加会议时，应该在会前或会后交换名片，不要在会中擅自与别人交换名片。无论参加私人或商业宴会，名片皆不可在用餐时递送，因为此时只宜从事社交而非商业性的活动。除非对方要求，否则不要在年长的主管面前主动出示名片。

知识链接

成功推销员的名片故事

大凡成功的推销员，他们的名片都是精心设计、与众不同的。

日本有位寿险推销人 S 先生，在名片上印着一个数字——76 650。顾客接到他的名片时，总是好奇地问："这个数字代表什么呀？"

他就反问道："您一生中吃几顿饭？"

几乎没有一个顾客能答出来。

S 先生便接着说："76 650 顿饭嘛！按日本人的平均寿命计算，您还剩下 19 年的饭，即 20 805 顿……"

如此方式，让客户既感到新奇，又感到生命紧迫。话题自然而然引到寿险的意义上来，沟通便在这种引人深思却又不失好奇的氛围中展开。

技能训练

根据所学的名片礼仪知识，两位同学一组，按照表 15 的内容完成练习，注意手势、语言等规范。

表15　递送和接收名片礼仪

内容	要　求	完成情况
准备	自检仪容仪表	
递送名片	面带微笑，注视对方，将名片正面朝向对方，用双手的拇指和食指分别持握名片上端的两角送给对方，并说"这是我的名片，请多照顾"	
接收名片	尽快起身，面带微笑，用双手拇指和食指接住名片下方的两角，并说"谢谢"	

任务二　馈赠礼仪

知识认知

中国是尚"礼"的国度，"礼尚往来""礼多人不怪"已深深地印入中国人的脑海。馈赠礼物包括尊敬、沟通感情等含义。购物是旅游活动内容之一，许多游客在旅游地购买物品的目的是馈赠亲朋好友，旅游从业人员应学会馈赠礼物礼仪，从而满足游客的需求。

一、礼品选择

送什么自古以来就是让人绞尽脑汁的问题。"千里送鹅毛，礼轻情意重。"一份好的礼物，不一定要很贵重，但一定会表达真挚的情谊，同时符合受礼人的心意，正所谓"投其所好"。太贵重的礼物容易使受礼人不安，甚至会引起"重礼之下，必有所求"之感。例如，在旅游过程中，导游人员可以不失时机地向游客推荐适合作礼品的旅游纪念品，如北京的香山红叶、陕西的剪纸、新疆的玉石、海南的咖啡、云南的木雕、龙虎山的大斗笠，等等。上述物品既具当地特色，馈赠友人又能表达深深情谊。

（一）礼品选择的原则

1. 投其所好

礼品的选择首先要考虑受礼人的风俗习惯和禁忌，这是选择礼品时需要首先考虑的因素。在广东、香港等地和受中华文化影响较深的日本、韩国等地，都认为与"4"相关的事物不吉利，因此，要避免送与"4"相联系的礼品。给外国女士送花要送单数，但忌讳1、11和13枝，不要单送玫瑰，特别是不要送1枝红玫瑰。

2. 贵在适宜

礼品的选择，要针对不同的受赠对象区别对待，贵在适宜。首先要符合对方的某种实际需要，或是有助于对方的工作、学习或生活，或是可以满足对方的兴趣、爱好。其次是不送不合时宜的礼品，包括如下内容：

（1）违法物品。

（2）价格过于昂贵的物品。

（3）涉及国家秘密和安全的物品。

（4）药品。

（5）犯对方忌讳的物品（个人禁忌、行业禁忌、民族禁忌，宗教禁忌）。

（6）带有明星广告宣传的物品。

3. 适时择礼

馈赠者应根据不同的时间、场合，选择不同的礼品。适时择礼会使礼品非同寻常，使受赠人倍感珍贵；否则，会造成尴尬的局面。

（1）结婚礼物

结婚礼物应以家庭用品、床上用品、餐饮器具或字画为宜。如美国人喜欢送给新婚夫妇精美的"china"（中国瓷器）。

（2）生子礼物

生子礼物应以婴儿用品、食品为宜，也可送产妇滋补营养品等。

（3）生日礼物

生日礼物以主人的个体特点而异，常送的有寿糕、鲜花、工艺品。

（4）节日礼物

节日礼物应具有节日的特色。如春节到亲友家拜年，送上红枣、红果、核桃、桂圆四样干果，两红两黄，色彩调和，很讨人欢喜。红枣可蒸糕煮粥，核桃、桂圆可做年饭，红果用来消食，是开胃一品。中秋节送月饼，端午节送粽子，情人节送鲜花、巧克力。

（5）探病礼物

探望病人可送一些滋补品和水果。比如苹果就很得体，苹果色调艳丽，形体肥硕，维生素丰富，而且寓有"祝君平安康复"之意。

（6）探望老人的礼物

探望老人送上福橘、红杏、大蜜桃，用来祝愿老人吉祥如意、健康长寿。当礼物送到老人面前时，讲明食用这些果品的功效，老人更会欣然接受。

（7）乔迁礼物

乔迁礼物应以字画、工艺品和家庭装饰品为宜。

（二）礼品的种类

1. 可以长期保存的礼品

此类礼品如工艺品、书画、照片等，礼重情深。

2. 短期适用的礼品

此类礼品如挂历、电影票和一次性消费品等，经济实用。

3. 能引起美好回忆的礼品

对曾经有过共同经历的人，赠送与其经历有关的礼品能起到见物如见景的作用，把人带回往事的美好回忆中，使之感到慰藉。

4. 具有特殊意义的礼品

逢特殊的纪念日，如生日、逢年过节、婚礼等，选择赠送带有美好祝愿和象征意义的礼品，增加朋友间的情意。

5. 慰问礼品

亲朋好友生病或年长者身体欠安时，送去营养品或一些老人喜欢而难以买到的食品，都可以表达问候与关心。

6. 援助性礼品

至亲朋友遇到困难，既可以赠送其急需的物品，如衣服、粮食、器具，亦可以直接馈赠现金，助其渡过难关。

7. 喜庆祝贺类的礼品

企业开张、馆所落成及乔迁、个人升迁等，相关单位或个人奉赠花篮、匾额、壁画及其他日常用品，都可以起到庆贺的作用。

（三）商务礼品的选择

在经济日益发达的今天，人与人之间的距离逐渐缩短，商务馈赠礼仪也越来越重要。如何在商务交往中，选择正确的馈赠礼品呢？下面举几个成功的案例。

某公司欲与某房地产公司建立合作关系，选择赠送礼品——金钥匙。金钥匙整体为合金铸造，表面 24 K 镀金，分别镶嵌在璀璨夺目的水晶底座上。此礼品形式精美，材质考究，整款金钥匙雍容华贵，富丽堂皇，精美典雅，工艺绝伦，限量发行，极具鉴赏和收藏价值。以钥匙为题材，不仅能够集中提炼房地产公司"安得广厦千万间"的需求内涵，而且蕴涵着打开财富大门的寓意。

某服装公司办公楼落成庆典收到贺礼——琉璃宝鼎。琉璃具有增强活力与生命力，保持乐观向上、愉快的心态，能给生活带来幸福的寓意。宝鼎造型古雅宏大，是权威、尊严、诚信的象征，是成就至高无上的雄心霸业的象征，有"兴旺发达"之寓意。服装公司办公楼落成，于该企业而言是事业之奠基、宏业之大展的开门盛事，以鼎作礼，自然尊贵而贴切。

某公司与合作伙伴签订合作协议互赠礼品时，选择赠送礼品——紫砂套装茶具。紫砂器是采用宜兴地区特有的一种质地细腻、含铁量高的陶土制成的无釉细陶器。泡茶味道醇厚，使用时间越久，泡出的茶味越好。加之陶质的紫砂器无釉无彩，更迎合了文人雅士们回归自然的审美情趣。此礼品采用套装形式，专门为企业定制铭刻了文化内涵的诗句和企业 LOGO，表达了高雅的文化内涵，而且品位高雅，造型独特，较好地表达了合作的诚意和企业的诉求。

二、馈赠方式

赠送礼品的方式大致有下列三种：

（一）当面赠送

这是最庄重的一种方式。当面赠送，可以充分表达赠送的用意。有时还可以介绍礼品的寓意，演示礼品的用法，令赠送礼仪得以淋漓尽致的发挥，也使受礼者感受到馈赠者的良苦用心。

当面赠送礼品时要注意以下几点：

（1）赠礼应有顺序，从地位高的人开始逐级赠送，同级的人员应先赠女士，后赠男士，先赠年长者，后赠年少者。

（2）赠送时应双手奉礼，或者以右手呈递，避免使用左手。

（3）赠送礼品时，要附有祝愿的话语，或表明赠礼目的及对礼品进行说明。

（二）邮寄赠送

这是异地馈赠的方式。由于身处异地，无法当面赠送，通过邮寄及时赠送，弥补无法面送的缺憾。这种方式克服了"过期失效"的不足，保证礼品及时送上，尽快发挥功能。

（三）委托赠送

由于赠送人在外地，或者不宜当面赠送，就可以选择委托赠送。委托赠送可以采取请人转送或专门的礼仪公司专人递送等方式。

三、受赠礼仪

接受礼品时，也有一定之规。

（一）应表示感谢

受礼者应在赞美和夸奖中收下礼品，并表示感谢。一般应赞美礼品的精致、优雅或实用，夸奖赠礼者的周到和细致，并伴有感谢之词，如"您太客气了"或"又让您破费了"。

（二）应双手接礼

接受礼品时，应表现得从容大方，双手相接，然后与赠送者握手致谢。

（三）应收受有礼

接受礼品后，征得送礼人同意，视具体情况或拆看或只看外包装，还可伴有请赠礼人介绍礼品功能、特性、使用方法等的邀请，以示对礼品的喜爱。受礼后，可以当面打开欣赏一番，并加以赞赏。切记不要随手乱扔，丢在一边不予理睬是失礼的行为。接受礼物时，不应推来推去，或说"你拿回去吧"等此类话语。

四、送花

送花，是一种礼仪，以花为礼，联系感情，增进友谊。在合适的时候送合适的花，能够使小小的花朵发挥很好的作用，如表16所示。

表16 送花的礼仪

节日	花的品种
结婚	送颜色鲜艳的花为佳，可增进浪漫气氛，表示甜蜜
生产	送色泽淡雅而富清香者（不可浓香）为宜，表示温暖、清新、伟大
乔迁	送稳重高贵的花木，如剑兰、玫瑰、盆栽、盆景，表示隆重之意
生日	送诞生花最贴切，送玫瑰、雏菊、兰花亦可，表示永远祝福
探病	送剑兰、玫瑰、兰花均宜，避免送白色、蓝色、黄色或香味过浓的花
丧事	送白玫瑰、白莲花或素花均可，象征惋惜怀念之情
情人节	送红玫瑰
母亲节	送香石竹或康乃馨
父亲节	送黄色的玫瑰花
中秋节	送兰花来表达思念之情
重阳节	送菊花、非洲菊
教师节	送木兰花、蔷薇花
圣诞节	送一品红

知识链接

美丽花语

花为媒，花表心声。在社交活动中，送花越来越普遍，越来越受欢迎。凡探访、慰问、祝贺，人们都喜欢用花作为礼物；而恋人之间表露心声，更离不开送花。不过，不同的花有不同的象征，不可乱送。参考以下内容或许会对你有所帮助。

玫瑰（红色）：我爱你　　　　母忘我：永志不忘
玫瑰（粉红）：初恋　　　　　郁金香：亲密
玫瑰（香槟）：真心真意　　　星花：呵护备至
玫瑰（白色）：高贵　　　　　爱丽斯：浪漫
玫瑰（黄色）：爱的开始　　　向日葵：仰慕
康乃馨：母爱与温馨　　　　　菊花：长寿与高洁
火凤凰：真心不变　　　　　　红掌：大展宏图
百合花：事业顺利　　　　　　剑兰：步步高升
白百合：圣洁与幸福　　　　　莲花：纯洁与清高
火百合：浓烈爱火　　　　　　兰花：优雅
黄百合：爱慕　　　　　　　　天堂鸟：高贵
马蹄兰：聪敏　　　　　　　　小百合：细心

技能训练

> 情境模拟

（1）情境背景

小张是某旅游公司的导游员。一次旅游活动中，小张用满腔热情为游客服务。游客李女士喜欢吃西餐，在安排餐饮的时候，小张费尽心思，为李女士找到了当地最有特色的西餐馆，使她非常满意。旅游即将结束时，李女士欲送小张一份礼品，以示感谢。这时，根据本节所说的馈赠礼仪，小张和李女士分别该怎么说？怎么做？

（2）模拟要求

两人一组，分别扮演小张和李女士。

（3）实训目的

通过仔细揣摩模拟场景，能够熟练掌握职场交往的馈赠礼仪规范。

任务三　会见与会谈礼仪

知识认知

会见与会谈是交往活动中的重要内容。会见与会谈是指在正式访问、谈判或礼节性的拜访甚至观光时，宾主双方通常安排的，用以加强沟通与了解，促进双方的友谊，增进相互间的合作与交流的活动。在会见与会谈中，为表示对对方的尊重与礼貌，在席位的安排上，在会见与会谈的程序进行中，都有许多礼仪规范。会见与会谈现在已成为常规性的礼仪活动。

一、会见

所谓会见，特指为了一定目的而进行的约会、见面。在国际上一般称接见或拜会。凡身份高的人士会见身份低的人士，或是主人会见客人，一般称为接见或召见。凡是身份低的人士会见身份高的人士，或是客人会见主人，一般称为拜会或拜见。拜见君主，又称谒见、觐见。我国不作上述区分，都称为会见。接见和拜会后的回访，称回拜。根据会见中所谈及的内容，会见可分为三种：

1. 礼节性会见

礼节性会见是指在国际交往中东道主从礼节、两国关系、来访者身份及来访目的考虑，安排相应国家领导人会见来访者，是主人给客人的一种礼遇。礼节性会见一般时间较短，话题较为广泛。

2. 政治性会见（也称正式会见）

政治性会见中谈论涉及双边关系、国际局势、经贸合作等政治性、事务性、业务性问题，会见时间较礼节性会见长，所涉及问题或事务较多。

3. 事务性会见（也称小范围会晤）

小范围会晤一般在主方领导人会见整个代表团或正式会谈之前，双方各3~4人，先进行小范围会晤，这是给客方的一种礼遇。另外，出现一些不便让新闻媒体报道的问题，也应在小范围会晤时谈。

外国领导人来我国，会见安排比较简单，无特殊仪式。会见地点安排在人民大会堂或中南海。会见时的座位安排一般为客人坐在主人的右边，译员、记录员坐在主人和主宾后面。其他客人按礼宾顺序在主宾一侧就座，主方陪见人员在主人一侧就座，座位不够可在后排加座。如图98所示。

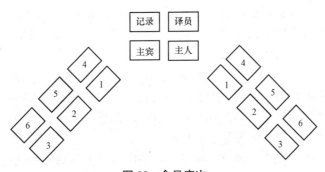

图98 会见座次

二、会谈

会谈是指双方就某些重大的政治、经济、文化、军事问题及共同关心的问题交换意见。会谈也可以指接洽公务或谈判具体业务，一般来说内容较为正式，政治性和专业性较强。当外国领导人来我国访问时，我们通常将首次会谈安排在人民大会堂。如有第二轮会谈，则安排在国宾下榻的国宾馆。会谈开始前，允许双方记者采访几分钟后退场。如有分组会谈，则另外安排。

会谈的安排一般是:双方会谈通常用长方形、椭圆形或T形桌,主客双方对面坐,以正门为准,主方占背门一侧,客方面向正门,主谈人居中,我国习惯把译员安排在主谈人右侧,但有的国家亦让译员坐在后面,一般应尊重主人的安排,其他人按礼节顺序左右排列。如参加会谈的人数多,也可安排在会谈桌就座,如图99(a)所示。如会谈长桌一端向正门,则以入门的方向为准,右为客方,左为主方,如图99(b)所示。

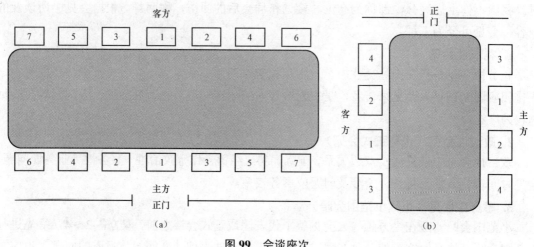

图 99　会谈座次

多边会谈,座位可摆成圆形、方形等。小范围的会谈,也有的不用长桌,只设沙发,双方座位按会见座位安排。

三、会见与会谈的其他常见形式

1. 拜会来访的外国国家领导人

外国国家领导人,我们一般理解为一国副总理及副总理以上的国家官员。拜会来访的外国领导人,一般指身份上低于或相当于来访外国国家领导人的我国拜会人员,与来访的外国领导人之间的会见。具体工作程序如下:

(1) 提出拜会要求。应向负责来访外国领导人接待工作的接待单位提出拜会要求,将要求会见人的姓名、职务、会见目的,参加拜会的人员,拜会时所用语种以及建议拜会时间等事项告知接待单位。需要注意的是:拜会要求应在外国领导人来之前的一段时间内提出,以便接待单位有时间协调安排外国领导人的日程。

(2) 确定拜会地点。拜会的地点,通常是在外国领导人下榻宾馆的会客室或办公室,或由对方决定。

(3) 安排好座位。拜会人员应坐在客人的位置上,即主人的右边,译员、记录员坐在外国领导人和拜会人员的后面,或尊重对方的礼宾习惯。

(4) 掌握会谈的时间、地点及人员。准确掌握拜会的时间、地点和双方参加人员的名单,及时通知有关人员和有关单位做好必要的安排。通常情况,拜会人员应按时赴约,提前或迟到均为失礼行为。

(5) 礼品的赠送。赠送礼品一般在拜会结束时进行。

（6）新闻报道。拜会若需新闻报道，应知会接待单位和对方后，通知新闻单位拜会的时间、地点等。

（7）提前到达。拜会人员通常应提前到达拜会地点，与接待单位或对方的联络人或礼宾人取得联系，核对与拜会有关的事项，以保证拜会的顺利进行。

2. 对口会谈

对口会谈属会谈的一种形式，指两国相对应的部门就某些重大的政治、经济、文化、科技、军事问题，以及其他共同关心的问题交换意见。具体工作程序如下：

（1）会谈的时间、地点及人员。礼宾人员应准确掌握会谈人员的到达时间，会谈开始时间及中外参加会谈的人数，会谈人员的身份、职务、名字的中外文写法，会谈时所用语种等，并通知有关单位及人员做好相应的安排。

（2）会谈时的礼宾秩序。对口会谈一般用长桌或椭圆形桌子，宾主相对而坐，以正门为准，主人占背门一侧，主谈人居中。如会谈长桌一端向正门，则以入门的方向为准，右为客方，左为主方，译员坐在主谈人右侧，其他人员按礼宾顺序左右排列。

（3）会谈场地安排。对口会谈场地应安排足够座位。如双方人数较多，厅室面积大，主谈人说话声音低，宜安装扩音器。事先安排好座位图，现场设置中外文座卡，卡片上的字体应工整清晰。

（4）新闻采访。若允许记者采访，也只是在正式谈话开始前采访几分钟，然后离开，会谈过程中，旁人不要随意进出。

（5）迎送客人。客人到达后，主人在门口迎接。主人可以在大楼正门迎候，也可以在会客厅门口迎候。如果主人不到大楼门口迎接，则应由礼宾人员在大楼门口迎接，引入会客厅。会谈结束后，主人应送至车前或门口握手告别，待客人离去后再退回室内。

（6）会谈中的招待。会谈时招待用的饮料，我国一般使用茶水和软饮料。如会谈时间过长，也可使用咖啡。

（7）主人的自我介绍。小范围的对口会谈，若没有设置座位卡，主人在会谈开始时，应首先主动向客人按礼宾顺序介绍中方参加会谈人员的姓名、身份和职务。

任务四　舞会、酒会、年会礼仪

知识认知

舞会是一种最普遍的社交场合，它能促进人们之间的交际和增进友谊。舞会的气氛固然轻松随便，但种种礼仪却不可忽视。

酒会，是一种经济简便与轻松活泼的招待形式。它起源于欧美，一直被沿用至今，并在人们社交活动方式中占有重要地位，常为社会团体或个人举行纪念和庆祝生日，或联络和增进感情而用。

年会指某些社会团体一年举行一次的集会，是企业和组织一年一度的"家庭盛会"，主要目的是激扬士气，营造组织气氛，深化内部沟通，促进战略分享，增进目标认同，并制定目标，为新一年度的工作奏响序曲。

一、舞会礼仪

舞会是以舞蹈为主要活动项目的文娱性社交聚会。在优美的乐曲、美妙的灯光、高雅的舞姿的相互衬托下，人们不仅可以从容自在地获得自我放松，恰到好处地展示自己的个人修养，而且还可以联络老朋友，结识新朋友，扩大社交圈。

（一）参加舞会前的准备

服装要整洁、大方，仪表要修饰。首先要确切地了解舞会的性质，再选择适当的着装。有些舞会对服装有特殊的要求，如化装舞会等。对于一般舞会，男士一般应选穿深色西装，这样显得庄重、文雅。如果是夏季，可以穿淡色的衬衣，打领带，最好穿长袖衬衣。女士可以化淡妆，以穿裙装为好，起舞时就会有飞旋的飘动感，再搭配色彩协调的高跟皮鞋。佩戴的首饰应该与服装搭配，与自己的肤色、脸型、年龄、性别吻合，要符合自己的身份，以少为佳，最多不能超过三种。另外，还要注意细节，检查口腔是否干净，身上是否有蒜味和酒气，洒些清淡香水是比较合适的。

如果应邀参加的是大型正规的舞会，或者有外宾参加，这时请柬会注明：请着礼服。接到这样的请柬一定要提早做准备。一般来说，女士需穿晚礼服，男士需穿燕尾服。

1. 晚礼服

晚礼服源自法国，直译为"袒胸露背"，如图100所示。近年也有穿旗袍改良的晚礼服，既有中国的民族特色，又端庄典雅，适合中国女性的气质。

图100 女士晚礼服

女士在穿晚礼服时，应注意以下两点：

（1）小手袋是晚礼服的必须配饰

手袋的装饰作用非常重要，缎子或丝绸做的小手袋必不可少。

（2）晚礼服一定要佩戴首饰

露肤的晚礼服一定要佩戴成套的首饰，如项链、耳环、手镯等。晚礼服是盛装，因此最好要佩戴贵重的珠宝首饰，在灯光的照耀下，首饰的光闪会为你增添光彩。

2. 燕尾服

燕尾服又称王子式礼服，单排扣和双排扣都可以，剪裁设计较类似于西装，因带有较长的后摆而得名，如图101所示。大型舞会男士一般着黑色的燕尾服，黑色的皮鞋，正式的场合还需佩戴白色的手套。

图101 男士燕尾服

（二）进入舞场的礼仪

进入舞场，遇见熟人，应一一招呼致意，然后选一个位置就座。为了保持空气清新，舞场内最好不要抽烟，更不可随地吐痰。

坐下之后，观察一下全场情况，适应一下气氛。没有带舞伴的，应当慢慢地寻找合适的舞伴。国外正式的舞会，都是由高位开始，即第一支舞曲，由主人夫妇、主宾夫妇首先共舞，第三支舞曲才开始自由邀舞。

选择舞伴的标准有：

（1）年龄相仿的人。
（2）身高相当的人。
（3）气质相同的人。
（4）舞技相近的人。
（5）少人邀请的人。
（6）未带舞伴的人。
（7）希望结识的人。
（8）打算联络的人。

（三）邀舞的礼仪

1. 主动邀舞

按照国际惯例，邀舞时，男士应主动邀请女士共舞，当然女士也可以主动邀请男士跳舞。邀人跳舞时应彬彬有礼，姿态端庄，走至女士或男士面前，微笑点头，以右手掌心向上往舞池示意，并说："可以和你跳个舞吗？"或"可以吗？"对方同意后即可共同步入舞池。如果对方婉言谢绝，也不必介意，更不应勉强和反复纠缠。

2. 拒绝邀请

一般来说，得体的拒绝邀请在舞会上不算失礼。由于个人的好恶和某种原因，如果不想接受别人的邀请，可以说"我想暂时休息一下"，或者"我不大会跳"，以便给邀请者一个回旋的余地，切不可生硬、直接地拒绝邀舞者，或拒绝某人后马上接受他人的邀请。

3. 邀舞的注意事项

（1）男士一般不宜拒绝女士的邀舞。
（2）应有意识地多交换舞伴，扩大社交范围。
（3）不宜邀请同性跳舞，尤其是男性共舞。

（四）跳舞的礼仪

1. 心情愉悦，神采奕奕

参加舞会要有一份好的心情，好的精神状态，悦人悦己。如果女士身体不适，不要带着困倦的身体勉强参加舞会。男士不要带着一天劳累的汗味进舞场。无论男女，有传染疾病时更不可进舞场，否则是不道德、不礼貌的行为。

2. 尊重舞伴，上下有礼

上场时，男士应主动跟在女士身后，让对方来选择跳舞地点。下场时，不宜在舞曲未完之际先行离去。男士可在原处向女士告别，或是将对方送回至原来的地方再离开。

3. 舞姿端正，配合默契

进入舞池后，就可跟随舞曲曲式和节奏起舞。姿态要端正，身体要挺直、平稳，无论是进是退，还是向前、后、左、右方向移动，都要掌握好重心。双方胸部应相距30厘米左右。跳舞进行中，切勿轻浮，但也不要过分严肃，双方眼睛自然平视，目光从对方右上方穿过，不可面面相向，不要摇摆身体，不要凸肚凹腰，不要把头伸到对方肩上。如果身体摇摇晃晃，肩膀一高一低，甚至踩了对方的脚，都是很不礼貌的。双方动作要协调舒展，和谐默契，根据舞曲及舞种的性质处理好体位和空间的关系，任何一方都不可有过分的动作。一般男士的右手搭在女士脊椎位置，不要揽过脊椎，高低可以根据双方身材而定。男士高的，可以揽得高一些，注意这时女士要把左手搭得低一些，甚至搭在大臂中下部。女士与对方贴得太紧，有失风度，也不要扭捏做作，使对方难堪。男士不可动作太大或行为粗鲁。跳舞中间，踩了对方的脚，要说一声："对不起，踩着你了。"旋转的方向应是逆时针行进，这样才不至于碰着别人。碰着别人，要道歉，或微微点一下头致歉。

（五）舞曲结束后的礼仪

一曲终了，男士应将女士先送回原位，并向女士表示谢意，可以说："你的华尔兹跳得真好。""你的动作反应快，和你跳舞很轻松，谢谢。"告别之后，才能再去邀请其他女士。如果舞会有乐队演奏时，跳舞者勿忘面向乐队立正鼓掌。

案例分享

张先生收到一张舞会请柬，于是他邀请了小文和小丽两个女孩去参加舞会。为了表示隆重，张先生穿上了国外买来的牛仔裤，小丽穿上了性感的吊带裙，而小文穿上了一套高级的套裙。在舞会中，当张先生准备下一支舞曲与小丽共舞时，一位男士过来邀请小丽，小丽见这位男士身材矮小，便扭过头去一身不吭，拉着张先生就往舞池中间走去。该男士非常尴尬，转而去邀请小文，小文则彬彬有礼地回答："对不起，先生，我不太舒服。"

二、酒会礼仪

（一）什么是酒会

酒会是国际上常用的一种招待会，通常以酒类、饮料为主招待客人。一般酒的品种较多，并配以各种果汁，向客人提供不同酒类配合调制的混合饮料（鸡尾酒）。还备有小吃，如三明治、面包、小鱼肠、炸春卷等，上面插有牙签，以便取食。

在西方国家，酒会分为正餐前酒会（鸡尾酒会）和正餐后酒会。正餐后酒会有时还有舞会和夜餐会。

1. 鸡尾酒会

在西方许多国家，午后6时至8时举行的长达两小时左右的聚会一般称为鸡尾酒会。在这种酒会上，人们往往将饮料和各种酒混到一起饮用。由于鸡尾酒会一般均有严格的时间限制，所以，参加这类酒会千万不要留太晚，让主人为难。

2. 正餐后酒会

一般在晚上9时左右举行，客人可以留时间长一些。客人在参加这类酒会时，应注意请束是否说明有晚餐和舞会。如果没有，也应早些离开。

（二）酒会过程中的礼仪

1. 准时

准时出席是对主人的一种尊重。如果确有某种原因不能赶到，要及时打电话告诉对方，说明是什么原因，同时对主人的邀请再次表示感谢。客人要准时离席，一般来说，请柬会注明酒会的时间，客人应提前10分钟告辞，否则会招致主人的不满。如果是口头邀请，则应该认为酒会将进行两小时。如果是亲密的朋友，或酒会在周末举行，那么客人可以待得更晚一些。在各种酒会上，在离开之前向主人告辞、当面致谢是一种礼貌行为。

2. 交谈

酒会是一种交际性质的聚会，良好的交谈是酒会中起码的礼仪。进入酒会现场，需要向任何一位客人微笑点头，有必要时打招呼或进行寒暄，但首要的事情是寻找与主人谈话的机会向主人表示感谢，让他知道你已经来了。与主人的交谈要简单、扼要，可以说"酒会办得真好，还有什么需要帮忙的吗？"或"你今天真漂亮，气色真好"之类的客套话。与人交谈是获得信息、联络感情、结交新知的重要手段。酒会中，应尽量谈论别人感兴趣的话题，如天气、时尚、电影、美食，等等。对于旧友，首先主动打一声招呼往往使自己显得亲切、友善，有利于双方关系的深化。对于想要结识的新朋友，则要具备自我介绍的信心，踊跃自荐，以便交际局面迅速打开。与人谈话时，应注意称谓，男士不论婚否，可统称"先生"。女士则根据婚姻状况而定，对已婚的女士称"夫人""太太"或"女士"，对未婚的女士称"小姐"，如果不知道婚姻状况，以称"小姐""女士"为宜。

3. 用餐

酒会一般以酒水为主，食品从简，餐序不像正式宴会那么烦琐。用餐时，依照合理顺序进行，既能保证自己吃饱吃好，又使自己不失风度。标准的酒会餐序依次为：开胃菜、汤、热菜、点心、甜品、水果，也有很多酒会不备热菜。鸡尾酒可以在餐前或吃毕甜品时喝。酒会上，用餐者一般须站立，没有固定的席位和座次，主人会设置一些座位，以供年长者及疲惫者稍作休息之用。酒会上就餐采用自选方式，客人可根据自己口味偏好去餐台和酒吧选择自己需要的点心、菜肴和酒水。

在酒会上用餐，无论是去餐台取菜，去酒吧添酒，还是从侍者的托盘中取酒，都应做到礼貌谦让，遵守秩序，排队按顺时针方向进行拿取。取食时切忌显得急不可耐，吆五喝六，或者"加塞儿"，哄抢，不顾及他人需求。这既影响了他人进餐，又使自己的形象大打折扣。千万不要总是站在点心、饮品桌旁边，也不要对食物点滴不沾，你可以选择自己喜欢的食物，取少量在碟子里，找一个合适之处和你的新老朋友一起享用。用餐时，不慎打翻食物和酒杯，要低调处理，切勿高声尖叫，主动收拾干净，以免影响整个会场气氛。

"多次少取"是参加酒会就餐时的一条重要原则。由于酒会采用自助形式，要由客人自己取食。选取菜肴时，对自己喜爱的食物或其他尚未品尝的食物，根据个人食量取菜，每次只取一点，一次不可取太多，不够可以下次再取。取回的食物必须全部吃完，切忌过分贪婪，吃相不雅。大取特取，或是铺张浪费，都会给人留下不好的印象。

（三）酒会礼仪注意事项

1. 饮酒有礼

酒会上虽然备有各种美味酒水，但切记参加酒会要饮酒有度，不要开怀畅饮，也不应猜拳行令、大呼小叫，或对别人劝酒，因为那样会给人以缺乏教养之感。同时，参加酒会一定要知悉自己的酒量，适度取酒，切不可贪恋杯盏，导致醉酒，造成行为失态、语言失禁的后果，以至于事后追悔莫及。主人提议干杯时，不打算喝酒或不会喝酒的人，也要举杯抿一点，以示对主人的尊重。不要在敬酒时东躲西藏，更不要把酒杯翻过来放，或将他人敬的酒悄悄倒在地上。在主人正式敬酒之后，客人与主人之间可以互敬。干杯的时候可以碰杯，喝完后要手拿酒杯和对方对视一下，敬酒才算结束。如图 102 所示。

图 102　敬酒礼仪

2. 谈话有礼

酒会中，与他人交谈时切勿东张西望，唯恐错过重要的人物，这是非常不礼貌的。同时，不要抢着与贵宾谈话，不让其他人有和他交谈的机会或冷落了他人。与主人交谈时，千万不要占用主人太多的时间，因为主人还要照顾其他客人。一言不发在酒会中是失礼的行为，会让主人感到你对酒会不满意，没能让你开心，没能将你照顾好。如果你对别人谈论的话题不感兴趣，可以做一名善意的聆听者，在适当的时候点头表示赞同。如果想离开某个谈话圈，千万不要不打招呼就离开，这是非常失礼的，可以得体地打个招呼："对不起，那边来了一个朋友，我过去问候一下，失陪了。"

三、年会礼仪

年会的召开一般是在春季，可在任何地方举行，包括企业本部或所属工厂、酒店的大会议厅等。

（一）年会的流程

（1）与会人员入席。

（2）主持人开场白，介绍到会人员，邀请领导讲话。

（3）员工代表讲话（优秀员工获奖感言）。

（4）员工与领导之间进行互动。

（二）年会礼仪

1. 事先通知

当年会的准备工作就绪后，召开之前三四周，应向参会人员发出通知或邀请，让他们做好准备前来出席。同通知书一起寄出的是参与会议相关的材料，如年度报告。

2. 发言

参会人必须经主持人同意才可发言，发言时间一般不超过5分钟，发言机会一般是一次。如果时间允许，可以有第二次发言。不要随意打断他人的发言。

知识链接

国际标准舞

国际标准舞（International Style of Ballroom Dancing），简称国标舞，来源于各国的民间舞蹈。国标舞对舞姿、舞步要求非常严格。

交谊舞与国标舞不同，它保持了国标舞各种舞种的风格，但比较随意，要求相对低一些。

国标舞按技术结构可以分为摩登舞和拉丁舞，合计十个舞种。其中摩登舞项群含有华尔兹、维也纳华尔兹、探戈、狐步和快步舞，拉丁舞项群包括伦巴、恰恰、桑巴、牛仔和斗牛舞。每个舞种均有各自舞曲、舞步及风格。根据各舞种的乐曲和动作要求，组编成各自的成套动作。

技能训练

> **情境模拟**

（1）情境背景

假设单位组织一场节庆舞会。男职员邀请女职员跳舞，男职员不慎踩到女职员的脚，他该说什么？做什么？跳舞结束，男女职员分别该说什么？做什么？

（2）模拟要求

一位男同学和一位女同学为一组。

（3）实训目的

通过本情境的模拟，使学生更加深刻理解舞会礼仪的规范，从而在职场交际中得心应手。

任务五 乘车礼仪

知识认知

职场中商务接待的工作，是企业与客户沟通的桥梁，代表一个企业的文明形象，所以接待人员必须掌握商务接待的各种礼仪规范。商务接待乘车礼仪是商务接待中重要的一个环节，座次的完美安排则是对客户尊重的体现。

商务乘车遵循一个原则就是把客人放在最安全的位置。商务乘车座次的安排根据车辆的不同而不同，也根据驾车人的不同而不同。下面从两个方面介绍商务接待乘车座次礼仪。

一、座次礼仪

（一）如果由主人亲自驾驶轿车时，前排座为上，后排座为下，以右为尊

1. 双排五座轿车

座位由尊到卑依次为：副驾驶座，后排右座，后排左座，后排中座，如图103（a）所示。

2. 双排六人座轿车

座位由尊到卑依次为：前排右座，前排中座，后排右座，后排左座，后排中座，如图103（b）所示。

3. 三排七人座轿车

座位由尊到卑依次为：副驾驶座，后排右座，后排左座，后排中座，中排右座，中排左座，如图103（c）所示。

4. 三排九人座轿车

座位由尊到卑依次为：前排右座，前排中座，中排右座，中排中座，中排左座，后排右座，后排中座，后排左座，如图103（d）所示。

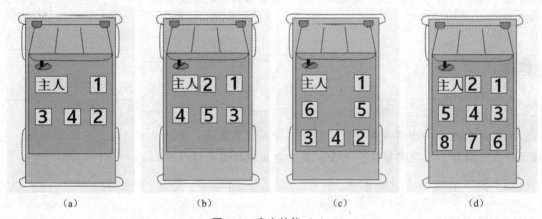

图103　座次礼仪（1）

（二）如果是司机开车，车上最尊贵的座位是后排右座

1. 双排五人座轿车

座位由尊到卑依次为：后排右座，后排左座，后排中座，副驾驶座，如图104（a）所示。

2. 双排六人座轿车

座位由尊到卑依次为：后排右座，后排左座，后排中座，前排右座，前排中座，如图104（b）所示。

3. 三排七人座轿车

座位由尊到卑依次为：后排右座，后排左座，后排中座，中排右座，中排左座，副驾驶座，如图104（c）所示。

4. 三排九人座轿车

座位由尊到卑依次为：中排右座，中排中座，中排左座，后排右座，后排中座，后排左座，前排右座，前排中座，如图104（d）所示。

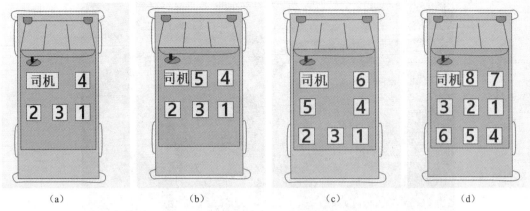

图 104 座次礼仪（2）

二、上下轿车的礼仪

轿车在现在的社交活动中已经起着越来越重要的作用。一部车的档次高低，往往体现着乘车者的地位和身份。但是，如果仅是拥有好车，却随意地出入轿车，而没有半点优雅的姿态，那还是无法将高雅气质完全体现出来。因此，一定要注意在任何地点都要保持优雅而有品位的上下车动作。

（一）上车

以左侧上车为例：首先，左手轻扶住车门，身体微微侧转与车门平行。其次，右脚轻抬先进入车内，左手轻扶车门稳定身体。先上一只脚，将身体重心移进去坐稳后，再抬起另一只脚。再次，臀部往内坐下，左手同时扶住车门边框支撑身体，并缓慢将左脚缩入车内，此时要注意膝盖确实并拢。最后，借由双手撑住身体，移动身体至最舒服的位置坐妥，优雅地坐进车内。如图 105 所示。

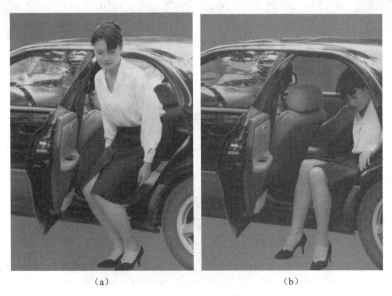

图 105 上车礼仪

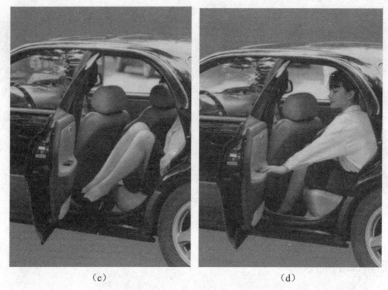

图 105 上车礼仪（续）

（二）下车

以左侧下车为例：首先，左脚踏出车外至地面踩稳，右手扶着前座椅背，左手轻扶车门边缘以支撑身体。其次，将重心转移至身体左边，伸出右脚站稳，并运用双手的力量撑起身体。最后，双手借力站起身后，稳稳地手扶车门，完成下车动作。下车过程中，整个身体一直保持朝前的方向。避免身体面向车门，钻进钻出，使臀部面向他人。如图 106 所示。

图 106 下车礼仪

知识链接

世界十大名车

世界十大名车包括劳斯莱斯（Rolls–Royce）、宾利（Bentley）、迈巴赫（maybach）、法拉利（Ferrari）、兰博基尼（Lamborghini）、迈凯伦（Mclaren）、阿斯顿马丁（Aston Martin）、布加迪（Bugatti）、帕加尼（Pagani）、柯尼赛格（Koenigsegg）。

技能训练

按照表17的要求，模仿旅游从业人员完成乘车礼仪练习。

表17 旅游从业人员的乘车礼仪

情境背景	情境要求	完成情况
迎接游客上车的礼仪	着装整齐，微笑迎客	
行车中的礼仪	面带微笑，注视游客，旅游从业人员应面对游客站立在过道前方，进行解说或组织娱乐活动	
下车的礼仪	下车后，按顺序下车，提醒车上是否有游客遗留物品	

模块三

宴会服务礼仪

任务要求

1. 宴请形式多彩纷呈。
2. 宴请准备精心细致。
3. 参与宴请礼貌文雅。
4. 中餐宴会礼仪规范。
5. 西餐宴会礼仪规范。

案例导入

某公司业务员小李招待某地区一个普通客户,客户已经基本接受目前的合作条件,晚上小李为更快拿下合同,为该客户准备了一个盛大的宴会。本以为通过宴会可以趁热打铁将此笔业务合同签订下来,谁料想宴请后该客户反而迟疑了。原因很简单,你对他太好了,客户觉得你此时一定很需要他。结果,该客户回头继续向公司开出其他条件,让小李大伤脑筋。

在与人交往的过程中,应选择适当的宴请形式,既可以增进彼此的友谊,又便于邀请者实现自身的目的。

任务一 宴请形式

知识认知

宴请是最常见的交际活动形式之一。宴请方往往是通过宴请方式来拉近与客人之间的关系,进而达到其目的。各国宴请都有自己国家或民族的特点与习惯。对于宴请活动的形式,既有不同标准,也有不同的分类,但通常会根据活动目的、邀请对象以及经费开支等各种因素而确定。国际上通用的宴请形式主要包括宴会、招待会、茶会、工作餐,每种形式均有特定的规格和要求。

一、宴会

宴会是一种相对正式、隆重的宴请形式，按照其接待规格可分为：国宴、正式宴会、便宴、家宴。

（一）国宴

国宴是国家元首或政府首脑为迎接国宾、其他贵宾，或在国家庆典时为招待各界人士而举行的宴会。其在接待规格上列各类宴会之首，因此对宴会的礼仪要求也最为严格。

（二）正式宴会

从广义角度来说，国宴也是正式宴会的一种，但在此处我们所说的正式宴会是指除国宴以外的各部门或各社会组织为欢迎来访的客人、答谢合作者与支持者，或是来访客人为感谢主人而举行的宴会。正式宴会规模可大可小，规格可高可低，但对餐具、酒水、菜肴、上菜的程序、陈设以及服务员的装束、仪态都有着严格的要求。正式宴会又分为中餐宴会和西餐宴会。

（三）便宴

便宴也称非正式宴会，通常是组织者为招待数量较少的客人而举行的宴会。其规模一般较小，规格要求不高，而且也没有严格的礼仪程序。从名称中我们就可以看出便宴最大的特点就是灵活、方便，在宴请过程中可以不排座位，不做正式讲话，宾主可随意交谈，气氛融洽，适宜于日常友好交往。

（四）家宴

家宴是在家中为招待客人而举行的宴请。相对于其他规格的宴请而言，虽没有对礼仪、菜式等有严格要求，但由于是在家中由主人亲自或指挥烹调，所以客人与主人之间更显亲近、友好。西方人喜欢采用这种形式。

二、招待会

招待会是一种不备正餐的较为灵活的宴请形式。规模可随宴请对象、经费开支等因素调整，可大可小，经济实惠。规模较大的用于较隆重的宴请，如新春招待会、国庆招待会等。规模较小的一般用于公关与商务宴请活动，如各企业、行业组织等举办的招待会。常见的招待会主要有冷餐会、酒会两种形式。

（一）冷餐会

冷餐会是现今国际上较流行的一种招待会形式，它有如下特点：

1. 不排座位

客人在就餐时可自由入座亦可站立进餐。在一些大型冷餐招待会上，往往是主桌会安排座位，其余各席并不固定座位。此种方式便于主人与客人自由活动，彼此交谈，以达到更好的社交效果。

2. 菜肴以冷食为主

冷餐会上除冷食外，也配有热菜、酒水、甜点等，连同餐具一同陈设在菜桌上，供客人自由选择，并可多次取食。

3. 举办的规格、参加的人数和时间较为灵活

根据主、宾双方身份，招待会的规格可高可低，参加的人数亦可以根据活动目的、邀请对象以及经费开支等因素确定，可多可少。时间一般会安排在12时至14时，或17时至19时。

冷餐会由于采用了客人自选菜肴的方式而避免了浪费，从而使得成本相应降低，因此得到越来越广泛的采用。

（二）酒会

酒会，是一种经济、简便与轻松活泼的招待形式。它起源于欧美，一直被沿用至今，在人们社交活动中占有重要地位。酒会上备有酒水、饮料和小吃。客人可在请柬规定的酒会时间内自由前往或退席，来去自由，不受约束。酒会不设座位，仅设小桌，酒品、饮料与小吃可由服务员托盘端送，亦可部分放置于小桌上，方便客人取食。客人站立就餐，可随意走动，交谈，敬酒。酒会举办的时间也比较灵活，中午、下午、晚上均可。由于酒会气氛和谐热烈，交际方便，客人自由程度高，近年来被广泛采用。

三、茶会

茶会，又称茶话会，是一种比较简单的招待方式，以请客人品茶为主，也略备点心、小吃。茶会的举办时间一般为16时左右，地点通常设在客厅。主人和客人围坐在茶几旁，入座时应主动将主宾和主人安排在一起，其他人可随意就座。茶会中的茶叶、茶具的选择要讲究。茶具一般采用陶瓷器皿，不能用玻璃杯、热水瓶代替。如果遇到外宾亦可以咖啡代茶招待。

四、工作餐

工作餐是现代商务交往中常用的一种非正式宴请形式。根据用餐时间不同，可分为工作早餐、工作午餐和工作晚餐。餐间各方一边就餐一边进行工作事务交谈，省时简便，且用餐多以快餐分食为主，方便卫生。此种形式由于是工作性质，一般不请配偶参加。

知识链接

我国的国宴

我国的国宴大致经历了三个历史时期。

第一个时期是20世纪70年代，由中共中央办公厅钓鱼台管理处服务科负责接待工作，那个时期应该说我们料理的餐饮还称不上是国宴，只是为来访的社会主义阵营的国家领导人而设的宴请。

第二个时期是20世纪80年代中后期，在计划经济体制下，我们为邦交国家的元首或者使团提供餐饮服务。服务科在这个阶段被移交外交部。在这个时期的中后期，外事活动明显增多，豪华团队增多，接待组织工作的各方面水平都提高了许多。

第三个阶段是20世纪90年代到21世纪，在比较发达的市场经济下，大量的国家元首来访，国宴也走入了更加丰富、开放和多元化的历史时期。

技能训练

根据所学内容,从不同角度分析不同宴请形式的特点和适用的情况,并填写表18。

表18 宴请形式的特点和适用情况

宴请形式	规模	举办时间	邀请对象	注意事项
宴会				
招待会				
茶会				
工作餐				

任务二 宴请组织礼仪

知识认知

宴请作为一项主办方实现其目的的重要礼仪活动,其举办必须要经过事先充分的准备。举办一次成功的尤其是规模较大的宴请,在组织过程中必须要根据宴请的目的、对象、形式等确定相应的礼仪规范。

一、宴请的目的、名义、对象、范围、形式

(一)宴请的目的

宴请的目的通常是各不相同的,可以是为庆祝节日,也可为某件事或某个人。宴请的一切组织活动均是围绕目的而展开,因此明确目的对宴请组织有着至关重要的作用。

(二)宴请的名义、对象与范围

明确宴请的目的后,要进一步确定以谁的名义发出宴请和被宴请者都包括哪些人,即确定邀请者与被邀请者。在确定邀请者时,官方的宴请一般采用身份对等的原则。邀请者的身份如果较低会让人感到不礼貌。而在被邀请者的确定上,原则上是根据宴请目的来确定,同时要考虑宾主双方身份、国际惯例、双方关系等因素。如果是国宾来访时的欢迎宴会,除邀请代表团人员外,还可以适当邀请相关使馆人员,并请我方有关负责人出席作陪。被邀请者确定后,应拟定名单,并在名单上注明被邀请者的姓名、性别、职务等信息,便于适时发出邀请。

(三)宴请的形式

宴请的形式是根据宴请目的、对象与范围以及经费开支等各种因素而确定的。对于大型宴请要按照惯例。正式的、高级的、人数较少时以宴会为宜,人多时可以选择冷餐会、酒会或茶会等形式。

二、宴请的时间和地点

宴请的时间要选在宾主双方均较合适的时候,如果可能最好事先征求主宾的意见,以表示尊重。如果是涉外宴请应避开对方国家的重大节假日。特定的节日、纪念日的宴请,应安排在节日、纪念日之前或当日举行,不能拖到节日、纪念日之后。同时,要避开对方的禁忌。例如,西方国家忌讳"13"这个数字,特别是恰逢13日的星期五;穆斯林在斋月有白天禁食的习俗,所以宴请只宜安排在日落以后,等等。

宴请的地点要根据宴请的目的、对象、形式与规格、宾主关系、经费等来确定。如果是正式的、规格较高的宴会应安排在高级酒店或饭店,而一般规格的可安排在适当的酒店即可。但无论档次如何都应选择环境优雅、卫生优良、服务规范、设施完备的酒店,要与被邀请的主宾身份相适应。

三、宴请邀请

(一)邀请方式

邀请是宴请必不可少的工作之一。邀请的方式有两种:一是口头邀请,二是书面邀请。具体方式一般应根据宴请的形式、规格与对象等因素的不同来选择。

口头邀请一般适用于非正式、临时性的宴请。由邀请者口头告之被邀请者活动的目的、名义以及时间、地点与范围。书面邀请一般适用于较正式的、大型的宴请,即由主办方将宴请相关信息写于请柬上向被邀请者发出。正式宴请如果已经有口头约妥的情形,仍应补送请柬,以便被邀请者备忘。

(二)邀请的时间

除一些临时性宴请外,在宴请时应当考虑给对方宽裕的准备时间,以便安排好各方面工作。因此发出邀请的时间不宜太晚。当然,为防止被邀请者遗忘也不宜太早。一般正式宴请的邀请时间为提前3~7天。

(三)请柬的使用

使用请柬邀请,既可以表示对被邀请者的尊重,又可以表示邀请者对此事的郑重态度,是正式宴请中邀请者最常用的邀请方式。在使用请柬时应当注意:

(1)为达到更好的效果,在请柬的选择上,要注重纸质、款式和装帧设计的艺术性,做到美观大方。

(2)请柬上要写明宴请活动的目的、名义、范围、时间、地点及其他应知事项。

(3)请柬书写时要注意格式正确、文字美观、用词谦恭、语言精练准确。遇到涉及时间、地点、被邀请者姓名等关键性词语时,一定要核准、查实。

请柬的样式一般有折叠式和单页式两种,一般包括标题、称谓、正文、敬语、落款和日期等内容。正文不用标点符号。敬语一般以"敬请光临""此致敬礼"等作结。如需安排座位,则一般要注明被邀请者的座位,以便被邀请者能顺利地对号入座。

(4)请柬发出后,如需安排座位,应及时核实被邀请者的出席情况,做好登记,以便安排座位。

四、菜单与酒水的拟定

宴请的菜单与酒水能体现宴请的规格和邀请者的用心程度，因此一份成功菜单配以适当的酒水，可使得宴请活动事半功倍，相反则会弄巧成拙。在拟定菜单和酒水时应掌握以下几个原则：

（一）看"人"下菜

这里所说的看"人"下菜是指菜单的菜品与酒水应当根据客人喜好和禁忌来选择，主要以主宾的口味习惯为依据。特别是要了解客人尤其是主宾不能吃什么，排除个人禁忌、民族禁忌与宗教禁忌，如回族人不吃猪肉等。同时考虑用餐者的年龄、健康情况、文化层次等。因此，必须了解有多少位客人，有多少种口味，尽量做到对他们的要求了如指掌。

（二）看"时"下菜

这里所说的"时"，一是指时节，二是指时间。菜品要考虑季节，要应时，应鲜。如冷盘水果选应季的，既新鲜又价格便宜；又如春吃鲥鱼秋吃蟹，等等。当然用餐的时间也会影响菜品的选择。晚宴就要比午宴、早宴隆重些，所以菜的种类也应丰富一些，而早餐则应以清淡、营养为主。

（三）看"地"下菜

所谓看"地"下菜，是指拟定的菜单与酒水要照顾到地方特色。这里的"地方特色"既包括主人的当地特色，也包括客人的家乡风味。一般国内客人的口味总体来说是南甜、北咸、东酸、西辣。江南人喜清淡、甜咸、爽口，讲究营养，乐于质高量小；西北人喜吃带有酸口、经济实惠和牛肉品种的菜肴；东北人爱吃肥而不腻、脂肪多的鱼肉菜品，而且一般食用量大，习惯吃饱吃好。不同国家的外宾也存在饮食差异。如法国人对饮食十分讲究，偏好肥、浓、鲜、嫩、酸、甜、咸口味，而且对酒嗜好，尤其爱饮葡萄酒、玫瑰酒、香槟酒等。宴请久居异乡的客人吃顿纯正的家乡菜，相信虽没有山珍海味但却能打动人心。

（四）看"味"下菜

菜品要以营养丰富、味道多样为原则，在安排时应有冷有热，有荤有素，有主有次。

（五）看"钱"下菜

菜品不一定要名贵，而应以精致、卫生、可口取胜。分量也要适中，过多易造成浪费。因此要考虑开支的标准，做到丰俭得当。

其实宴请的菜单与酒水是很有讲究的，在组织过程中以上各原则要进行综合考量。如果是较高级、正式的宴请，菜单与酒水要交由相应级别的主管部门负责人亲自审定方可。

五、宴请气氛的调节与控制

良好的气氛可以帮助主人在宴请中增进与客人的友谊，使宾主情感得以沟通，关系融洽，合作的意愿变得更加明确。所以，在组织过程中，要注重宴请气氛的调节与控制。

在宴请进行过程中，我们可以通过一些辅助手段来调节和控制气氛，具体有以下措施：

（一）光线

光线的调节是指通过灯光或自然光的明暗度与色彩变幻来调动和调节客人情绪，以烘托气氛。在灯光设计时，应考虑宴请场地的风格、空间、档次与宴请形式等因素。如中式宴会讲究以红黄、金黄两色光为主，使客人在暴露的光源下略感眩光，以此增强宴会的气氛。而西式宴会的光线则偏暗、柔和，使人感到幽静、安逸。当然，在宴请过程中，灯光并不是定式的，可以随着宴请的节奏进行调节，以达到意想不到的效果。

（二）环境布置

环境是宴请气氛中可视的重要因素，也是影响客人心境的重要因素之一。因此，无论是宴请场所的装饰、陈设还是绿化都应认真对待。中餐宴会厅的装饰一般以红、黄为主调，辅以其他色彩，彰显欢乐喜庆的气氛。而西餐厅则以咖啡色、褐色、红色等为主，营造古朴稳重之美。就餐桌而言，中餐宴会以圆桌为主，西餐宴会则以长方桌为主。环境如何布置必须要掌握一个标准，即环境应与宴请的目的、档次、规格、形式等相适应，而且应当做到风格统一。

（三）背景音乐

自古以来，宴席就有音乐相伴。《楚辞·招魂》中有："肴馔未通，女乐罗兮。陈钟按鼓，造新歌兮。涉江采菱，发扬荷兮。"这描写的就是宫廷高官贵族宴席边上菜、边奏乐、边唱歌的热闹场面。适当的音乐能渲染气氛，同时还能调节客人的情绪，增进他们的食欲。而今普遍播放的是各种轻音乐，给人以轻松、舒缓的感受。

（四）表演

在一些大型正式宴请中，可以邀请专业的文艺团体、个人做现场表演。优秀的表演既可以体现宴请的档次，又可以使现场始终保持欢快、热烈的气氛。表演中必要时还可以邀请主宾或重要的客人上台即兴表演，或宾主合作即兴表演，可以将宴请气氛带入高潮。

除以上四种手段之外，宴请场地的温度、湿度和气味也应注意，以免导致客人不适而影响其就餐，进而破坏宴请气氛。

案例分享

某市一知名企业与日本某企业缔结合作协议成功后，在某著名饭店举办了一场大型的中餐宴会，邀请本市最著名的演员到场助兴。该演员到达后，花了很长时间才找到了自己的位置。入座后，他发现与其同桌的许多客人都是接送领导和客人的司机，他感到自尊心受到了极大的伤害，于是没有同任何人打招呼就悄悄离开了饭店。然而当时宴会组织者并没有注意到这一点，直到宴会主持人拟邀请这位演员上台演唱时，才发现他并不在现场。幸好主持人灵活，临时改换其他演员顶替，才没有导致冷场。

宴请活动必须要进行事前充分的准备，要根据宴请的对象确定相应的礼仪规范。对于宴请活动中的任何环节都应妥善处理，同时应注意现场的把握。

知识链接

宴会厅的温度、湿度、空气质量舒适指标

一般宴会厅都规定了温度、湿度、空气质量达到舒适程度的指标。

1. 温度

宴会厅内,冬季的适宜温度在 18~22 ℃,夏季的适宜温度在 22~24 ℃,用餐高峰期的适宜温度在 24~26 ℃,室温可随意调节。

2. 湿度

宴会厅适宜的相对湿度为 40%~60%。

3. 空气质量

室内通风良好,空气新鲜,换气量不低于 30 立方米/(人·小时),其中 CO 含量不超过 5 毫克/立方米,CO_2 含量不超过 0.1%,可吸入颗粒物不超过 0.1 毫克/立方米。

技能训练

根据表 19 的内容,完成宴会组织练习。

表 19　宴会组织内容和要求

内容	要　　求	完成情况
客人名单	名单准确、无遗漏	
宴请地点	能够考虑宾主双方的情况,根据主办人的经济情况选择适当的酒店	
菜单及酒水拟定	能够根据主办人的经济情况、客人的情况,合理搭配菜肴和酒水	
宴会气氛的控制与调节	综合运用光线、环境、音乐等因素进行布置,有特色	

任务三　参与宴请礼仪

知识认知

经济生活的发展,使我们在工作和生活中参加宴请的机会越来越多,人们也越来越多地愿意通过宴请进行沟通、了解。为了能够给人以良好的印象,增添他人的好感,在参与宴请活动时,一定要秉持各环节的礼仪规范。

一、应邀

接到宴请邀请后,应根据邀请者的要求,尽快表明自己是否愿意被邀,以便邀请者安排组织。一旦接受邀请,无特殊理由,不应随意变动。如遇特殊情况不能出席宴请,必须要及时通知对方,并应礼貌地向其解释、道歉。

二、备礼

接受邀请后，可以根据宴请的形式、目的、内容、与主人密切程度以及当地习惯等选择适当的礼物。同时也要注意送礼的一些禁忌，如除非生日或重大节日的喜庆场合，西方人平常不太喜欢相互赠送礼物，而且较忌讳赠送贵重礼物。

三、修饰

参与一些较正式的宴请，应该提前适当修饰自己的仪表，这也是尊重主人的一种表现。一般男士要修整须发，女士要化妆，同时换上符合宴请类型的服饰。仪容、仪表的修饰参照本书仪容仪表礼仪章节的内容。

四、抵达

赴宴的时间，应当准时，不宜早到，更不应迟到。早到，如果主人未做好准备工作，易造成尴尬。迟到则会影响宴请的举行，不仅给主人带来不便，也会使其他客人不悦，更显失礼。一般正式宴会，比邀请时间早到两分钟左右较为合适。同时为表尊重，在宴会上不应早退或逗留时间过短。抵达宴请地点后，应先到衣帽间脱下大衣和帽子，前往主人迎宾处，主动与主人问好，并送上事先准备好的礼物，以表真诚。

五、入座

入座前可以在休息室等候或与较熟识的客人交流。当主人邀请客人入席时，应了解主人与主宾以及其他陪客人员的位置，而后根据自己的身份角色入座。如遇宴请桌次较多的情况，在进入前，先了解自己的桌次，对清自己的座位卡与姓名，不要随意乱坐。就顺序而言，一般情况下首先入座的应是主人与主宾，其次是其他客人及陪同人员。当遇到年长者或女士入座时，晚辈、男士应当主动上前帮助其坐下，待其坐稳后，方可离开。个人入座时，应从自己行进方向的左侧入座，在同桌的长者、女士以及位高者落座后，再与其他人一同就座。

六、席间

（一）举止

落座后要注意自己的姿态，椅子与餐桌应保持20厘米左右的距离，不要太近或太远，双手不宜放在邻座的椅背上或餐桌沿上，更不要用两肘撑在餐桌上。同时，席上当众补妆、梳理头发、挽袖口、松领带以及摆弄小物件的行为都是不礼貌的。

（二）进餐

进餐前，不要急于打开餐巾，应先与左右客人交流一两句。餐巾用于擦拭嘴与手，不用时，展开放于膝上，不要塞在下巴下。中途离席时，可以把餐巾放在椅子上，而不应放在餐桌上，同时切勿用餐巾擦拭餐具，因为此种行为会显得你对主人准备的餐具不满意，是对主人的不尊重、不信任。用餐结束后，餐巾也不能揉作一团，更不能乱丢。

上菜时，应通过转盘转到主人和主宾之间，自己如非主人或主宾，不宜先尝。取菜时，一次不宜取太多，盘中食物也不要盛得太满。遇有服务员分菜时，如需增加，待服务员送上再取。如遇自己不爱吃或不能吃的菜肴，当别人给夹菜或服务员分菜时，不要拒绝，取少量并表示感谢。对菜肴的味道如不满意，切勿表现出厌恶的表情。

进餐过程中，可以把自己喜欢的或餐桌上较为有特色的菜品推荐给他人。此种推荐停留在口头上即可，也可使用公筷，但切忌不要用自己的餐具为他人取菜，因为这种方式不卫生，会让被敬者尴尬为难。

进餐时切忌狼吞虎咽，要闭嘴咀嚼，尽量避免嘴里发出声响。咀嚼食物时不要讲话，如有人与你交谈，要吞咽之后再与之交谈。喝汤应用汤匙，轻吸进去，不要啜。如汤太热，不要用嘴吹，放置一下待稍凉后再食。鱼刺、骨头等不应直接吐出，可用餐巾捂嘴后用筷子取出，放入骨盘内。

饮酒碰杯时，为表现敬意可将自己酒杯低于对方，近距离碰杯要轻。干杯时，即使不能喝也要用嘴唇碰一下，以示敬意。

食间如需剔牙，要用牙签，不要用手或筷子，亦不要面对其他人张嘴，而应用手或纸巾遮住口，更不能边走边剔牙。

（三）交谈

现在的宴请聚餐，被认为是再普遍不过的沟通方法和社交文化，因此交谈是必不可少的。静食不语，是对主人的不礼貌。因此在参与宴请的过程中，应当主动交谈。交谈时，不要只和自己熟悉的人说话，交谈的对象要广泛，特别要注意主人方面的人。话题内容可以适当选择，但不要触及对方敏感、不快的问题，不要道人是非，更不可恶语中伤他人或与他人争论。对陌生人可以通过自我介绍、简单寒暄打开局面，进而聊些热门话题、个人爱好等增进感情。在别人交流时，切忌打断。谈话时要注意控制音量，不宜太大，太大会让人觉得不高雅；但也不能太小，太小似乎在人耳边说悄悄话，也是不礼貌的。同时，与人交谈时应放下餐具，暂停进食，以示尊重。

（四）祝酒

在正式的宴请中，祝酒是必不可少的项目。作为客人应当了解为何人、何事祝酒，尽量事先有所准备，做到心中有数。一般情况下，主人应当最先祝酒，其后是主宾，其他人可选择适当时机。当然如果无人祝酒，客人也可以提议向主人祝酒。在主人或主宾祝酒时，其他人应当暂停交谈与进食，耐心倾听。碰杯时，主人和主宾先碰，多人时可举杯示意，无须一一碰杯。遇长辈、女士、位高者，晚辈、男士、位低者碰杯时，应当把酒杯举得略低一些，以表尊重。同时，在餐桌上碰杯，也不要将手伸得太长。祝酒者与被祝酒者并不必把酒杯里的酒都喝干，每次只喝一小口就足矣。

七、结束

（一）退席

待大部分客人停止进餐时，主人可以征询客人的意见适时结束宴会，也可以将餐巾放在餐桌上，表明宴请终止。宴请结束后，一般由主人先起身，其他人随其后离开，退席时应当让年长、女士、位高者先走。离开餐桌时，不要拉开座椅就走，应当将座椅挪回原处。男士应当帮女士移开座椅，而后放回。

(二) 告辞

礼貌的告辞会让人加深印象，提升好感。一般情况下，客人不宜提前退席，如果必须提前离开，要在适当的时机向宾主说明，特别应对主人表示歉意。切忌选择大家交流热烈或重要事情还未宣布前说明。

一般情况下，主宾是第一位告辞的人。从道别的顺序而言，男宾应先向男主人道别，女宾先向女主人道别。客人应向主人真诚致谢，主人应当主动相送。

案例分享

留美的大学生万怡，拿到学位后，在一家保险公司找到了一份工作。圣诞节前夕，该公司在一家五星级酒店里开圣诞晚会，总裁也到场。

那天下午，公司的女同事纷纷早退，万怡也没多想。看了一眼请柬，上面注明要穿正式服装。

到了晚上，万怡按国内的思维习惯穿着西装裤装、平底鞋、顶着挂面头，也未化妆就去了。

一进门，万怡就愣了。富丽堂皇的大厅里，男士个个穿着黑西装黑领结白衬衫，女士个个穿着晚礼服、浓妆艳抹、珠光宝气，就像电影里演的那样。

人们看到她的时候，什么样的表情都有。万怡恨不得赶快找个地缝钻进去。

当第一支舞曲响起时，万怡偷偷地溜走了。

了解和掌握参与宴请活动的礼仪要求是更好地与人交际的重要条件之一。在应邀参加宴请活动时，应根据宴请的形式、主人的要求、当地的习惯等适当地修饰自己，以免贻笑大方。

知识链接

如何周全地拒绝邀请

活跃于交际场合的你，难免宴请邀请不断，在面对各种邀请时，你是不是难以取舍或者难以安排呢？下面，就教你几招应对邀请的诀窍吧。

（1）面对如此多的邀请，你要根据自己的具体日程安排来确定是拒绝还是接受。不要这个想去，那个又舍不得拒绝。那样既是对邀请者的不尊重，也是对你自己不负责。混乱的安排只会让自己陷入无休止的麻烦之中。

（2）拒绝邀请也需要艺术。拒绝的方式不得当，不但会显得你很没礼貌，还会伤害邀请你的人。具体而言，在拒绝对方时，尽量做到以下几点：

① 耐心倾听对方的邀请与要求。即使在对方讲述中途就已经知道必须加以拒绝，也要听人把话讲完。这既表示对其尊重，也可更加确切地了解其邀请的主要含义。

② 要明白地告诉对方你要考虑的时间。我们经常以"需要考虑考虑"为托词而不愿意当面拒绝请求，内心希望通过拖延时间使对方知难而退，这是错误的。假如不愿意立刻当面拒绝，应该明确告知对方考虑的时间，表示自己的诚意。

③ 拒绝的话不要脱口而出。在拒绝的时候要和颜悦色，但过分的歉意会造成不诚实

的感觉。

④ 必须指出拒绝的理由。指出真诚的并且符合逻辑的拒绝的理由最好,有助于维持原有的关系。

⑤ 对事不对人。一定要让对方知道你拒绝的是他的邀请,而不是他本身。

⑥ 千万不可通过第三方加以拒绝。通过第三方拒绝,只会显示自己懦弱的心态,并且非常缺乏诚意。

技能训练

教师或学生自设情景,按照表20的内容和要求分别扮演参加宴会的角色,模拟参加宴会活动。

表20 参加宴会的礼仪

内容	要求	完成情况
入席前的礼仪	1. 礼貌应邀或拒绝。 2. 准备适当的礼物。 3. 衣着装饰得体。 4. 准时到达宴会会场	
入座与席间的礼仪	1. 按要求或礼貌入座。 2. 席间言谈得体大方。 3. 进餐动作有礼貌,无不雅行为	
宴会结束时的礼仪	1. 按顺序退席。 2. 与主人告别言语得体	

任务四 中餐宴会礼仪

知识认知

中国餐饮礼仪源远流长。据史料记载,周代的就餐礼仪与程序是极为讲究的。时光荏苒,朝代变迁,到了晚清以后的五口通商,西方的经济、文化、生活习俗蜂拥而至,西餐出现在我国的沿海城市。中西餐饮文化的交流与融合,使我国的餐饮礼仪更加科学合理。现代的餐饮礼仪是在传承了我国固有的餐饮与融汇了国外西餐礼仪基础之上发展而来的。

一、中餐宴请桌次与座次的排列

在中餐宴请中,宴会的桌次与座次排列是首要任务,它关系到客人的身份与主人给予客人的礼遇。

(一)宴请的桌次排列

中餐宴请多使用圆桌。如果宴请人数较多,会出现多桌的情况。每张桌子的摆放顺序,可称为桌次。在正式宴会当中,遵循的原则是:以门定位、中心第一、先右后左、近高远低。也就是说,主桌应放在上首中心位,根据国际惯例主桌右侧桌次高,左侧桌次低,且距离主桌近的桌次高，距离主桌远的桌次低，如图 107 所示。

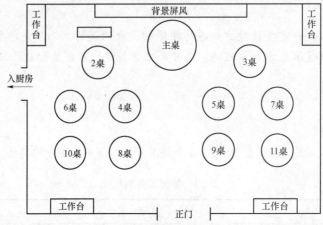

图 107　中餐宴请的桌次排列（1）

1. 两桌宴请的桌次排列

当两桌横排时，面对门且右侧桌次为尊位，如图 108（a）所示。当两桌竖排时，面对门且离门远的桌次为尊位，如图 108（b）所示。

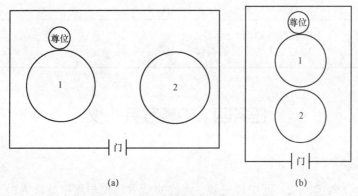

图 108　中餐宴请的桌次排列（2）

2. 三桌或三桌以上宴请的桌次排列

（1）三桌宴请的桌次排列，如图 109 所示。

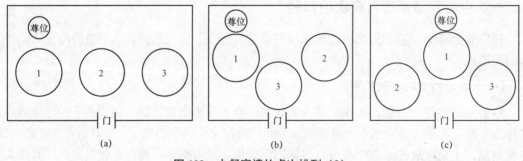

图 109　中餐宴请的桌次排列（3）

（2）三桌以上宴请的桌次排列，如图110所示。

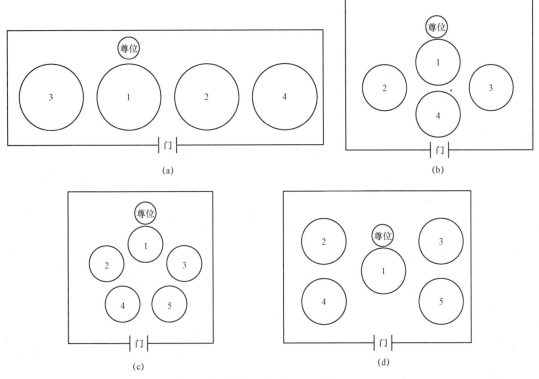

图110 中餐宴请的桌次排列（4）

（二）宴请的座次排列

1. 座次排列的原则

中餐宴请时，每张餐桌上的座位也有尊卑之分，排序方法非常复杂，一般以年龄、性别、身份地位等作为排序的考虑依据。主人座位一般以"面门为上、右高左低、中座为尊、观景为佳、临墙为好"为基本原则。"面门为上"是指面对正门者为上座，背对正门者为下座。"右高左低"是指根据国际惯例，主人右侧为上座，左侧为下座。"中座为尊"是指居中而坐者在座次上最高。"观景为佳"是指可从最佳角度观赏到室内室外的景致。"临墙为好"是指一方面防止过往服务员或客人的干扰，另一方面由于墙壁有一些烘托餐厅气氛的字画，从而可提高主人的身份。

2. 座次排列的方法

（1）男女主人共同宴请时，依照"面门为上"的原则男主人坐上座，女主人坐在男主人对面。客人则按"右高左低"的原则依次相对而坐，并且要做到宾主相间。如图111所示。

（2）第一、第二主人如果均为同性别时，要做到主副相对，并以"右高左低"为原则，同时主宾相间。

（3）中餐大型宴会的各桌，主人座次排列一般有两种：第一，主桌当中的主人与其他桌主人位置相同，如图112（a）所示；第二，主桌当中的主人与其他桌主人位置相对，如图112（b）所示。每一桌客人座次排列同图111所示。

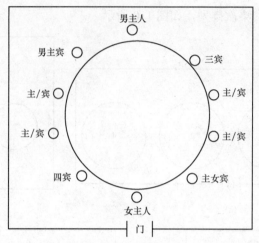

图 111　中餐宴请的座次排列（1）

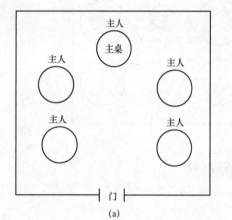
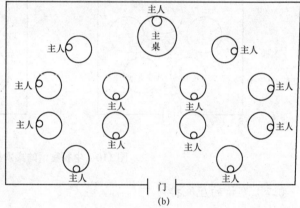

图 112　中餐宴请的座次排列（2）

大型中餐宴会中，为了确保客人能及时、准确地找到自己所在的餐桌，主人应在请柬上注明客人所在的桌次或在宴会厅入口悬挂宴会桌次排列示意图，安排引座员引导客人按桌就座，也可在每张餐桌上摆放桌次牌。同时为了方便客人能准确无误地找到自己的座位，主人会在每位客人所属座次正前方的桌面上放置醒目的个人姓名座位卡。在举行涉外宴请时，座位卡应以中、英文两种文字书写。中国的惯例是，中文在上，英文在下。必要时，座位卡的两面都书写客人的姓名。

二、餐具的使用礼仪

中餐餐具包括筷子、匙、盘子、碗、汤盅、杯子、牙签、餐巾等，如图113所示。每样餐具都有正确的使用方法。

（一）筷子的使用礼仪

筷子是中餐当中最主要的进餐用具之一。在使用筷子时应避免以下情况：

1. 忌敲筷

不要拿筷子敲打餐桌上的物品。

2. 忌掷筷

在递给别人筷子时不要随意掷出。

图 113　中餐餐具

3. 忌叉筷

筷子不能交叉随意摆放。

4. 忌挥筷

夹菜时，不能把筷子在菜盘里挥来挥去。

如别人也夹菜，应注意避让。

5. 忌插筷

不要把筷子插在食物上面。因为在中国的习俗中，只有在祭祀死者时才用这种插法。

6. 忌舞筷

与人谈话时，应把筷子放下。不能把筷子当作刀具随意乱舞，不能用筷子指引东西和指点对方。

7. 忌舔筷

不要用嘴舔筷子上的残留食物。

8. 忌迷筷

不要在夹菜时将筷子持在空中，犹豫不定。

9. 忌剔筷

不要在用餐过程中，将筷子当牙签使用或用来挠痒。

（二）匙的使用礼仪

中餐匙的主要作用是舀取菜肴和汤类食物。有时，在用筷子夹取食物的时候，也可以使用匙来辅助，但是尽量不要单独使用匙取菜。同时在用匙取食物时，尤其汤、羹类食物等，不要舀取过满，以免溢出弄脏餐桌或衣服。在舀取食物后，可在原处暂停片刻，等汤汁不会洒落后再移过来享用。用餐期间，暂时不用匙时，应把匙放在自己身前的吃碟上，不要把匙直接放在餐桌上，或把匙插在食物中。用匙取完食物后，要立即食用或是把食物放在自己的吃碟里，不要再把食物倒回原处。若是取用的食物太烫，则不可用匙舀来舀去，也不要用嘴对着匙吹，应把食物先放到自己的吃碟里等凉了再吃。注意不要把匙塞到嘴里，或是反复舔食吮吸。

（三）盘子的使用礼仪

中餐的盘子种类较多，当中稍小点的盘子又叫碟子，主要用于盛放食物，其用途与碗大致相同。

中餐中有两种用途比较特殊的盘子，吃碟与骨碟。吃碟的主要作用是用于暂放从公用的菜盘中取来享用的菜肴。使用吃碟时，一般不要取放过多的菜肴，那样看起来既繁乱不堪，又好像有贪吃无厌之嫌，十分不雅。

不吃的食物残渣、骨头、鱼刺不能直接吐在饭桌上，而应轻轻取放在骨碟里。取放时不要直接从嘴吐到骨碟上，而要使用筷子夹放到骨碟里。如骨碟放满了，可示意让服务员换骨碟。

（四）碗的使用礼仪

碗在中餐当中是用来盛放主食、汤羹等用的。在正式中餐宴请场合，进餐过程中不要把碗端起来，尤其不要双手端碗；碗内食物不可以直接用手取食，更不能直接用嘴到碗中舔食；碗内如有剩余食物，不能直接倒入口中；暂时不使用的碗中不宜乱扔东西。

（五）汤盅的使用礼仪

中餐的汤盅是用来盛放汤类食物的。使用汤盅时需注意的是：将汤勺取出放在垫盘上，并把盅盖反转平放在汤盅上就是表示汤已经喝完。

（六）杯子的使用礼仪

中餐宴请使用的杯子一般分为：白酒杯、红酒杯、水杯和啤酒杯。在饮用不同饮料时选用不同的杯子。注意不要倒扣杯子；水杯不能用来盛酒水；喝时嘴里的东西不能再吐回杯子中。

（七）牙签

牙签的主要作用就是用于剔牙，但是在用餐过程中尽量不要当众剔牙。非剔不可时，要用另一只手掩住口部。剔出来的食物，不要当众"观赏"或再次入口，更不要随手乱弹随口乱吐。剔牙后，不要叼着牙签，更不要用来扎取食物。

（八）餐巾

在中餐宴请中，餐巾可分为两种：一种是美化席面所用的餐巾，同时也可以避免客人在用餐过程中汤汁弄脏衣物；另一种叫湿巾（香巾），但它们的用途是有区别的。

1. 餐巾

餐巾可以避免汤汁弄脏衣物。其正确的使用方法是：把它平铺在大腿上，也可用折起的内侧擦嘴或手，但将其围在脖子上或别在腰带间的行为是不礼貌的，如图114所示。

2. 湿巾（香巾）

餐厅会为每位就餐者在就餐前准备一块湿巾（香巾），其作用是擦手，用过之后应放回盛放湿巾（香巾）的盘子里，由服务员拿走。在宴会结束前，服务员还会再上一块湿巾（香巾），但与前者不同，其用途是擦嘴，不能用于擦脸或擦汗。

图114　就餐时餐巾的放置

三、中餐菜序

不同种类的中餐上菜的顺序是不完全一样的,但从总体上说,中餐上菜的顺序是基本固定的。中餐上菜的顺序为:开胃菜—主菜—点心。

(一)开胃菜

开胃菜通常由4种冷盘组成。有时种类可多达10种,最具代表性的是凉拌海蜇皮、皮蛋等。有时冷盘之后,接着出4种热盘,常见的是炒虾、炒鸡肉等。不过,多半被省略。

(二)主菜

主菜可称为大件、大菜。主菜的道数通常是4、6、8等偶数,因为中国人认为偶数是吉数。在豪华的餐宴上,主菜有时多达16道或32道,但普通的是6道至12道。这些菜肴是使用不同的材料,配合酸、甜、苦、辣、咸5种味道,以炸、蒸、煮、煎、烤、炒等各种烹调法搭配而成的。其出菜顺序多以口味清淡和浓腻交互搭配,或干烧、汤类交配为原则。最后通常以汤作为结束。

(三)点心

点心指主菜结束后所供应的甜点,如馅饼、蛋糕、包子、杏仁豆腐等。最后则是水果。

案例分享

小范周末起来心情特别好,而且想到今天要参加同学聚会,就当然非常兴奋。聚会时同学们一起回忆过去的美好时光,气氛非常热烈。吃饭时,小范发现他同桌的大壮吃饭时好发出"吧唧吧唧"的声音,还边吃边说,唾沫横飞。席间他接听电话时,将筷子插在饭碗里,吃完后,还伸了伸懒腰,打了一个响嗝儿,做出很满足的样子。小范的心情顿时暗淡了下来。

如果不了解中餐礼仪,可能会阻碍我们正常的交际应酬。因此,我们要了解并掌握这些礼仪,这样将有利于我们在工作与生活中避免可能会遭遇的尴尬。

> **知识链接**

八 大 菜 系

1. 四川菜系，简称川菜

特色：麻辣、鱼香、家常、怪味、酸辣、椒麻、醋椒。

代表菜品：鱼香肉丝、麻婆豆腐、宫保鸡丁、樟茶鸭子。

2. 广东菜系，简称粤菜，由广东菜、潮州菜和东江菜组成

特色：选料广泛，讲究鲜、嫩、爽、滑、浓。

代表菜品：龙虎斗、脆皮乳猪、咕噜肉、大良炒鲜奶、潮州火筒炖鲍翅、蚝油牛柳、冬瓜盅、文昌鸡。

3 山东菜系，简称鲁菜

特色：选料精细，刀法细腻，注重实惠，花色多样，善用葱姜。

代表菜品：糖醋鱼、锅烧肘子、葱爆羊肉、葱扒海参、锅塌豆腐、红烧海螺、炸蛎黄。

4. 江苏菜系，简称苏菜，由淮扬菜、苏州菜、南京菜等组成

特色：制作精细，因材施艺，四季有别，浓而不腻，味感清鲜，讲究造型。

代表菜品：烤方、淮扬狮子头、叫花鸡、火烧马鞍桥、松鼠桂鱼、盐水鸭。

5. 浙江菜系，简称浙菜，由杭州、宁波、绍兴三种地方风味发展而成

特色：讲究刀工，制作精细，变化较多，富有乡土气息。

代表菜品：西湖醋鱼、龙井虾仁、干炸响铃、油焖春笋、西湖莼菜汤。

6. 福建菜系，简称闽菜，以福州菜和厦门菜为主要代表

特色：制作细巧，色调美观，调味清鲜。

代表菜品：佛跳墙、太极明虾、闽生果、烧生糟鸭、梅开二度、雪花鸡。

7. 安徽菜系，简称徽菜

特色：以烹制山珍野味著称，擅长烧、炖、蒸，而少爆炒，烹饪芡大、油重、色浓，朴素实惠。

代表菜品：红烧果子狸、火腿炖甲鱼、雪冬烧山鸡、符离集烧鸡、蜂窝豆腐、无为熏鸭。

8. 湖南菜系，简称湘菜

特色：以熏、蒸、干炒为主，口味重于酸、辣。

代表菜品：麻辣子鸡、辣味合蒸、东安子鸡、洞庭野鸭、霸王别姬、冰糖湘莲、金钱鱼。

> **技能训练**

按照表 21 中的内容和要求，完成中餐宴请礼仪练习。

表 21 中餐宴请礼仪练习

内容	要　　求	完成情况
中餐宴请的桌次排列	根据中餐宴请的桌次排列要求，分不同的情况摆放餐桌	

内容	要　　求	完成情况
中餐宴请的座次排序	根据中餐宴请的座次安排要求，分不同的情况安排座位	
教师或学生自设情景，分角色扮演中餐进餐过程		

任务五　西餐宴会礼仪

知识认知

西餐礼仪起源于法国梅罗文加王朝，受到拜占庭文化的影响，从而制定了一系列精细的西餐礼仪。到了罗马帝国的查理曼大帝时，西餐礼仪变得更为复杂而专制，皇帝用餐时，必须坐最高的椅子，当乐声响起时，王公贵族必须将菜肴传到皇帝手中。17世纪以前，西餐的传统习惯是戴着帽子进餐。不同民族有不一样的用餐习惯：高卢人坐着用餐，罗马人卧着用餐，法国人从小被教导用餐时双手要放在桌上，但是英国人却被教导不吃东西时双手要放在大腿上。

一直到了今天，西餐礼仪在一定程度上和一定范围内在欧洲国家保留了下来。

一、西餐宴请的座次排列

（一）西餐宴请的座次排列原则

西餐宴请的座次排列与中餐比较既有相同之处，也有一定的区别。中餐宴请使用的是圆桌，而西餐宴请使用的一般是长桌、方桌，或者根据场地的需要拼成其他图形，其座次按以下原则排列。

1. 女士优先

女士优先是西方绅士风度的一种体现。在正式宴请活动中，座位的排列应以女主人为准，女主人坐在上位，而男主人则坐在第二主位上，男女主宾分别坐在女主人和男主人的右侧。

2. 主宾至上

为了突出主宾，在西餐宴请时即使有来宾的身份、地位、年龄等方面高于主宾，但在此次宴请过程中主宾仍然是主人关注的对象。

3. 以右为尊

这是国际惯例，以右为尊。

4. 近高远低

离主人越近，座次越高，反之越低。

5. 面门为上

正对餐厅门的位置为上位。

6. 交叉排列

西餐用餐惯例是交叉排列，男女交叉安排座位，生人与熟人交叉排列。所以用餐的人数最好是偶数且男女人数相同。

（二）西餐宴请的座次排列

在西餐宴请的座次排列中，我们首先要确定以下座次：女主人、男主人、女主宾、男主宾，不论是什么类型的餐桌，座次排列都应遵循以上的原则。通常有两种座次排列方法：

1. 男女主人共同宴请

男女主人分别就座于长桌两端，或男女主人于长桌中央面对而坐，如图115（a）和图115（b）所示。女主人面门而坐，男主人坐在女主人对面；主宾坐在男女主人右边，也就是说女主宾坐在男主人的右边，男主宾坐在女主人的右边；其他客人以尊卑顺序坐在他们周围，客人越尊贵，离男女主人座位越近。

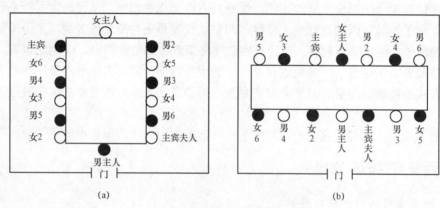

图115 男女主人共同宴请的座次排列

2. 男女主人独自宴请

主宾、主人分别于长桌两端或长桌中央面对而坐，如图116（a）和图116（b）所示。主宾面门而坐，主人坐在主宾对面；2号客人坐在主人的右边，3号客人坐在主宾的右边；其他客人以尊卑顺序坐在他们周围，客人越尊贵，离主人或主宾座位越近。

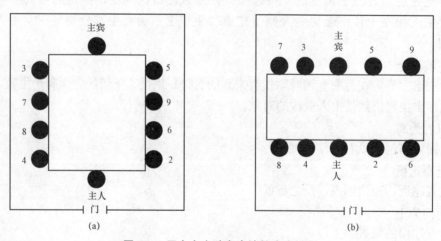

图116 男女主人独自宴请的座次排列

二、西餐宴请菜序

西餐有正餐与便餐之分,其菜序之间有很大的区别。

(一)正餐菜序

西餐正餐,特别是正式的西餐宴请时,其菜序既复杂又很讲究,一般由八道菜肴构成,一顿完整的正餐进餐时间需要花费 1~2 小时。

1. 开胃菜

开胃菜即用来为进餐者开胃的菜肴,也称作头盘、前菜。其特点是清淡爽口、色泽鲜艳,有增进食欲的作用。一般是由蔬菜、水果、海鲜、肉食等组成的拼盘。

2. 面包

西餐正餐中的面包以切片面包为主,根据个人的口味及喜好可在面包上涂抹黄油、果酱、奶油或者奶酪等。

3. 汤

西餐当中的汤是必不可少的,主要分为两大类:清汤和浓汤。前者清淡鲜美,后者口感浓郁芬芳,有很好的开胃效果。开始喝汤是西餐正餐正式开始的标志。

4. 主菜

主菜是西餐的核心内容,主要分为冷菜与热菜,但基本以热菜作为主角。正式的西餐宴会中,一般会上一道冷菜和两道热菜。两道热菜中,一道为鱼菜(由鱼或虾及蔬菜组成),另一道是肉菜。肉菜是西餐中的大菜,可谓重中之重,一般以牛排、猪排、羊排为主要食材,再以蔬菜为搭配,可以体现出本次宴请活动的档次。

5. 点心

点心是在吃过主菜之后上的,主要是为了使没吃饱的人填饱肚子,主要包括蛋糕、饼干、吐司、馅饼、三明治等。

6. 甜品

西餐中最常见的甜品有布丁、冰激凌等。在正餐中,可视为一道例菜。因此,就餐者应当尽可能品尝。

7. 水果

西餐中的水果品种很多,但吃法与日常生活中的吃法有一定区别。不能用手去拿水果,应当用水果刀,把水果切成小块放到盘子里,再用餐叉送入口中。

8. 热饮

西餐用餐结束之后,会上热饮,一般以红茶或咖啡为主,以帮助消化。西餐热饮可以在餐桌上饮用,也可到休息室或客厅饮用。

(二)便餐菜序

便餐菜序是:开胃菜—汤—主菜—甜品—咖啡。

三、西餐餐具的使用

(一)餐具摆放

西餐的主要餐具有刀、叉、匙、餐巾、盘、碟、杯等物品,如图 117 所示。刀分为食用刀、鱼刀、肉刀、奶油刀、水果刀；叉分为食用叉、鱼叉、龙虾叉；匙有汤匙、茶匙；杯有茶杯、咖啡杯、水杯、酒杯等。宴会过程中，上几道酒就会配几种酒杯。其摆放方法是：中间摆放食盘或汤盘。餐巾一般折叠出花形放于食盘上面。盘子右侧摆放刀、汤匙，盘子左边摆放叉子。杯子摆放在食盘的右上方，一般有三种酒杯：最大的是装水用的高脚杯，其次是红葡萄酒杯，细长的是白葡萄酒杯。根据情况而定，有时也会摆放香槟酒杯或雪利酒杯。酒杯的摆放方法是沿斜线排列，最外侧是白葡萄酒杯，中间是红葡萄酒杯，最里面是清水杯。面包盘和奶油刀摆在食盘的左上方。食盘正前方摆咖啡或吃点心用的小汤匙和刀叉。刀叉的数目应与上菜的道数相同，并按上菜顺序由外向内排列，刀刃向内。

图 117　西餐餐具摆放（1）

（二）餐具的使用

1. 刀叉的使用

在正式的西餐宴会中，每吃一道菜都要用一副刀叉。因此，用餐时要用专门的刀，不能乱拿乱用，也不能只用一副刀叉。

（1）刀叉的使用方式

刀叉分英式与美式两种。英式刀叉的使用方法是：在进餐过程中，始终右手拿刀，左手拿叉，一边切割，一边叉起食用。这种方式通常被认为比较文雅。美式刀叉的使用方法是：先右手拿刀，左手拿叉，把要吃的食物在餐盘中切好，然后把右手的餐刀斜放在餐盘前方，将左手的餐叉换到右手开始进餐。

（2）刀叉的暗示作用

刀叉的不同摆放形式通常能传达客人的意图。如果在就餐过程中，需要暂时离开或者与他人聊天时，应放下手中的刀叉，其方法是：刀右叉左，刀刃向内，叉齿向下，两者呈"八"字形状摆放在餐盘上。这种方法表示正在"用餐中"，如图 118（a）所示。如果表示用餐结束，其方法是：叉齿向上，刀刃向内，并排放在餐盘上；或刀上叉下，并排横放在餐盘上。这种方法示意服务员请将餐盘一并收掉，如图 118（b）所示。

(a)　　　　　　　　　　　　　　(b)

图 118　西餐餐具摆放（2）

2. 餐巾的使用

餐巾的主要用途是美化席面、防止汤汁弄脏衣物以及起暗示的作用。

（1）美化席面。可折叠出各种花形装点席面，使就餐的客人心情愉快。

（2）防止弄脏衣物。在就餐过程中，餐巾可以防止汤汁洒落到衣物上，避免客人弄脏衣物。但入座后，打开餐巾应隐蔽，以免影响他人。餐巾还可以擦拭口部，通常用餐巾内侧，但不能擦脸、擦汗、擦餐具。还可以用来掩口遮羞。

（3）暗示。西餐中以女主人为第一主人，当女主人铺开餐巾时，表示可以用餐。当女主人把餐巾放在桌上时，表示用餐结束。而在进餐过程中暂时离开，可把餐巾放在本人的座椅面上。

3. 匙的使用

匙可分为两种：一种是汤匙，另一种是甜品匙。形状大的是汤匙，反之是甜品匙。匙的用途不同，所以不能代替。匙除了饮汤、取甜品外，不能用于取其他食物。不要用匙在汤、甜品之中搅拌。而且取食时，匙不宜过满，一旦入口，就应当一次性用完。使用过程中不要把匙全部放入口中，使用完毕，匙不能放回原处，也不能叉在菜肴当中或其他餐具中。

四、西餐的禁忌

（1）就座后不能跷足，不能两脚交叉，不要随意玩餐桌上的餐具。

（2）用餐时腹部和桌子应有一拳距离。在食物送入口时，不能弯腰来吃食物，应抬头挺胸。

（3）用餐时不能把盘子端起来，吃东西时应闭嘴嚼食物，不能发出声响。喝汤时也不允许发出声响。

（4）就餐过程中，不可当众解开纽扣、拉松领带或脱下衣服。

（5）不允许用自己的餐具为别人取菜、盛汤或选取其他食物。

（6）用餐过程中，掉在地上的餐具或其他物品是不用捡的，应当请服务员帮忙。

（7）西餐讲究干净，在就餐过程中不允许有拨头发、挖鼻孔等行为。打喷嚏或咳嗽应用餐巾挡一挡，并说"对不起"。如果有汤汁洒落在台布上，应用餐巾盖住脏的地方。

（8）用餐过程中，不可当众剔牙。如果非剔不可时，应找无人的地方。

（9）男士勿自顾自地吃，而忽略了与女士聊天，也不可很快吃完。

（10）要喝水时，应把口中的食物先吞下去。不要用水冲嘴里的食物。用玻璃杯喝水时，要注意先擦去嘴上的油渍，以免弄脏杯子。

（11）口中有食物不可说话，不可以刀叉比画，谈话时应先放下刀叉。

（12）交谈时音量要保持对方能听见的程度，不要影响到邻桌。

（13）西餐席间不允许吸烟。只有当热饮上来，表示宴会结束时，方可吸烟。吸烟时也要观察桌面上是否有烟灰缸，如果没有表示禁止吸烟，如果有的话也应当征求左右邻座的同意。

（14）用餐过程中，不能拒绝对方的敬酒，即使不能喝酒，也要热情，并端起酒杯回敬对方，与对方碰一下杯子，表示尊重，然后把杯子送到嘴边表示去喝的动作即可。

案例分享

小李到法国旅游，正好大学同学小王在法国工作。小李便去看望小王，小王非常高兴，两人一直聊到中午。小王提议请小李吃法国西餐，便与小李来到一家比较地道的法国餐厅。

用餐开始了，小李由于没有吃过西餐，但又想极力掩饰，就先用餐桌上的"很精致的布"仔细擦拭自己的刀和叉。然后学着小王的样子吃了起来。心里感觉总算还好，没丢什么面子。用餐快结束时，小李看到餐桌上有一个精致的小盆里面盛着"汤"，而小李吃饭又有喝汤的习惯，就盛了几勺放到自己的碗里，喝了下去。当他抬头看小王时，小王面露尴尬的笑容。

不同国家的饮食文化也各不相同，在参与外国宴请时，应当适当掌握相应国家的礼仪，千万不可"轻举妄动"。

知识链接

西餐简介

西餐的英文名是Western，是西方式餐饮的统称，广义上讲，也可以说是对西方餐饮文化的统称。

"西方"习惯上是指欧洲国家和地区，以及由这些国家和地区为主要移民的北美洲、南美洲和大洋洲的广大区域，因此西餐主要指代的便是以上区域的餐饮文化。

西方人把中国的菜点叫作"中国菜"（Chinese food），把日本菜点叫作日本料理，韩国菜叫作韩国料理，等等，他们不会笼统地称为"东方菜"，而是细细对其划分，依其国名具体而命名之。

实际上，西方各国的餐饮文化都有各自的特点，各个国家的菜式也都不尽相同。例如法国人会认为他们做的是法国菜，英国人则认为他们做的菜是英国菜。西方人自己并没有明确的"西餐"概念，这个概念是中国人和其他东方人的概念。

（一）现代西餐的主要分类

1. 法式菜肴

法式菜肴为西餐之首。

法国人一向以善于吃并精于吃而闻名，法式大餐至今仍名列世界西餐之首。

法式菜肴的特点是：选料广泛（如蜗牛、鹅肝都是法式菜肴中的美味），加工精细，烹调考究，滋味有浓有淡，花色品种多；法式菜还比较讲究吃半熟或生食，如牛排、羊腿以半熟鲜嫩为特点，海味的蚝也可生吃，烧野鸭一般以六成熟即可食用等；法式菜肴重视调味，调味品种类多样，如用酒来调味，什么样的菜选用什么酒都有严格的规定，如清汤用葡萄酒，海味品用白兰地酒，甜品用各式甜酒或白兰地等。法国人十分喜爱吃奶酪、水果和各种新鲜蔬菜。

法式菜肴的名菜有：马赛鱼羹、鹅肝排、巴黎龙虾、红酒山鸡、沙福罗鸡、鸡肝牛排。

2. 英式菜肴

英式菜肴以简洁与礼仪并重。

英国的饮食烹饪，有"家庭美肴"之称。

英式菜肴的特点是：油少、清淡，调味时较少用酒，调味品大都放在餐台上由客人自己选用。烹调讲究鲜嫩，选料注重海鲜及各式蔬菜，菜量要求少而精。英式菜肴的烹调方法多以蒸、煮、烧、熏、炸见长。

英式菜肴的名菜有：鸡丁沙拉、烤大虾苏夫力、薯烩羊肉、烤羊马鞍、冬至布丁、明治排。

3. 意式菜肴

意式菜肴为西餐始祖。

在罗马帝国时代，意大利曾是欧洲的政治、经济、文化中心，虽然后来意大利衰落了，但就西餐烹饪来讲，意大利却是始祖，可以与法国、英国媲美。

意式菜肴的特点是：原汁原味，以味浓著称。烹调注重炸、熏炒、煎、烩等方法。

意大利人喜爱面食，做法吃法甚多。其制作面条有独到之处，各种形状、颜色、味道的面条至少有几十种，如字母形、贝壳形、实心面条、通心面条等。意大利人还喜食意式馄饨、意式饺子等。

意式菜肴的名菜有：通心粉素菜汤、焗馄饨、奶酪焗通心粉、肉末通心粉、比萨饼。

4. 美式菜肴

美式菜肴以营养快捷著称。

美国菜是在英国菜的基础上发展起来的，继承了英式菜简单、清淡的特点，口味咸中带甜。美国人一般对辣味不感兴趣，喜欢铁扒类的菜肴，常用水果作为配料与菜肴一起烹制，如菠萝焗火腿、菜果烤鸭。美国人喜欢吃各种新鲜蔬菜和各式水果。

美国人对饮食要求并不高，只要营养、快捷，讲求的是原汁鲜味。但对肉质的要求很高，如烧牛柳配龙虾便选取来自美国安格斯的牛肉，只有半生的牛肉才有美妙的牛肉原汁。

相对于传统西餐的烦琐礼仪，美国人的饮食文化简单多了。餐台上并没有多少刀叉盘碟，仅放着最基本的刀、叉、勺子各一把。据说，只有在非常正式的宴会或家庭宴客时，才会有较多的规矩和程序。

美式菜肴的名菜有：烤火鸡、橘子烧野鸭、美式牛扒、苹果沙拉、糖酱煎饼。

各种派是美式食品的主打菜品。

5. 俄式菜肴

俄式菜肴为西餐经典。

沙皇俄国时代的上层人士非常崇拜法国，贵族不仅以讲法语为荣，而且饮食和烹饪技术也主要学习法国。但经过多年的演变，特别是俄国地带，讲究热量高的食物品种，因此逐渐形成了自己的烹调特色。俄国人喜食热食，爱吃鱼肉、肉末、鸡蛋和蔬菜制成的小包子和肉饼等，各式小吃颇有盛名。

俄式菜肴口味较重，喜欢用油，制作方法较为简单。口味以酸、甜、辣、咸为主，酸黄瓜、酸白菜往往是饭店或家庭餐桌上的必备食品。烹调方法以烤、熏、腌为特色。俄式菜肴在西餐中影响较大，一些地处寒带的北欧国家和中欧南斯拉夫民族，人们日常生活习惯与俄罗斯人相似，大多喜欢腌制的各种鱼肉、熏肉、香肠、火腿以及酸菜、酸黄瓜等。

俄式菜肴的名菜有：什锦冷盘、罗宋汤、鱼子酱、酸黄瓜汤、冷苹果汤、鱼肉包子、黄油鸡卷。

6. 德式菜肴

德国人对饮食并不讲究，喜吃水果、奶酪、香肠、酸菜、土豆等，不求浮华只求实惠营养，首先发明自助快餐。

德式菜肴的名菜有：蔬菜沙拉、鲜蘑汤、焗鱼排。

德国人喜喝啤酒，每年的慕尼黑啤酒节大约要消耗掉100万公升啤酒。

7. 其他菜系

希腊菜肴：以清淡典雅、原汁原味为特点。

西班牙和葡萄牙菜肴以米饭著称，常与焖烩的肉、海鲜为佐。

东欧菜肴与俄式菜肴相近。

（二）6个"M"

如何品味西餐文化，研究西餐的学者们经过长期的探讨和总结认为，吃西餐应讲究以下6个"M"：

1. Menu（菜谱）

当您走进咖啡馆或西餐馆时，服务员会先领您入座，待您坐好后，首先送上来的便是菜谱。菜谱被视为餐馆的门面，老板也一向重视，采用最好的材料做菜谱的封面，有的甚至用软羊皮打上各种美丽的花纹，显得格外典雅精致。

打开菜谱后，看哪道菜是以店名命名的，这道菜可千万不要错过，因为那家餐馆是不会拿自己店的名誉来开玩笑的，所以他们下功夫做出的菜，肯定会好吃的，这道"招牌菜"大家一定要点。

另外要特别说明的一点是，不要以吃中餐的习惯来对待西餐的点菜问题，即不要对菜谱置之不理，不要让服务员为你点菜。在法国，就是戴高乐、德斯坦总统吃西餐也得看菜谱点菜。因为看菜谱、点菜已成了吃西餐的一个必不可少的程序，是一种优雅生活方式的表现。

2. Music（音乐）

豪华高级的西餐厅，通常会有乐队演奏一些柔和的乐曲，一般的西餐厅也播放一些美妙典雅的乐曲。但，这里最讲究的是乐声的"可闻度"，即声音要达到"似听到又听不到的程度"，就是说，要集中精力和友人谈话就听不到，在休息放松时就听得到，这个火候要掌握好。

3. Mood（气氛）

吃西餐讲究环境雅致，气氛和谐，一定要有音乐相伴，桌台整洁干净，所有餐具一定要洁净。如遇晚餐，灯光要暗淡，桌上要有红色蜡烛，营造一种浪漫、迷人、淡雅的气氛。

4. Meeting（会面）

和谁一起吃西餐，这是要有选择的。吃西餐的伙伴最好是亲朋好友或是趣味相投的人。吃西餐主要是为联络感情，最好不要在西餐桌上谈生意。所以在西餐厅内，氛围一般都很温馨，少有面红耳赤的场面出现。

5. Manner（礼节）

这一点指的是吃相和吃态。既然是吃西餐就应遵循西方的习俗，勿有唐突之举，特别是在手拿刀叉时，若手舞足蹈，就会失态。

6. Meal（食物）

中餐以味为核心，西餐则以营养为核心，至于味道那是无法同中餐相提并论的。

技能训练

按照表 22 中的内容和要求，完成西餐宴请礼仪练习。

表 22　西餐宴请礼仪练习

内　　容	要　　求	完成情况
西餐宴请的座次排列	根据西餐宴请的座次排列要求，分不同情况排列座次	
西餐正餐菜序	掌握正餐上菜的顺序	
西餐便餐菜序	掌握便餐上菜的顺序	
刀叉的使用方法	刀叉使用的方法、技巧、注意事项	

模块四

涉外礼宾礼仪

任务要求

1. 涉外礼仪有礼有节。
2. 迎送礼仪隆重有序。
3. 礼宾次序和国旗悬挂。

案例导入

一位英国老太太到中国旅游观光，对接待她的导游小姐评价颇好，认为她服务态度好，语言水平也很高，便夸奖该导游小姐说："你的英语讲得好极了！"导游小姐按照中国人的习惯，谦虚地回应说："我的英语说得不好。"英国老太太一听生气了，心想："英语是我的母语，难道我都不知道英语该怎么讲？"她越想越气，第二天坚决要求旅行社给她换导游。这件事在旅游行业乃至所有的窗口行业引起极大反响。

任务一 涉外基本礼仪

知识认知

涉外基本礼仪，是指在与外国人交往时，应当遵守并应用的有关国际交往惯例。它对于参与涉外交往的中国人具有普遍的指导意义。每一名从事涉外工作的人员，不仅有必要了解、掌握涉外基本礼仪，而且还必须在实际工作中认真地遵守、应用，否则会使自己的努力事倍功半，甚至一事无成。

一、维护形象

在国际交往中，人们普遍对交往对象的个人形象倍加关注。个人形象，有时简称为形象。一般认为，它所指的是一个人在人际交往中所留给他人的总的印象，以及由此而产生的总的评价和总的看法。个人形象在国际交往中深受人们的重视，它不仅真实地反映了一个人的精神风貌与生活态度，而且真实地体现着一个人的品位和教养。因此，在涉外交往中，每个人都必须时时刻刻注意维护自身形象。根据常规，要维护好个人形象，重点要注意仪容、表情、举止、服饰、谈吐和待人接物六个方面。

二、不卑不亢

"不卑不亢"，是涉外礼仪的一项基本原则。它要求每一个人在参与国际交往时都必须意识到：自己在外国人的眼里，代表着自己的国家，自己的民族。因此，其言行应当从容得体、堂堂正正。在外国人面前，既不应该表现得畏惧自卑、低三下四，也不应该表现得自大狂妄、放肆嚣张。在涉外交往中坚持"不卑不亢"的原则，是每一名涉外人员都必须给予高度重视的大问题。在涉外交往中要求每一名涉外人员不卑不亢，主要是因为，这是事关国格人格的大问题。在涉外交往中，事事无小事，事事是大事。每一个中国人在外国人面前的一言一行、一举一动，实际上都被对方与中华民族的形象联系在一起。我们一方面要虚心向外国学习一切长处，尊重外国的风俗习惯；一方面要自尊、自重、自爱、自信，表现得坦诚乐观、从容不迫、落落大方，用自己的实际行动在外国人面前体现出"中华民族站起来了"的精神风貌。

我们还应注意对任何交往对象都要一视同仁，一律平等，给予同等的尊重与友好。不要对大国小国、强国弱国、富国穷国亲疏有别，或是对大人物和普通人厚此薄彼。

三、求同存异

"求同"，就是要遵守国际惯例，重视礼仪的"共性"。"存异"，则是要求对个别国家的礼俗不可一概否定，不可完全忽略礼仪的"个性"，并且要在必要的时候，对交往对象的国家礼仪与习俗有所了解，并表示尊重。从宏观上来看，礼仪的"共性"寓于礼仪的"个性"之中。一方面，礼仪的"个性"是礼仪"共性"存在的基础，没有前者，便不存在后者。另一方面，礼仪的"共性"不但来自礼仪的"个性"，而且也是对其所进行的概括与升华，所以其适用范围显然更为广泛。就这一点来看，在涉外交往中，在礼仪上"求同"，也就是在礼仪的应用上"遵守惯例"。比如，在世界各地，人们往往使用不同的见面礼节。其中较为常见的，有中国人的拱手礼，日本人的鞠躬礼，韩国人的蹲拜礼，泰国人的合十礼，阿拉伯人的按胸礼，以及欧美人的吻面礼、吻手礼和拥抱礼。它们各有讲究，都属于礼仪的"个性"。与此同时，握手礼作为见面礼节，则可以说是通行于世界各国的。与任何国家的人士打交道，以握手这一"共性"礼仪作为见面礼节，都是适用的。所以在涉外交往中采用握手礼，就是"遵守惯例"。

四、入乡随俗

在涉外交往中，当自己身为东道主时，通常讲究"主随客便"；而当自己充当客人时，则又讲究"客随主便"。从本质上讲，这两种做法都是对"入乡随俗"原则的具体贯彻落实。所谓习俗，亦称风俗习惯，它指的是因地域、种族、文化、历史的不同，各国、各地区、各民族相沿成习的特殊的精神文化方面的传承。具体而言，它涉及衣、食、住、行以及交往等各个方面。在涉外交往中，对外国友人要表达尊敬、友好之意，至关重要的就是首先对对方特有的习俗予以尊重，否则其他的一切都会成为空谈。

五、信守约定

所谓"信守约定"的原则，是指在一切正式的国际交往中，都必须认真而严格地遵守自己的所有承诺，说话务必要算数，许诺一定要兑现，约会必须要守时。在一切有关时间方面的正式约定中，尤其需要恪守不怠。人所共知，在人际交往中，尤其是在跨国家、跨地区、跨文化的人际交往中，取信于人，早已被公认为是建立良好人际关系的基本前提，同时也是任何一个文明人、现代人所应具备的优良品德。而在一切国际交往中，遵行"信守约定"的原则，就是取信于人的主要要求。

六、热情有度

"热情有度"是涉外礼仪的基本原则之一。它的含义是要求人们在参与国际交往、直接同外国人打交道时，不仅要待人热情友好，而且要把握分寸，否则就会事与愿违，过犹不及。在待人热情友好的同时，又要把握好具体的分寸，实际上指的就是"热情有度"之中的"度"。对于这个"度"的最精确的解释，就是要求大家在对待外国友人热情友好的同时，务必要切记，一切都必须以不影响对方、不妨碍对方、不给对方增添麻烦、不会让对方感到不快、不干涉对方的私生活为限。与外国人进行交往时，如果不注意恪守这个"度"，而是一厢情愿地过"度"热情，处处"越位"，必然会引起对方的反感或者不快。

七、不宜为先

所谓"不宜为先"原则，也被有些人称作"不先为"原则。它的基本要求是：在涉外交往中，对自己一时难以应付、举棋不定，或者不知道到底怎样做才好的情况，如果有可能，最明智的做法，是尽量不要急于采取行动，尤其是不要急于抢先、冒昧行事。例如，你已知女主人是西餐宴会上采取行动的"法定的"第一顺序，任何人抢在她的前面行动，都是没有礼貌的。那么在用餐过程中，自己万一有一种餐具不会使用，或者有一道菜不知道怎么吃才好，你只要多注意一下女主人的具体做法，然后悄然跟进，就可以"化险为夷"了。

八、尊重隐私

在与外国人打交道时，一定要充分尊重对方的个人隐私权。也就是说，在言谈话语中，对于凡涉及对方个人隐私的一切问题，都应该自觉地、有意识地予以回避，千万不要自以为是。在同外国人交谈时信口开河，将"关心他人比关心自己更为重要"这一中国式的做法滥施于人，或者为了满足自己的好奇心，不管对方反应如何，"打破砂锅纹（问）到底"，都有可能会令对方极为不快，甚至还会因此损害双方之间的关系。一般而论，在国际交往中，收入支出、年龄大小、恋爱婚姻、身体状况、家庭住址、个人经历、信仰政见等皆属于个人隐私问题，与外国人交谈时，要自觉避免涉及。

九、女士优先

在国际交往中，非常讲究"女士优先"。"女士优先"是国际社会公认的一条重要礼仪原则。它的含意是：在一切社交场合，每一名成年男子，都有义务自觉地以自己的实际行动去尊重女士、照顾女士、体谅女士、关心女士，而且要想方设法、尽心竭力地去为女士排忧解难。这是因为女士被视为"人类的母亲",对女士处处照顾,就是对"人类的母亲"表示感恩之意。倘若因为男士的不慎,而使女士陷于尴尬、困难的处境,便意味着男士的失职。人们一致公认,只有尊重女士,才具有绅士风度。反之,则会被认为是一个没有修养的粗汉莽夫。

十、以右为尊

在涉外交往中,宾主之间就座的具体位置是有一定的规律性的。在常规情况下,当我国的党和国家领导人作为东道主,在我国国内会见外宾的时候,大都会同外宾并排而坐,并且通常会居左而坐。这是因为在正式的国际交往中,如果需要将人们分为左右而进行并排排列时,其具体位置的左右大都有尊卑高低之分、主次优劣之别。最基本的规则是右高左低,即以右为上,以左为下;以右为尊,以左为卑。

知识链接

我国国宾车队的具体安排

国宾座车,一般是三排座位的豪华型轿车。国宾座位是车内最后一排的右边,左边是我方陪同团团长座位。陪同团团长座位前一加座是翻译座位。司机右边是我方警卫座位。这辆车称主车。主车前后各有一辆警卫车,分别称前卫车、后卫车,内乘中、外双方警卫员和医护人员。后卫车后,往往还安排一辆同主车车型、设备完全一样的备用车,如主车万一发生故障,马上代替主车启用。备用车后是国宾夫人车,国宾夫人由陪同团团长夫人陪同。前卫车前是礼宾车,以便肃清道路。不过,国宾行车路线,一般提前15分钟中断交通,采取全封闭方式,待国宾车队通过后开放。国宾夫人车后,按礼宾顺序,安排身份最高的随行人员。部长级以上官员,一般一人一车,副部长两人一车,司局级及以下人员安排小面包车。国宾车队中我方礼宾、安全人员配有必要通信联络手段,如手机、对讲机等,以便同有关方面保持密切联系。国宾车队还配有9辆摩托车护卫,其中一辆行驶在前卫车前,前卫车至后卫车两侧各4辆,另有两辆备用摩托车也列在编队之中,所以人们常常见到的是11辆摩托车。摩托车护卫,我国于1981年恢复。

(资料来源:马保奉,《外交礼仪漫谈》,中国铁道出版社,1996)

任务二 迎送礼仪

知识认知

迎送活动的安排通常分两种不同的档次,即官方迎送和非官方迎送。

官方迎送,按国际惯例要举行隆重的迎送仪式,它适用于对外国国家元首、政府首脑、军方高级领导人的访问,以示对他们访问的欢迎与重视。对长期在我国工作的外交使节、常驻我国的外国人士、记者和专家等,当他们到任或离任时,我国有关部门亦都安排相应人员前往迎送,以示友谊。

非官方迎送,适用于一般来访者,如外国旅游团队、民间团体及一般客人。

(一) 官方迎送

迎送是国际外事交往中最常见的礼仪活动，在整个涉外活动中占有极其重要的地位。一个精心安排的欢迎仪式能使来宾一踏入被访问国就能形成良好的第一印象，而一个圆满的欢送式又能使来宾巩固访问中的良好印象，留下一个永久的美好回忆。

根据惯例，在国际交往中，对来访的客人通常要根据其身份地位、访问性质以及两国关系等因素，安排相应的迎送活动。

1. 迎送国宾

对外国国家元首、政府首脑的正式访问，国际上都举行隆重的迎送仪式。一般在机场或车站举行。

(1) 迎送的组织安排。

迎送仪式是外事活动中迎来送往的礼宾仪式，根据国际惯例已经形成一整套规范程序，但由于涉外交往中的规格与来宾身份不同，仪式的隆重程度与内容是有较大区别的，国家元首的访问与民间、企业领导人访问的迎送规格更不可同日而语，我们应酌情处理，但在礼仪规范和真诚态度上都不能马虎大意。官方迎送应注意以下几个方面的问题：

① 地点的选择与布置。外国领导人抵达和离开邀请国首都时，通常都举行正式的迎送仪式，有的国家在机场（车站）举行，也有的在特定场所举行，如总统府、议会大厦、国宾馆等地方，我国通常在人民大会堂或国宾馆举行。举行仪式的场所悬挂宾主双方国旗（宾方挂在右面，主方挂在左面），在领导人行进的道路上铺上红地毯。

② 接待客人的人员组成。根据对等原则和守时原则，必须准确掌握来宾抵离时间。有关迎送人员，请身份相当的领导人和一定数量的高级官员出席，有的还应通知各国或部分驻当地使节。所有迎送人员应先于来宾到达指定地点，并由接待人员提前办好有关手续。

③ 护航。有些国家对乘专机来访的国宾派战斗机若干架护航，一般在离首都一百千米处迎接（有的从入境开始），护航机向主机发致敬信号，然后编队飞行至机场上空，主机下降后，护航机绕机场一周离去。

④ 献花。根据礼仪规格，一般外宾不需献花，对国宾应安排献花。献花时必须用鲜花，有的国家习惯送花环，或送一两枝名贵的兰花、玫瑰等。不论献什么花都应注意保持花束整洁、鲜艳，忌用菊花、杜鹃花、石竹花和黄色的花。通常在迎送主人同国宾握手之后，由儿童或女青年将花献上，并向来宾行礼。

⑤ 宾主见面时的介绍。宾主见面时应互相介绍，通常按礼仪原则将主人介绍给来宾，职位从高至低。由礼宾交际工作人员或迎送人员中职位最高者介绍。有的国家习惯于以交换名片来介绍自己的姓名与身份，使对方一目了然。

客人初到，主人宜主动与宾人寒暄。遇有外宾主动与我方人员拥抱时，我方人员可作相应的表示，不应推却或勉强应付（女士按礼宾有关规定处理）。

⑥ 奏两国国歌。先奏宾方国歌，全体人员行注目礼，军人行军礼。

⑦ 鸣放礼炮。21 响为最高规格，为国家元首鸣放。一般欢迎政府首脑鸣 19 响，副总理一级鸣 17 响。但有些国家分得不那么细。

⑧ 检阅。来访国宾在主人的陪同下检阅三军仪仗队。

⑨ 讲话。一般在欢迎式上均安排国宾与主人作不太长的讲话，有时无正式讲话，或在现

场散发书面讲稿。

⑩ 群众欢迎。接待规格高的国宾时，有的国家要安排较大场面的群众欢迎。群众多由青少年组成，载歌载舞，挥舞两国国旗，沿国宾行进路线夹道欢迎。不需采用最高规格时可只在现场安排少量群众，有时也可不安排群众欢迎。

⑪ 陪车。国宾抵达后前往住地，或临行时由住地前往机场、码头、车站，一般都应安排迎送人员陪同乘车，陪车时应请国宾坐在主人右侧。两排座轿车，译员坐司机旁，三排座轿车译员坐在中间。上车时应让国宾从右侧门上，主人从左侧上。如夫妇同乘一车时，丈夫应坐在右侧座位，妻子先上车，丈夫关门。陪同人员替国宾关车门时应先看车内人是否坐好，既要注意不要轧伤国宾的手，又要确保将门关好，注意安全。

当代表团达 9 人以上乘大轿车时，原则上低位者先上车，下车时顺序相反。但前座者可先下车开门。大轿车以前排为尊位，自右而左，按序排列。

（2）迎送规格的确定

迎送的规格由接待方确定，一般按常规办事。目前确定迎送规格是依来访者的身份，其访问的性质、目的，并适当考虑双方之间的关系状况。确定规格时应遵循对等原则，主要迎送人员应与来宾的身份相称。若由于种种原因，当事人不能出面，或身份不能完全相等时，可灵活变通，由职务相当或副职出面迎送，但人选应尽量对等、对口，并应从礼貌出发向对方做出解释。

我国对外国国家元首和政府首脑的迎送仪式大体做法如下：

国宾抵达北京首都国际机场或车站时，由国家指定的陪同团团长或外交部的部级领导人及级别相当的官员赴机场或车站迎接，并陪同来访国宾乘车前往宾馆下榻，国宾抵达北京的当日或次日，在人民大会堂东门外广场举行隆重的欢迎仪式，如天气不适于举行此项仪式，则在人民大会堂东门内的中央大厅举行。欢迎仪式为双边活动，不邀请各国驻华使者出席，中方出席相当的国家领导人和有关部门负责人等，广场挂两国国旗，组织首都少年儿童欢迎队伍，少年儿童献花，奏两国国歌，检阅三军仪仗队。

国宾离京回国或到地方访问，我方出面接待的国家领导人到宾馆话别，由陪同团团长或外交部部级领导人陪同国宾前往机场、车站，或一同赴外地访问。

国宾到地方访问时，由该地省长、市长或对口负责人负责迎送；外国议长率领的议会代表团到地方访问时，应由省、市人大常委会主任迎送。如当事人由于各种原因不便出面，可灵活变通，由职位相当的人士或副职出面。上述贵宾如属于过境，迎送规格也可适当降低。

有些外宾虽无明确职务，但因其身份特殊，如王室要员（相当于政府首脑）来访，也应该参照上述原则安排。

有时因双方关系或政治需要，也可搞一些破格接待，安排较大的迎送场面，但一般应按常规办理，避免厚此薄彼。

（二）非官方迎送

1. 对民间团体的迎送

迎送民间团体时，不举行官方正式仪式，但需根据客人的身份，安排同级别的部门及人员前往接待。对身份高的客人，应事先在机场、车站安排贵宾休息室，并准备好茶水或饮料，尽可能在客人到达前将住房和乘车号码通知客人。如果做不到，可印好住房、乘车表或打好卡片，在客人到达时，及时发到每个人手中，或通过对方的联络秘书转达，以便使客人做到心中有数。

2. 对国外旅游团的迎送

国外游客来华旅游，均按照国家旅游局或中侨委等部门的安排进行，在实际工作中需注意以下几个环节：

（1）组织准备工作应细致周到。

① 熟悉接待计划、有关电话记录、活动日程，确定工作要点，熟悉参观单位的情况。

② 了解人数、职业及其特点，按人数领取导游图等宣传品。

③ 落实外宾住房，检查房间，熟悉房间方位、大小、设备等情况。

④ 出发前向车站、机场值班室问清火车、飞机的确切抵达时间，以免迟接或空接。

⑤ 抵达车站、机场后，要问清列车停靠站台或机场出口处，以免临场慌乱。

⑥ 了解车辆停靠地点和行李车是否到达。

（2）接待程序。外宾下火车、飞机后，有关人员应及时索取行李卡和有关证件，并交给行李组或有关部门。外宾上车后向外宾介绍接待人员，并表示对外宾的欢迎，沿途可介绍当地的一些基本情况。外宾抵达宾馆后，发放外宾住房卡，并介绍房间情况、用餐位置、兑换外币地点、电话使用、洗衣须知等。待外宾住房确定后，索取外宾住房安排号码，并复填一份送总服务台。

接待人员在接待工作中应坚守岗位，遵守工作制度和外事纪律，处理问题要慎重，掌握政策，加强请示汇报，以免发生意外事故。

（3）送别工作。根据车站、航班的确切时刻，事先与行李组约好提取行李时间，然后告知外宾。当提取行李时要分别与外宾、行李组人员就行李件数交接清楚，以免出现麻烦。到达车站、机场后，应首先安排好外宾休息处。办好手续后，将机票或车票、登机牌、行李卡和有关凭证交给有关人员。告别时，应向外宾表示欢迎再次光临。

案例分享

1957年国庆节后，周总理去机场送一位外国元首离京。当那位元首的专机腾空起飞后，外国使节、武官的队列依然整齐，并对元首座机行注目礼。而我国政府的几位部长和一位军队的将军却疾步离开了队列，他们有的想往车里钻，有的想去吸烟。周总理目睹这一情况后，当即派人把他们叫回来，一起昂首向在机场上空盘旋的飞机行告别礼。随后，待送走外国的使节和武官，总理特地把中国的送行官员全体留下来，严肃地给大家上了一课："外国元首的座机起飞后绕机场上空盘旋，是表示对东道国的感谢，东道国的主人必须等飞机从视线里消失后才能离开，否则，就是礼貌不周。我们是政府的工作人员和军队的干部，我们的举动代表着人民和军队的仪表，虽然这只是几分钟的事，如果我们不加以注意，就很可能因小失大，让国家的形象受损。"

任务三　礼宾次序和国旗悬挂

知识认知

礼宾次序，是指在国际交往中对出席活动的国家、团体、各国人士的位置按某些规则和惯例进行排列的先后次序。一般来说，礼宾次序体现东道主对各国宾客给予的礼遇，在一些国际性的集会上则表示各国主权平等的地位。礼宾次序安排不当或不符合国际惯例，则会引起不必要的争执与交涉，甚至会影响国家关系。因此在组织涉外活动时，对此应给予一定的重视。

一、礼宾次序

礼宾次序的排列国际上已有一些惯例，各国也有具体做法，现就涉外工作中礼宾次序的几种常见的排列方法作简单介绍。

（一）根据身份不同排列

这是礼宾次序排列的主要方法。一般的官方活动，会见、会谈、宴请等通常是按身份的不同安排礼宾次序。各国提供的正式名单是确定职务高低的依据，由于各国的国家体制有所不同，部门间的职务高低不尽一致，因此，要根据各国的规定，按相当的级别和官衔进行安排。在多边活动中，有时按其他方法排列。但无论何种方法排列，都要考虑身份地位。

（二）按字母顺序排列

多边活动中礼宾次序有时是按参加国国名的字母排序排列的，一般以英文字母排列居多。这种排列方法多见于国际会议、体育比赛等。

（三）按到任时间排列

在各国大使同时参加的多边活动中，如国际会议、多边谈判、多国签字仪式等，也有按大使的到任时间先后排列礼宾次序的。

在实际工作中，要考虑到各种因素，将几种方法交叉使用。这既能使礼宾次序安排得正确无误，又能体现出我们在具体工作中细致灵活的工作方法。在安排礼宾次序时所考虑的其他因素包括国家之间的关系、地区所在、活动的性质、内容和对于活动的贡献的大小，以及参加活动的人的威望、资历，等等。诸如，常把同一国家集团的、同一地区的、同一宗教信仰的或关系特殊的国家代表团排在前面或排在一起。对同一级别的人员，常把威望高、资历深、年龄大者排在前面。有时还考虑业务性质、相互关系、语言交流等因素，如在观礼、观看演出或比赛，特别是大型宴请时，在考虑身份、职务的前提下，将性质对口的、宗教信仰一致的、风俗习惯相近的来宾安排在一起。

二、国旗悬挂

国旗、国徽、国歌、国花等是一个国家的象征和标志，特别是国旗，更是如此。人们往往通过悬挂国旗，表示对祖国的热爱或对他国的尊重。在国际交往中，如何悬挂国旗，已形成了各国所公认的惯例。

（一）宾馆悬挂国旗

东道国在接待来访的外国元首、政府首脑及由副总理率领的政府代表团时，在国宾下榻的宾馆悬挂对方的国旗，这是一种外交礼遇。

（二）会谈、签字时悬挂国旗

在会谈、签字时需悬挂参加国国旗，通常有以下几种方式：

（1）两面国旗并挂。当两面国旗并挂时，以旗面面向观众为准，左挂客方国旗，右挂主方国旗，如图119（a）所示。

（2）多面国旗并挂。三面以上国旗被视为多面国旗。多面国旗并挂，主方在最后，如无主客之分，则按所规定的礼宾顺序排列，如图119（b）所示。

（3）交叉式

国旗在交叉悬挂时，以旗面面向观众为准，左挂客方国旗，右挂主方国旗，如图119（c）所示。

（三）车上悬挂国旗

外国元首、政府首脑、副总理及正部长率领的政府代表团来访时，在团长乘坐的车辆上悬挂东道国和来访国的国旗。以车行进的方向为准，驾驶员左手为东道国国旗，右手为来访国国旗，不得倒挂或反挂。若需陪车，双方则坐在本国国旗的一侧。各国国旗的图案、式样、颜色、比例均由本国宪法规定。不同国家的国旗，由于比例不同，两面旗帜悬挂在一起，就会显得大小不一。因此，并排悬挂不同比例的国旗，应将其中一面适当放大或缩小，以使旗的面积大致相同。

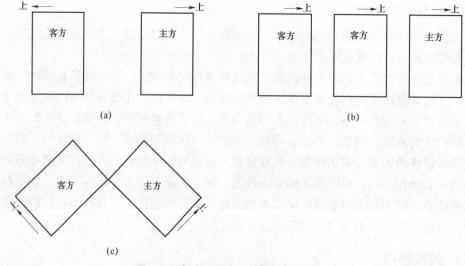

图119　会谈、签字时悬挂国旗的方式

案例分享

1995年3月在丹麦哥本哈根召开联合国社会发展世界首脑会议，出席会议的有近百位国家元首和政府首脑。3月11日，与会的各国元首与政府首脑合影。照常规，应该按礼宾次序名单安排好每位元首、政府首脑所站的位置。这个名单怎么排，究竟根据什么原则排列？哪位元首、政府首脑排在最前？哪位元首、政府首脑排在最后？这项工作实际上很难做。丹麦和联合国的礼宾官员只好把丹麦首脑（东道国主人）、联合国秘书长、法国总统以及中国、德国总理等安排在第一排，而对其他国家领导人，就任其自便了。好事者事后向联合国礼宾官员"请教"，答道："这是丹麦礼宾官员安排的。"向丹麦礼宾官员核对，回答说："根据丹麦、联合国双方协议，该项活动由联合国礼宾官员负责。"

知识篇

提升职业素养

《礼记·曲礼》上说:"入境而问禁,入国而问俗,入门而问讳。"世界各国、各民族在其自身发展的历史过程中,创造了光辉灿烂的文化,形成了各种风土人情的习俗和相应的禁忌。随着国际交往的频繁,有的禁忌现已不太严格或者成为广为接受的礼仪规范,但有些国家、民族仍然保留着一些重要禁忌,如有触犯,就会引起不快,甚至产生纠纷,故应对其有所了解,以免与之交往时做出唐突之举,造成不良影响。

模块一

主要客源地礼俗

任务要求

1. 亚洲部分国家的礼俗。
2. 欧洲部分国家的礼俗。
3. 美洲部分国家的礼俗。
4. 非洲部分国家的礼俗。
5. 我国港澳台地区的礼俗。

案例导入

金小姐的失误

金小姐在某公司任职。一次,她利用到日本参展的机会顺便参加了日本同事的婚礼。金小姐特意买了一束百合花,表示百年好合,爱情纯洁美好。没想到她一走进举行婚礼的大厅时,所有的贵宾都向她投来惊奇的、生气的目光,可想而知结果将会怎样。

百合花的花名是为了纪念圣母玛利亚,自古以来圣母就被基督教视为清纯的象征,因此它的花语就是纯洁,具有百年好合之意。金小姐参加婚礼选择送百合,原本是一片美意,但她却不知道百合在日本被认为是不祥之花,日本人说它的花语是"斩头",因此她的一番"美意"才会如此不受欢迎。由此可见,和异国人交往,一定要熟悉该国的礼仪,才不至于弄出如金小姐那样尴尬的场面。

任务一 亚洲部分国家的礼俗

知识认知

亚洲是亚细亚洲的简称,位于东半球东北部,是世界上最大的一个洲。亚洲共有三大人种:亚细亚人种、亚利安人种和马来人种。亚洲是佛教、伊斯兰教和基督教三大宗教的发源地,绝大多数国家信奉佛教,也有少数国家信奉伊斯兰教。由于亚洲历史悠久,礼仪和习俗比较繁杂。

一、日本

(一)礼节礼貌

日常交往中,日本人通常都爱以鞠躬作为见面礼节。在行鞠躬礼时,鞠躬度数的大小、鞠躬时间的长短以及鞠躬次数的多少,往往同向对方表示尊敬的程度成正比。妇女与别人见面时,是只鞠躬而不握手的。在行见面礼时,必须同时态度谦恭地问候交往对象。日本人初次见面对互换名片极为重视,与他人初次见面时,通常都要互换名片,否则即被理解为不愿与对方交往。互赠名片时,要先行鞠躬礼,并双手递接名片。接到对方名片后随手放入口袋被视为失礼,应认真看名片,用点头动作表示已清楚对方的身份。日本人无论是访亲见友或是出席宴会都要带礼品。

称呼日本人时,可称之为"先生""小姐"或"夫人"。也可以在其姓氏之后加上一个"君"字,将其尊称为"某某君"。在交际场合,日本人的信条是"不给别人添麻烦",忌讳高声谈笑。

日本人注意穿着。在正式场合,通常穿西式服装。在隆重的社交场合或节庆日,时常穿自己的国服——和服。到日本人家里做客时,进门前要脱下大衣、风衣和鞋子。脱下的鞋要整齐放好,鞋尖向着房门口的方向,这在日本是尤其重要的。拜访日本人时,切勿未经主人许可而自行脱去外衣。参加庆典或仪式时,不论天气多热,都要穿套装。

(二)饮食习惯

日本饮食,一般称为和食或日本料理,主食以大米为主,多用海鲜、蔬菜,讲究清淡与味鲜,忌讳油腻。典型的和食有寿司、拉面、刺身、天妇罗、铁板烧、煮物、蒸物、酢物、酱汤等,此外,还有饭团与便当。其中,尤以刺身,即生食鱼片最为著名。

日本人非常爱喝酒,西洋酒、中国酒和日本清酒统统都是他们的所爱。在日本,斟酒讲究满杯。日本人普遍爱好饮茶,特别喜欢喝绿茶,讲究"和、敬、清、寂"四规的茶道,有一整套的点茶、泡茶、献茶、饮茶的具体方法。

(三)节庆习俗

日本多节庆,法定节日就有13个。新年是1月1日,庆祝方式似我国春节,前一天晚上吃过年合家团圆面,"守岁"听午夜钟声,新年第一天早上吃年糕汤,下午举家走亲访友。1月第二个星期一是成人节,庆祝男女青年年满20周岁,从此开始解禁烟酒。女子过成人节时都要穿和服。女孩节是3月3日,又称"雏祭",凡有女孩子的家庭要陈设民族服装和玩具女娃娃。3月15日至4月15日是樱花节,此期间人们多倾城出动赏花游园,饮酒跳舞,喜迎春天。5月5日是男孩节,旧称"端午节",习俗似我国的端午节,此时家家户户都要挂菖叶、吃粽子。9月15日是敬老节,社会各界和晚辈会向高龄者赠送纪念品。11月3日是文化节。

(四)禁忌

日本人忌讳绿色,认为绿色是不祥的颜色。忌荷花图案。探望病人时忌讳送菊花、山茶花、仙客来花、白色的花和淡黄色的花。对金色的猫以及狐狸和獾极为反感,认为它们是"晦气""贪婪""狡诈"的化身。日本人有着敬重"7"这一数字的习俗，可是对于"4"与"9"却视作不吉，因为"4"在日文里发音与"死"相似，而"9"的发音则与"苦"相近。

在三人并排合影时，日本人谁都不愿意在中间站立，他们认为，被人夹着是不祥的征兆。

日本人很爱给人送小礼物，但不宜送下列物品：梳子、圆珠笔、T恤衫、火柴、广告帽。在包装礼品时，不要扎蝴蝶结。同他人相对时，日本人觉得注视对方双眼是失礼的，通常只会看着对方的双肩或脖子。

日本人不给别人敬烟。在宴客时，忌讳将饭盛得过满，并且不允许一勺盛一碗饭。日本人在用筷子时，有"忌八筷"之说：即忌舔筷，忌迷筷，忌移筷，忌扭筷，忌插筷，忌掏筷，忌跨筷，忌剔筷。除此之外，还忌讳用一双筷子让大家依次夹取食物。日本人的饮食禁忌是不吃肥猪肉和猪的内脏。

二、韩国

（一）礼节礼貌

韩国人一般都采用握手作为见面礼节。在行握手礼时，讲究使用双手，或单独使用右手。当晚辈、下属与长辈、上级握手时，后者伸出手来之后，前者须先以右手握手，随后再将自己的左手轻置于后者的右手之上。韩国人的这种做法，是为了表示自己对对方的特殊尊重。韩国妇女在一般情况下不与男子握手，行鞠躬礼或者点头致意。韩国小孩子向成年人所行的见面礼，也大多如此。与他人相见时，韩国人在不少场合有时也同时采用先鞠躬、后握手的方式。

同他人相见或告别时，若对方是有地位、身份的人，韩国人往往要多次行礼。行礼三五次，也不算多。有个别的韩国人甚至还会讲一句话，行一次礼。称呼他人时爱用尊称和敬语，很少直接叫出对方的名字，喜欢称呼能够反映对方社会地位的头衔。与外人初次打交道时，韩国人非常讲究预先约定，遵守时间，并且十分重视名片的使用。

在交际场合韩国人通常都穿着西式服装，着装朴素整洁、庄重保守。在某些特定的场合，尤其是在逢年过节的时候，喜欢穿本民族的传统服装。其民族传统服装是：男子上身穿袄，下身穿宽大的长裆裤，外面有时还会加上一件坎肩，甚至再披上一件长袍。过去韩国男子外出时还喜欢头戴一顶斗笠。妇女则大都上穿短袄，下穿齐胸长裙。

进屋之前需要脱鞋时，不准将鞋尖直对房间之内，否则会令对方极度不满。

（二）饮食习惯

韩国人饮食的主要特点是辣和酸。主食主要是米饭、冷面。爱吃的菜肴主要有泡菜、烤牛肉、烧狗肉、人参鸡等。一般都不吃过腻、过油、过甜的东西，并且不吃鸭子、羊肉和肥猪肉。韩国的饮料较多，男子通常喜爱烧酒、清酒、啤酒等；妇女则多不饮酒。在用餐的时候，韩国人是用筷子的。与长辈同桌就餐时不许先动筷子，不可用筷子对别人指指点点，在用餐完毕后要将筷子整齐地放在餐桌的桌面上。吃饭的时候不宜边吃边谈、高谈阔论。吃东西时，嘴里忌讳响声大作。

（三）节庆习俗

韩国节庆较多。农历正月初一至正月十五的节日活动类似我国春节。农历正月十五为元宵节，传统饮食是种果（栗子、核桃、松子等）、药膳、五谷饭、陈茶饭等。农历四月八日为佛诞节及颂扬女性的春香节。农历五月五日为端午节，家家户户都以食青蒿糕、挂菖蒲来过节。农历八月十五为中秋节，农历九月九日为重阳节。清明扫墓，冬至吃冬至粥（有掺高粱面团子的小豆粥）。除上述传统节日外，韩国人还很重视圣诞节、公历5月5日的儿童节、公历3月28日至4月1日的恩山别神节等。群众喜闻乐见的体育活动有射箭、摔跤、拔河、秋千、跳板、风筝、围棋、象棋等。

(四) 禁忌

韩国人禁忌颇多。逢年过节相互见面时，不能说不吉利的话，更不能生气、吵架。农历正月头三天不能倒垃圾、扫地，更不能杀鸡宰猪。寒食节忌生火。生肖相克忌婚姻，婚期忌单日。渔民吃鱼不许翻面，因忌翻船。忌在别人家里剪指甲，否则两家死后结怨。吃饭时忌戴帽子，否则终生受穷。睡觉时忌枕书，否则读书无成。忌杀正月里生的狗，否则3年内必死无疑。

由于发音与"死"相同的缘故，韩国人对"4"这一数字十分厌恶。受西方礼仪习俗的影响，也有不少韩国人不喜欢"13"这个数。与韩国人交谈时，发音与"死"相似的"私""师""事"等几个词最好不要使用。将"李"这个姓氏按汉字笔画称为"十八子"也不合适。

需要对其国家或民族进行称呼时，不要将其称为"南朝鲜""南韩"或"朝鲜人"，而宜分别称为"韩国"或"韩国人"。

韩国人的民族自尊心很强，他们强调所谓"身土不二"。在韩国，一身外国名牌的人，往往会被韩国人看不起。需要向韩国人馈赠礼品时，宜选择鲜花、酒类或工艺品。但是，最好不要送日本产品。

在民间，仍讲究"男尊女卑"。进入房间时，女人不可走在男人前面。进入房间后，女人须帮助男人脱下外套。男女一同就座时，女人应自动坐在下座，并且不得坐得高于男子。通常，女子还不得在男子面前高声谈笑，不得从男子身前通过。

三、马来西亚

(一) 礼节礼貌

在马来西亚，不同民族的人采用不同的见面礼节。马来人的常规做法是：向对方轻轻点头，以示尊重。马来人传统的见面礼节是摸手礼。它的具体做法为：与他人相见时，一方将双手首先伸向对方，另一方则伸出自己的双手，轻轻摸一下对方伸过来的双手；随后将自己的双手收回胸前，稍举一下，同时身体前弯呈鞠躬状。与此同时，他们往往还会郑重其事地祝愿对方："真主保佑！"或"一路平安"。被问候者须回以："愿你也一样好。"除男女之间的恋爱交往以外，马来人很少相互握手，男女之间尤其不会这么做。

在一般情况下，马来人习惯穿本民族的传统服装。马来族男子通常上穿巴汝，那是一种无领、袖子宽大的外衣；下身则围以大块布，叫作纱笼；头上戴顶无檐小帽。马来族女子，则一般穿无领、长袖的连衣长裙，头上围以头巾。在社交场合，马来西亚人可以穿着西装或套裙。在正式场合，绝对不允许露出胳膊和腿部来，所以忌穿背心、短裤、短裙。

（二）饮食习惯

马来西亚的穆斯林是绝对不能饮酒的，喜欢的饮料有椰子水、红茶、咖啡等，不习惯饮用水。在宴请之中需要干杯时，往往会以茶或者其他软饮料来代替酒。受伊斯兰教规影响，马来西亚的穆斯林不吃猪肉，不吃自死之物和血液，不使用一切猪制品，不吃狗肉和龟肉，爱吃米饭，喜食牛肉，极爱吃咖喱牛肉饭，并且爱吃具有其民族风味的"沙爹"烤肉串。马来西亚的印度人不吃牛肉，但可以吃羊肉、猪肉和家禽肉。在马来西亚，用餐前必须先用清水冲手，因此在餐桌上多备有水盂，以供人们用餐时刷洗手指。

（三）节庆习俗

在马来西亚，除国庆节和元旦节外，马来西亚的穆斯林要过两个重要节日，即开斋节和古尔邦节。

（四）禁忌

马来西亚信奉伊斯兰教，忌以食指指人，因为会被认为是对人的一种污辱。头是神圣的部位，不要触头部和肩部。不要在其面前跷腿、露出脚底，或用脚去挪动物品，因为他们认为在人体上脚的地位最为低下。不要用一只手握拳，去打另一只半握的手，这一动作在马来西亚人来看是十分下流的。与人交谈时，不要将双手贴在臀部上，因其有勃然大怒之意。不要当众打哈欠，万不得已要打哈欠时，务必要以手遮挡口部，否则便是失敬于人的。忌用漆筷（因漆筷制作过程中使用猪血）。忌用左手赠物、进餐。

四、泰国

（一）礼节礼貌

在泰国，最多的见面礼节，是带有浓厚佛门色彩的合十礼。泰国人一般在交际应酬中不喜欢与人握手。

行合十礼时，须站好立正，低眉欠身，双手十指相互合拢，并且同时问候对方"您好"。行合十礼的最大讲究，是合十于身前的双手所举的高度不同，给予交往对象的礼遇便有所不同。通常，合十的双手举得越高，越表示对对方的尊重。目前，泰国人所行的合十礼大致可以分为四种规格：其一，是双手举于胸前，多用于长辈向晚辈还礼；其二，是双手举到鼻下，一般在平辈相见时使用；其三，是双手举到前额之下，仅用于晚辈向长辈行礼；其四，是双手举过头顶，只用于平民拜见泰王之时。

在一般情况下，行合十礼之后，即不必握手。行合十礼时，晚辈要先向长辈行礼；身份、地位低的人要先向身份、地位高的人行礼。对方随后还应还之以合十礼，否则即为失礼，只有佛门弟子可以不受此礼限制。

在交际场合，习惯以"小姐""先生"等国际上流行的称呼彼此相称。在称呼交往对象的姓名时，为了表示友善和亲近，不惯于称呼其姓，而是惯于称呼其名。

在正式场合，泰国人都讲究穿自己本民族的传统服饰，服饰喜用鲜艳之色。在泰国，有用不同色彩表示不同日期的讲究。由于气候炎热，泰国人平时多穿衬衫、长裤与裙子。在参观王宫、佛寺时，穿背心、短裤和超短裙是被禁止的。去泰国人家里做客，或是进入佛寺之前，务必要记住先在门口脱下鞋子。另外，在泰国人面前，不管是站是坐，忌讳把鞋底露出来,尤其不能以其朝向对方。

(二)饮食习惯

泰国人主食为稻米饭,副食主要是鱼和蔬菜,喜食辛辣、鲜嫩之物,不爱吃过咸或过甜的食物,也不吃红烧的菜肴。在用餐时,爱往菜肴之中加入辣酱、鱼露或味精。最爱吃的食物,当数具有民族特色的咖喱饭。在用餐之后,喜欢吃一些水果,但不太爱吃香蕉。在一般情况下,不喝开水,而惯于直接饮用冷水。也不喝热茶,通常喜欢在茶里加上冰块,令其成为冻茶。在喝果汁的时候,还有在其中加入少许盐末的偏好。有些泰国人用餐时爱叉、勺并用,即左手持叉,右手执勺。

(三)节庆习俗

泰历一月一日,是泰国人的元旦,这一天举国欢庆。泰历四月十三日至十五日为宋干节,即求雨节,也叫泼水节。此时正当干热时节,亟须降雨,人们可以毫无顾忌地互相泼水。泰历五月九日是春耕节,这一天由国王主持典礼,农业大臣开犁试耕,祈求风调雨顺、五谷丰登。泰历十二月十五日是水灯节,也叫佛光节,人们用香蕉叶或香蕉树皮和蜡烛做成船形灯,放进河里,让其随波逐流,以感谢水神,祈求保佑。

(四)禁忌

与泰国人交往时,千万不要非议佛教,或对佛门弟子有失敬意。向僧侣送现金,被视作一种侮辱。参观佛寺时,进门前要脱鞋,摘下帽子和墨镜。在佛寺之内,切勿高声喧哗和随意摄影。不要爬到佛像上进行拍照。抚摸佛像,或是妇女接触僧侣,也在禁止之列。在举止动作上的禁忌有"重头轻脚"的讲究。在泰国,人们认为"左手不洁",所以绝对不能以其取用食物。泰国人比较忌讳褐色,忌讳用红色的笔签字,或是用红色刻字。睡觉忌头朝西,因日落西方象征死亡。

五、新加坡

(一)礼节礼貌

新加坡是一个礼仪之邦,讲究礼仪已成为新加坡人的行为准则。因此,外国人到新加坡总有宾至如归的感觉。在新加坡,见面礼节多为握手礼。华人往往习惯于拱手作揖,或者行鞠躬礼;马来人则大多采用其本民族传统的摸手礼。在新加坡,不讲礼貌不仅会让人瞧不起,而且还会寸步难行。对某些失礼之举,在新加坡也有明确的限制。比如,在许多公共场所,通常竖有"长发男子不受欢迎"的告示,以示对留长发的男子的反感和警告。新加坡人对讲脏话的人深表厌恶。

新加坡人的国服,是一种以胡姬花作为图案的服装,一般在国家庆典和其他一些隆重的场合穿。在社交正式场合,男子一般要穿白色长袖衬衫和深色西裤,并且打领带;女子则须穿套装或深色长裙。在日常生活里,不同民族的新加坡人的穿着打扮往往各具民族特色。华人的日常着装多为长衫、长裤、连衣裙或旗袍;马来人最爱穿巴汝、纱笼;锡克人则是男子缠头,女子身披纱丽。在许多公共场所,穿着过分随便者,比如穿牛仔装、运动装、沙滩装、低胸装、露背装、露脐装的人,往往被禁止入内。

（二）饮食习惯

中餐是新加坡华人的最佳选择。新加坡华人口味上喜欢清淡，偏爱甜味，讲究营养，平日爱吃米饭和各种生猛海鲜，对于面食不太喜欢。粤菜、闽菜和上海菜，都很受他们的欢迎。马来人忌食猪肉、狗肉、自死之物和动物的血，不吃贝壳类动物，不饮酒。印度人则绝对不吃牛肉。在用餐时，不论马来人还是印度人都不用刀叉、筷子，而惯于用右手直接抓取食物，绝对忌用左手取用食物。新加坡人，特别是新加坡华人，大都喜欢饮茶，对客人通常喜欢以茶相待。

（三）节庆习俗

新加坡人过春节相当隆重，也过元宵节、端午节、中秋节等。信奉印度教的人过屠龙节。国定节日为公历4月17日的食品节，节日来临，食品店准备许多精美食品，国人不分贫富都要购买各种食品，合家团聚，邀亲请友，以示祝贺。

（四）禁忌

新加坡人崇尚清爽卫生，对蓬头垢面、衣冠不整、胡子拉碴的人，大多会侧目而视。在色彩方面，认为黑色、紫色代表着不吉利，不宜过多采用。对"4"与"7"这两个数字的看法不太好，因为在汉语中，"4"的发音与"死"相仿，而"7"则被视为一个消极的数字。

与新加坡人攀谈之时，不能口吐脏字，且要多使用谦词、敬语。新加坡人对"恭喜发财"这句祝颂词极其反感，他们认为，这句话带有教唆别人去发不义之财、损人利己的意思。在商业活动中，宗教词句和如来佛的图像也被禁用。

在新加坡，不准嚼口香糖，过马路时不能闯红灯，如厕之后必须用水冲洗，在公共场所不准吸烟、吐痰和随地乱扔废弃物品。违反的话，会受到处罚，需要交纳高额的罚金，甚至还会惹上官司。

六、印度

（一）礼节礼貌

在印度，见面礼节所用较多的是传统的合十礼，其具体做法与其他国家大同小异。此外印度人所用的较有特色的见面礼节还有以下三种：

一是贴面礼。它流行于印度的东南部地区。具体的做法是：与客人相见时，将自己的鼻子与嘴巴紧贴在对方的面颊上，并且用力地吸气，同时还要口念道："嗅一嗅我。"

二是摸脚礼。它在印度是一种礼遇极高的见面礼。具体的做法是：晚辈在拜见长辈时，首先弯腰用右手触摸长辈的脚尖，然后再用它去回摸一下自己的前额，以示用自己的头部接触对方的脚部。

三是举手礼。它是合十礼的一种变通。当一手持物，难以双手合十时，则举起右手，指尖向上，掌心内向，同交往对象致敬。与此同时，还须问候对方"您好"。

目前，印度也流行握手礼。但是，在一般情况下，印度妇女仍不习惯于同异性握手。用左手与人相握，也不许可。在迎接嘉宾时，印度人往往要向对方敬献用鲜花编织而成的花环，为了表示诚意，主人通常要亲自将其挂在客人的脖子上。

印度人的着装讲究朴素、清洁。在一般场合，印度男子的着装往往是：上身穿一件吉尔达，即一种宽松的圆领长衫；下身则穿一条托蒂，即一种以一块白布缠绕在下身、垂至脚面的围裤。在极其正规的活动中，他们则习惯于在吉尔达之外，再加上一件外套。印度妇女最具民族特色的服装是纱丽，它实际上是大块丝制长巾，披在内衣之外，好似一件长袍。其具体穿法是：从腰部直围到脚跟，使之形成筒裙状；然后将其末端下摆披搭在肩头，自成活褶。印度妇女所穿的纱丽色彩鲜艳，图案优美，非常漂亮。

出门在外时，尤其是在正式场合，印度人大多讲究不露出头顶。印度的妇女，大多习惯在自己的前额上以红色点上一个"吉祥痣"，过去，它用于表示妇女已婚，而今则主要用于装扮。

（二）饮食习惯

印度人的主食为大米、面食。在做饭的时候，他们喜欢加入各种各样的香料，尤其是爱加入辛辣类香料，例如咖喱粉等。印度人在饮食方面最大的特点，就是食素的人特别多，而且社会地位越高的人越忌荤食。大多数印度人都不吸烟，也不喜欢饮酒，不太爱喝汤。用餐的时候，一般不用任何餐具，而习惯于用右手抓食。许多印度人认为白开水是世间最佳的饮料。红茶也是他们的主要饮料。

（三）节庆习俗

印度的节庆较多。国庆节为公历1月26日。独立节为公历8月15日，为庆祝印度实现独立。洒红节，也称泼水节，在印历十二月（公历2～3月）举行。十胜节是印度教三大节日之一，于公历每年9月、10月举行。灯节在印历九月（公历10～11月）举行，富有浓厚的东方色彩，前后要庆祝3天。众多节日中尤以屠妊节为最，它是印度教徒的新年，在印历八月见不到月亮后的第15天举行（大约在公历10月下旬或11月上旬）。

（四）禁忌

印度人忌讳白色，忌讳弯月图案，忌讳送人百合花。黑色也被视为不祥的颜色。"1""3""7"三个数字，均被他们视为不吉利。印度人不喜龟、鹤及其图案。在印度，当众吹口哨乃是失礼之举；以左手递、取东西和接触别人，或摸别人的头，也是不允许的。

任务二 欧洲部分国家的礼俗

知识认知

习惯上，人们把欧洲细分为东、西、南、北、中五个区域，如北欧的瑞典、芬兰、丹麦、挪威，西欧的英国、荷兰、法国、比利时，中欧的德国、奥地利、瑞士以及南欧的意大利、西班牙等国家。欧洲的礼仪习俗有较多的现代文明的内涵，封建色彩相对淡薄。

一、英国

（一）礼节礼貌

英国人十分重视个人的教养，极其强调所谓的"绅士风度"，主要表现在对女士的尊重与照顾、仪表整洁、服饰得体和举止有方。握手礼是英国人使用最多的见面礼节。"请""谢谢"

对不起""你好""再见"一类的礼貌用语,是他们天天不离口的。在进行交谈时,对英国人要避免说"English"(英格兰人),而要说"British"(大不列颠人),因为他可能是苏格兰人或爱尔兰人。英国人,特别是那些上年纪的英国人,喜欢别人称呼其世袭的爵位或荣誉的头衔,至少,也要郑重其事地称之为"阁下"或是"先生""小姐""夫人"。

英国人在正式场合的穿着,十分庄重而保守。男士要穿三件套的深色西装,女士则要穿深色的套裙,或者素雅的连衣裙。庄重、肃穆的黑色服装往往是英国人优先的选择。英国男士讲究天天刮脸,留胡须者往往会令人反感。

（二）饮食习惯

英国人的饮食具有"轻食重饮"的特点。"轻食",主要是因为英国人在菜肴上没有特色,日常的饮食基本上没有变化。除了面包、火腿、牛肉之外,英国人平时常吃的基本上是土豆、炸鱼和煮菜。"重饮",即讲究饮料。英国名气最大的饮料当推红茶与威士忌。绝大多数英国人嗜茶如命。在饮茶时,他们首先要在茶杯里倒入一些牛奶,然后才依次冲茶、加糖。早上醒来先要赖在床上喝一杯"被窝茶",在上班期间,还要专门挤出时间去"茶休",即去喝"下午茶"。"下午茶"是午餐与晚餐之间的一顿小吃,每天下午四五点,英国人会喝一杯放糖的红茶,再吃一块蛋糕或饼干。因此,如果找英国人办事,要避开这个时间。

（三）节庆习俗

英国除了宗教节日外还有不少全国性和地方性的节日。在全国性的节日中,国庆和除夕之夜是最热闹的。英国国庆按历史惯例定在英王生日那一天。除夕之夜全家团聚,举杯畅饮,欢快地唱"辞岁歌"。除夕之夜必须瓶中有酒,盘中有肉,象征来年富裕有余。丈夫在除夕还会赠给妻子一笔钱,作为新的一年缝制衣物的针线钱,以表示在新的一年里能得到家庭温暖。在苏格兰,人们提一块煤炭去拜年,把煤块放在亲友家的炉子里,并说一些吉利话。

（四）禁忌

英国人十分忌讳被视为死亡象征的百合花和菊花,不喜欢大象、孔雀与猫头鹰,厌恶黑色的猫。遇上碰撒了食盐或是打碎了玻璃一类的事情,认为很倒霉。反感的色彩主要是墨绿色。他们还忌用人像作商品装潢,忌用大象、孔雀、猫头鹰等图案。在握手、干杯或摆放餐具时忌讳出现类似十字架的图案。忌讳的数字是"13"与"星期五",当两者恰巧碰在一起时,不少英国人都会产生大难临头之感。英国人还忌讳"3"这个数字,特别忌讳用打火机和火柴为他们点第3支烟。在英国,动手拍打别人,跷起"二郎腿",右手拇指与食指构成"V"形时手背向外,都是失礼的动作。

英国人的饮食禁忌主要是不吃狗肉,不吃过辣或带有黏汁的菜肴。

二、法国

（一）礼节礼貌

法国人性格比较乐观、热情,谈问题开门见山,爱滔滔不绝地讲话,说话时喜欢用手势加强语气。法国人所采用的见面礼节,主要有握手礼、拥抱礼和吻面礼。吻面礼使用得最多、最广泛。法国人与交往对象行吻面礼,意在表示亲切友好。为了体现这一点,在行礼的具体过程里,他们往往要同交往对象彼此在对方的双颊上交替互吻三四次,而且还讲究亲吻时一定要连连发出声响。常用的敬称主要有三种：其一，是对一般人称第二人称复数，其含义为"您"；其二，是对官员、贵族、有身份者称"阁下""殿下"或"陛下"；其三，是对陌生人称"先生""小姐"或"夫人"。"老人家""老先生""老太太"都是法国人忌讳的称呼。

在正式场合，法国人通常要穿西装、套裙或连衣裙。法国人所穿的西装或套裙多为蓝色、灰色或黑色，质地则多为纯毛。在他们看来，棕色、化纤面料的这类服装，是难登大雅之堂的。对于穿着打扮，法国人认为重在搭配是否得法。在选择发型、手袋、帽子、鞋子、手表、眼镜时，法国人都十分强调要使之与自己着装相协调。女士在参加社交活动时，一定要化妆，并且要佩戴首饰，首饰一定要选"真材实料"。男士对自己仪表的修饰相当看重，他们中的许多人经常出入美容院，在正式场合亮相时，剃须修面，头发"一丝不苟"，身上略洒些香水。

（二）饮食习惯

在西餐之中，法国菜可以说是最讲究的。平时，法国人爱吃面食，面包的种类之多令人难以计数。在肉食方面，他们爱吃牛肉、猪肉、鸡肉、鱼子酱、蜗牛、鹅肝，不吃肥肉、宠物、肝脏之外的动物内脏、无鳞鱼和带刺带骨的鱼。口味喜欢肥浓，偏爱鲜嫩。选料要新鲜，而且烹饪也大多半生不熟，有不少菜，他们甚至还直接生食。法国人还爱吃奶酪。法国人特别喜欢喝酒，他们几乎餐餐必喝酒，而且讲究在餐桌上要以不同品种的酒水搭配不同的菜肴，各自选用。对于鸡尾酒，法国人大多不太欣赏。法国人无劝酒的习惯。

（三）节庆习俗

法国节日以宗教节日为主，每天都是纪念某一圣徒之日。1月1日是元旦，这一天也是亲友聚会的日子，家中酒瓶里不能有隔年酒，否则被认为不吉利。元旦的天气还被认为新年光景的预兆。春分所在月份月圆后第一个星期天为复活节。复活节后40天为耶稣升天节，复活节后50天为圣灵降临节。4月1日为愚人节，这一天人人都可骗人。11月1日为万灵节，祭奠先人及为国捐躯者。12月25日为圣诞节，是法国最重大的节日。重要的世俗节日有：7月14日为国庆节，全国放假一天，首都将举行阅兵式；5月30日是民族英雄贞德就义纪念日；11月1日是第一次世界大战停战日；5月8日是反法西斯战争胜利日；3月中旬第一个星期天是体育节，人们都自愿地为心脏健康而跑步。

（四）禁忌

菊花、牡丹、玫瑰、杜鹃、水仙、金盏花和纸花，一般不宜随意送给法国人。仙鹤被视为淫妇的化身，孔雀被看作祸鸟，大象象征着笨汉，它们都是法国人反感的动物。法国人对核桃十分厌恶，认为它代表着不吉利，以之招待法国人，将会令其极其不满。对黑桃图案，他们也深为厌恶。他们忌讳的色彩主要是黄色与墨绿色。

法国人忌讳的数字是"13"与"星期五"。给法国女士送花时，宜送单数，但要记住避开"1"与"13"这两个数目。在一般情况下，法国人绝对不喜欢13日外出，不会住13号房、坐13号座位，或是13人同桌进餐。初次见面就向人送礼，往往会令对方产生疑虑。在接受礼品时若不当着送礼者的面打开其包装，则是种无礼的、粗鲁的行为。

三、德国

（一）礼节礼貌

在人际交往中，准时赴约被德国人看得很重。在社交场合，德国人通常都采用握手礼作为见面礼节。与德国人握手时，有必要特别注意下述两点：一是握手时务必要坦然地注视对方；二是握手的时间宜稍长一些，晃动的次数宜稍多一些，握手时所用的力量宜稍大一些。此外，与亲朋好友见面时，往往会行拥抱礼。亲吻礼多用于夫妻、情侣之间。有些上了年纪的人，与人相逢时，往往习惯于脱帽致意。对德国人称呼不当，通常会令对方大为不快。在一般情况下，切勿直呼德国人的字，称其全称，或仅称其姓，则大多可行。德国人看重职衔、学衔、军衔，对于有此类头衔者，在称呼时一定要不忘使用其头衔。

与德国人交谈时，切勿疏忽对"您"与"你"这两种人称代词的使用。对于初次见面的成年人以及老年人，务必要称"您"。对于熟人、朋友、同龄者，可以"你"相称。在德国，称"您"表示尊重，称"你"则表示地位平等、关系密切。

德国人在穿着打扮上的总体风格，是庄重、朴素、整洁。在一般情况下，男士大多爱穿西装、夹克，并且喜欢戴呢帽。女士们则大多爱穿翻领长衫和色彩、图案淡雅的长裙。在日常生活里，德国女士的化妆以淡妆为主。对于浓妆艳抹者，德国人往往是看不起的。在正式场合露面时，必须要穿戴得整整齐齐，衣着一般多为深色。在商务交往中，他们讲究男士穿三件套西装，女士穿裙装。

德国人对发型较为重视。在德国，男士不宜剃光头，免得被人当作"新纳粹"分子。德国少女的发式多为短发或披肩发，烫发的妇女大半都是已婚者。

（二）饮食习惯

德国人的餐桌上主角是肉食，最爱吃猪肉，爱吃以猪肉制成的各种香肠，其次是牛肉，大多不太爱吃羊肉。除肝脏之外，其他动物内脏也不为其接受。除北部地区的少数居民之外，德国人大多不爱吃鱼、虾，这是德国的一种独特的民俗，其原因恐怕主要是担心被鱼刺扎伤。德国人一般胃口较大，喜食油腻之物，所以胖人极多。在口味方面，爱吃冷菜和偏甜、偏酸的菜肴，不爱吃辣和过咸的菜肴。在饮料方面，最爱喝啤酒，而且普遍海量，对咖啡、红茶、矿泉水也很喜欢。

（三）节庆习俗

除传统的宗教节日外，德国人是世界上最爱喝啤酒的，所以还有举世闻名的"慕尼黑啤酒节"，每年9月最后一周到10月第一周连续要过半月，热闹非凡。狂欢节（每年11月11时11分开始）要持续10天，到来年复活节前40天才算过完。过完复活节前一周的星期四是妇女节，妇女们这一天不但可以坐市长的椅子，还可以拿着剪刀在大街上公然剪下男子的领带。元旦，也是德国人的重大节日。除夕之夜，男子按传统习俗聚在屋里，喝酒打牌，将近零点时，大家纷纷跳到桌子上和椅子上，钟声响，就意味着"跳迎"新年，接着就扔棍子，表示辞岁。

（四）禁忌

在德国，忌用玫瑰或蔷薇送人，前者表示求爱，后者则专用于悼亡。送女士1枝花，一般也不合适。德国人对黑色、灰色比较喜欢，对于红色以及掺有红色或红、黑相间之色，则不感兴趣。对于"13"与"星期五"，德国人极度厌恶。四人交叉握手，或在交际场合进行交叉谈话，被他们看作不礼貌。德国人对纳粹党党徽的图案十分忌讳。在德国，跟别人打招呼时，切勿身体立正，右手向上方伸直，掌心向外，这姿势过去是纳粹分子的行礼方式。向德国人赠送礼品时，不宜选择刀、剑、剪、餐刀和餐叉。以褐色、白色、黑色的包装纸和彩带包装、捆扎礼品，也是不允许的。在公共场合窃窃私语是十分失礼的。

四、意大利

（一）礼节礼貌

与他人初次见面时，意大利人礼仪周全，极其客气。在一般情况下，他们大多会以握手礼作为见面礼节，并且会向对方问好。在熟人之间，举手礼、拥抱礼、亲吻礼也比较常用。在社交场合，可称其姓氏，或将其与"先生""小姐""夫人"连称。对于关系密切者，方可直呼其名。为了向交往对象表示恭敬之意，意大利人往往会对对方以"您"相称。在人际交往中，他们对别人的地位、等级十分重视。对于来自家学渊源、历史悠久的家族的人士，他们往往会刮目相看。意大利人的时间观念极为奇特，与别人进行约会时，许多意大利人都会晚到几分钟。

我国国内常用的下列称呼在意大利不宜使用。其一，是"爱人"。在意大利，其含义为"情人"，即"第三者"。其二，是"老人家"。意大利人忌讳"老"，这一称呼在他们听来具有明显的贬义。其三，是"小鬼"。在中国，将小孩称为"小鬼"，是一种爱称。但在意大利人看来，其含义是"小妖怪"，对孩子既不尊重，又带有诅咒之意。

在穿着打扮上，意大利人衣着极为考究，非常时髦，讲究个性。在日常生活里较少穿传统的民族服装。平时，男士爱穿背心，戴鸭舌帽；女士爱穿长裙，有时爱戴头巾。

（二）饮食习惯

意大利人爱吃炒米饭、通心粉。通心粉又叫意大利面条，或者根据其音译可叫作"帕斯塔"，它是意大利人平时最爱吃的一种面食。吃它的时候，不可用餐刀切成小段，或以汤匙取用。正确的吃法，是将它缠在餐叉上，然后送入口中，必要时可以匙帮忙，但吃时不得出声。意大利人的口味接近法国人，注重浓、香、烂，偏爱酸、甜、辣。烹饪方法上，多采用焖、烩、煎、炸，不喜欢烧、烤。肉食与蔬菜、水果是意大利人都非常喜欢的食品。意大利人大多嗜酒。

（三）节庆习俗

意大利的节日比较多，全国性节日有19个。1月1日是元旦，新年钟声敲响后，他们纷纷将家中旧物抛出窗外，以辞旧迎新。3月21日至4月25日春分月圆后第一个星期天为复活节，人们纷纷结伴去郊游、踏青、聚餐。复活节前40天为斋戒期，之前数天为狂欢节，一般在2月中旬，期间有化装游行及盛大游艺活动。复活节后40天为圣灵降临节，这一天会举行各种纪念活动。12月25日为圣诞节，罗马教皇发表演说是这天最重要的节目，隆重的宗教仪式表达意大利教徒虔诚的宗教热情，民间节庆活动也十分热闹。

（四）禁忌

在意大利，玫瑰一般用以示爱，菊花则专门用于丧葬之事，因此这两种花不可以随意用来送人。送给意大利女士的鲜花，通常以单数为宜。意大利人忌讳紫色、仕女图案、十字花图案等。与其他欧美国家的人基本相似，意大利人最忌讳的数字与日期分别是"13"与"星期五"。除此之外，他们对于"3"这一数字也不太有好感。切勿将手帕、丝织品和亚麻织品送给意大利人，他们认为，手帕主要是擦眼泪的，象征情人离别，属于令人悲伤之物，不宜送人。意大利人不喜欢谈论美国的橄榄球和美国政治。

五、俄罗斯

（一）礼节礼貌

俄罗斯人惯于和初次会面的人行握手礼。对于熟悉的人，尤其是在久别重逢时，他们大多要与对方热情拥抱。有时，还会与对方互吻双颊。在迎接贵宾之时，通常会向对方献上面包和盐，这是给予对方的一种极高的礼遇，来宾必须对其欣然笑纳。与他人相见时，他们通常都会主动问候"早安""午安""晚安"或者"日安"。在称呼方面，过去习惯以"同志"称呼他人，现在除与老年人打交道之外，已不再流行。目前，在正式场合，他们也采用"先生""小姐""夫人"之类的称呼。在俄罗斯，人们非常看重人的社会地位，因此对有职务、学衔、军衔的人，最好以其职务、学衔、军衔相称。

俄罗斯人的传统服装为：男士上穿粗麻布长袖斜襟衬衣，腰系软腰带，下穿瘦腿裤。外面常穿呢子外套，并且头戴毡帽，脚穿皮靴。女士则爱穿粗麻质地的带有刺绣和垫肩的长袖衬衫，并配以方格裙子。在俄罗斯民间，已婚妇女必须戴头巾，并以白色的为主；未婚姑娘则不戴头巾，但常戴帽子。前去拜访俄罗斯人时，进门之后务请立即自觉地脱下外套、手套和帽子，并且摘下墨镜。前往公共场所时，还须在进门后自觉将外套、帽子、围巾等衣物存放在专用的衣帽间里。

俄罗斯人讲究女士优先，在公共场所里，男士们往往自觉地充当"护花使者"。不尊重妇女，都会遭遇白眼。

（二）饮食习惯

在饮食习惯上，俄罗斯人讲究量大实惠，油大味厚。他们喜欢酸、辣味，偏爱炸、煎、烤、炒的食物，尤其爱吃冷菜。食物在制作上较为粗糙。俄罗斯人一般以面食为主，他们很爱吃用黑麦烤制的黑面包。大名远扬的特色食品还有鱼子酱、酸黄瓜、酸牛奶，等等。吃水果时，他们多不削皮。在饮料方面，俄罗斯人很能喝冷饮，平时爱吃冰激凌，大多数人很能喝烈性酒，具有该国特色的烈酒伏特加，是他们最爱喝的酒，还喜欢喝一种叫"格瓦斯"的饮料。通常俄罗斯人不吃海参、海蜇、乌贼和木耳，还有不少人，不吃鸡鱼和虾。此外，鞑靼人不吃猪肉、驴肉、骡肉，犹太人也不吃猪肉，并且不吃无鳞鱼。用餐之时，俄罗斯人多用刀叉。他们忌讳用餐发出声响，并且不能用匙直接饮茶，或让其直立于杯中。通常吃饭时只用盘子，而不用碗。

（三）节庆习俗

俄罗斯人除根据信仰过宗教节日，如俄罗斯人的圣诞节、洗礼节、谢肉节（送冬节）、清明节、旧历年等，还把圣诞节的传统习俗与过新年结合起来，如圣诞老人叫冬老人，代表旧岁，雪姑娘代表新年，冬老人和雪姑娘是迎新晚会的贵客，并负责分发礼物。大多数俄罗斯人喜欢在家过年，男人们通宵饮伏特加。当电视广播里传出克里姆林宫的钟响过12下后，男女老少互祝新年快乐，女主人则往往按照俄罗斯人的习惯，要大家说一个新年的心愿。

（四）禁忌

拜访俄罗斯人时，赠以鲜花为最佳，但送给女士的鲜花宜为单数。俄罗斯人忌讳黑色，因为它仅能用于丧葬活动。在数字方面，俄罗斯人最偏爱"7"，认为它是成功、美满的预兆。对于"13"与"星期五"，他们则十分忌讳。他们对兔子的印象大多极坏，十分厌恶黑猫。在俄罗斯，打碎镜子和打翻盐罐，都被认为极不吉利的预兆。俄罗斯人主张"左主凶，右主吉"，因此，他们也不允许以左手接触别人，或以之递送物品。在俄罗斯，蹲在地上、卷起裤腿、撩起裙子，都是严重的失礼行为。

任务三　美洲部分国家的礼俗

知识认知

美洲分南美洲和北美洲。北美洲的主要国家是美国和加拿大。旅游业在美国、加拿大也很发达。其礼仪习俗既继承欧洲传统，又有创新，比较开放和现代化。

美洲除了美国、加拿大以外的区域，统称为"拉丁美洲"，包括南美洲和北美洲南部。拉丁美洲的礼仪习俗主要继承西班牙、葡萄牙的传统，也受当地传统的影响。

一、美国

（一）礼节礼貌

在一般情况下，同外人见面时，美国人往往以点头、微笑为礼，或者只是向对方"嗨"上一声作罢。不是特别正式的场合，美国人甚至连国际上最为通行的握手礼也略去不用了。若非亲朋好友，美国人一般不会主动与对方亲吻、拥抱。在称呼别人时，美国人极少使用全称，他们更喜欢交往对象直呼其名，以示双方关系密切。若非官方的正式交往，美国人一般不喜欢称呼官衔，或是以"阁下"相称。对于能反映其成就与地位的学衔、职称，如"博士""教授""律师""法官""医生"等，他们却是乐于在人际交往中用作称呼的。在一般情况下，对于一位拥有博士学位的美国议员而言，称其为"博士"，比称为"议员"更受对方欢迎。美国人崇尚女士优先，忌讳"老"。

美国人穿着打扮的基本特征是尊尚自然，偏爱宽松，讲究着装体现个性。在日常生活中，美国人大多是宽衣大裤。拜访美国人时，进了门一定要脱下帽子和外套。穿深色西装套装时穿白色袜子，或是让袜口露出自己的裙摆之外，都是缺乏基本的着装常识的表现。女性最好不要穿黑色皮裙，不要随随便便地在男士面前脱下自己的鞋子，或者撩动自己裙子的下摆，否则会令人产生成心引诱对方之嫌。

（二）饮食习惯

在一般情况下，美国人以食用肉类为主，牛肉是他们的最爱，鸡肉、鱼肉、火鸡肉也受其欢迎。若非穆斯林或犹太教徒，美国人通常不禁食猪肉，爱吃羊肉者极其罕见；喜食"生""冷""淡"的食物，不刻意讲究形式与排场，强调营养搭配；不吃狗肉、猫肉、蛇肉、鸽肉和动物的头、爪及其内脏以及生蒜、韭菜、皮蛋等。

美国人的饮食日趋简便与快捷，热狗、炸鸡、土豆片、三明治、汉堡包、面包圈、比萨饼、冰激凌等，老少咸宜，是平日餐桌上的主角。爱喝的饮料有冰水、矿泉水、红茶、咖啡、可乐与葡萄酒。新鲜的牛奶、果汁，也是他们每天必饮之物。

美国人用餐时一般以刀叉取用。他们切割菜肴时，习惯于先是左手执叉，右手执刀，将其切割完毕，然后放下餐刀，将餐叉换至右手，右手执叉而食。他们讲究斯文用餐，用餐的戒条主要有：其一，不允许进餐时发出声响；其二，不允许替他人取菜；其三，不允许吸烟；其四，不允许向别人劝酒；其五，不允许当众宽衣解带；其六，不允许议论令人作呕之事。

（三）节庆习俗

美国的节日比较多。7月4日为美国独立日。美国的政治性节日还有国旗日、华盛顿诞辰纪念日、林肯诞辰纪念日、阵亡将士纪念日等。2月14日为情人节，在这一天，恋人之间都要互赠卡片和鲜花。5月第二个星期日为母亲节，6月第三个星期日为父亲节，都是美国的法定节日。11月第四个星期四是感恩节，也叫火鸡节，是美洲特有的节日，这天也是家人团聚、亲朋欢聚的日子，还要进行化装游行、劳作比赛、体育比赛、戏剧表演等活动，十分热闹。12月25日为圣诞节，是美国最盛大的节日，全城通宵欢庆，教徒们跟随教堂唱诗班挨户唱圣诞颂歌，装饰圣诞树，吃圣诞蛋糕。

（四）禁忌

在美国，蝙蝠被视为吸血鬼与凶神。美国人忌讳黑色，最讨厌的数字是"13"和"3"，不喜欢的日期则是星期五。忌讳在公共场合和他人面前，蹲在地上，或是双腿叉开而坐。忌用下列体态语：盯视他人；冲着别人伸舌头；用食指指点交往对象；用食指横在喉头之前。在美国，成年的同性共居于一室之中，在公共场合携手而行或是勾肩搭背，在舞厅里相邀共舞等，都有同性恋之嫌。不宜送给美国人的礼品有香烟、香水、内衣、药品以及广告用品。跟美国人相处时，与之保持适当的距离是必要的。一般而论，与美国人交往时，与之保持50~150厘米之间的距离，才是比较适当的。他们认为，个人空间不容冒犯。因此在美国碰了别人要及时道歉，坐在他人身边先要征得对方认可，谈话时距对方过近则是失敬于人的。在美国，最忌讳他人打探个人隐私，询问他人收入、年龄、婚恋、健康、籍贯、住址、种族等都是不礼貌的。美国人大都认定"胖人穷，瘦人富"，所以他们听不得别人说自己"长胖了"。与美国黑人交谈时，既要少提"黑"这个字，又不能打听对方的祖居之地。

二、加拿大

（一）礼节礼貌

对关系普通者，加拿大人一般握手致意作为见面礼节。亲友、熟人、恋人或夫妻之间以拥抱或亲吻作为见面礼节，分手时也行握手礼。加拿大人跟外人打交道时，只有在非常正式的情况之下，才会对对方连姓带名一同加以称呼，并且彬彬有礼地冠以"先生""小姐""夫人"之类的尊称。在一般场合里，加拿大人在称呼别人时，往往喜欢直呼其名，而略去其姓。在加拿大，父子之间互称其名是常见之事。对于交往对象的头衔、学位、职务，加拿大人只有在官方活动中才会使用。在日常生活里，他们绝对不习惯像中国人那样，以"主任""局长"

"总经理""董事长"之类去称呼自己的交往对象。

与加拿大土著居民进行交际时，不宜将其称为"印第安人"或"爱斯基摩人"。前者被认为暗示其并非土著居民，后者的本意则为"食生肉者"，因而具有侮辱之意。对于后者，应当采用对方所认可的称呼，称为"因纽特人"。对于前者，宜以对方具体所在的部族之名相称。

加拿大人的着装以欧式为主。上班时间，他们一般要穿西服、套裙。参加社交活动时，他们往往要穿礼服或时装。在休闲场合，他们讲究自由穿着，只要自我感觉良好则可。每逢节假日，尤其是在欢庆本民族的传统节日时，大都有穿自己的传统民族服装的习惯。

（二）饮食习惯

加拿大人对法式菜肴较为偏爱，并且以面包、牛肉、鸡肉、鸡蛋、土豆、西红柿等为日常食物。在口味方面，比较清淡，爱吃酸、甜之物。在烹制菜肴时极少直接加入调料，而是惯于将调味品放在餐桌上，听任用餐者各取所需，自行添加。从总体上讲，他们以肉食为主，特别爱吃奶酪和黄油，还特别爱吃烤制的食物。在用餐之后他们爱吃一些水果。在饮品方面，他们喜欢咖啡、红茶、牛奶、果汁、矿泉水，还爱喝清汤，并且爱喝麦片粥。他们忌食肥肉、动物内脏、腐乳、虾酱、鱼露以及其他一切带有腥味、怪味的食物。动物的脚爪和偏辣的菜肴，他们也不太喜欢。用餐时他们一般使用刀叉，忌讳在餐桌上吸烟、吐痰、剔牙。一日三餐中最重视的是晚餐。

（三）节庆习俗

7月1日是加拿大的国庆日。在元旦，人们将瑞雪作为吉祥的征兆，哈德逊湾的居民在新年期间，不但不铲平阻塞交通的积雪，还将雪堆积在住宅四周，筑成雪岭，他们认为，这样就可以防止妖魔鬼怪的侵入。加拿大盛产枫树，其中以东南部的魁北克和安大略两省的枫叶最多最美。每年三四月间，一年一度的"枫糖节"就开始了。在加拿大东南部港口城市魁北克，每年从2月份的第一个周末起，都举行为期10天的冬季狂欢节，狂欢节规模盛大，活动内容丰富多彩。

（四）禁忌

在加拿大，白色的百合花主要被用于悼念死者，因其与死亡相关，所以绝对不可以将其作为礼物送给加拿大人。"13"被视为"厄运"之数，"星期五"则是灾难的象征，加拿大人对于两者都是深为忌讳的。在老派的加拿大人看来，打破了玻璃，请人吃饭时将盐撒了，从梯子底下经过，都是不吉利的事情，都是应当竭力避免发生的。与加拿大人交谈时，不要插嘴打断对方的话，或是与对方强词夺理。在需要指示方向或介绍某人时，忌讳用食指指指点点，而是代之以五指并拢、掌心向上的手势。

三、墨西哥

（一）礼节礼貌

在墨西哥，熟人相见之时所采用的见面礼节，主要是拥抱礼与亲吻礼。在上流社会中，男士往往还会温文尔雅地向女士行吻手礼。与不熟悉的人打交道时，宜采用的见面礼节是握手或微笑。在正式场合不宜直接称呼交往对象的名字，只有彼此之间十分熟悉的人，才会例外。其称呼方式是在姓氏之前加上"先生""小姐"或"夫人"之类的尊称。墨西哥人极爱使用某些可以体现出具有一定社会地位的头衔，诸如"博士""教授""医生""法官""律师"

"议员""工程师"之类。

拜访墨西哥人要事先进行预约，否则是不会受到对方欢迎的。前去赴约的时候，墨西哥人一般都不习惯于准时到达约会地点，通常会比双方事先约定的时间迟到一刻钟到半小时。

墨西哥的传统服装中，名气最大的是"恰鲁"和"支那波婆兰那"。前者是一种类似于骑士服的男装，由白衬衣、黑礼服、红领结、大檐帽、宽皮带、紧身裤、高筒靴组成，看起来又帅又酷。后者则为一种裙式的女装，它多以黑色为底，金色滚边，并以红、白、绿三色绣花，无袖、窄腰、长可及地，穿起来令人显得高贵又大方。

出入于公共场所时，男子穿长裤，妇女穿长裙。在日常生活里，男子爱穿格子衬衫、紧身裤。妇女爱穿色调明快、艳丽的绣花衬衣和图案、款式多变的长裙，出门在外之时，还喜爱披上一块用途多样的披巾。

（二）饮食习惯

墨西哥人的传统食物主要是玉米、菜豆和辣椒。墨西哥是玉米之乡，他们不仅爱吃玉米，而且还可以用它制作各式各样的风味食品，其中最有特色的是玉米面饼、玉米面糊、玉米饺子、玉米粽子等。墨西哥菜的特色，是以辣为主。有人甚至在吃水果时，也非要加入一些辣椒粉不可。

除了爱以菜豆做菜之外，仙人掌、蚂蚱、蚂蚁、蟋蟀等都可以成为墨西哥人享用的美味佳肴。墨西哥人颇为好酒，但不劝酒。他们大都不吃过分油腻的菜肴。

（三）节庆习俗

墨西哥人喜爱仙人掌，每年的仙人掌展览会总是盛况空前。墨西哥国庆节为9月16日。10月玉米收获时节有玉米粽子节，用嫩玉米包粽子，并举行盛大舞会。11月1日—2日为墨西哥达拉斯戈尼族的亡人节，与我国清明节习俗相似。

（四）禁忌

墨西哥人忌讳将黄色或红色的花送人，他们认为，前者意味着死亡，后者则会带给他人晦气。在墨西哥人眼里，蝙蝠凶恶、残暴，是一种吸血鬼，蝙蝠及其图案为人们所忌讳。墨西哥人对紫色深为忌讳，讨厌的数字是"13"与"星期五"。

任务四　非洲部分国家的礼俗

知识认知

非洲是世界文明的发源地之一。非洲人勤劳、智慧。过去的几个世纪中，由于长期受葡萄牙、西班牙、英国、法国、荷兰、比利时、德国以及意大利等殖民者的侵入、瓜分和奴役，非洲成了一个贫穷落后的地区，直至20世纪60年代后大部分非洲国家才纷纷独立，加入第三世界发展中国家的行列。非洲文化具有多样性，礼仪习俗相对也复杂多样。

一、埃及

（一）礼节礼貌

在人际交往中，埃及人采用的见面礼节主要是握手礼。与跟其他伊斯兰国家的穆斯林打交道时的禁忌相同,同埃及人握手时,最重要的是忌用左手。除握手礼之外,埃及人在某些场合还会使用拥抱礼或亲吻礼。埃及人所采用的亲吻礼,往往会因交往对象的不同而采用亲吻不同部位的具体方式,其中最常见的形式有三种:一是吻面礼,一般用于亲友之间,尤其是女性之间。二是吻手礼,是向尊长表示敬意或是向恩人致谢时所用的。三是飞吻礼,多见于情侣之间。埃及人在社交活动中,跟交往对象行过见面礼节后,往往要双方互致问候,"祝你平安""真主保佑你""早上好""晚上好"等,都是他们常用的问候语。

为了表示亲密或尊敬,埃及人在人际交往中所使用的称呼也有自己的特色。在埃及,老年人将年轻人叫作"儿子""女儿",学生管老师叫"爸爸""妈妈"。穆斯林之间互称"兄弟",往往并不表示两者具有血缘关系,而只是表示尊敬或亲切。跟埃及人打交道时,除了可以采用国际上通行的称呼,倘若能够酌情使用一些阿拉伯语的尊称,通常会令埃及人更加开心。

去埃及人家里做客时,应注意以下三点:其一,事先要预约,并要以主人方便为宜。通常在晚上 6:00 后以及斋月期间不宜进行拜访。其二,按惯例,穆斯林家里的女性,尤其女主人是不待客的,故切勿对其打听或问候。其三,就座之后,切勿将足底朝外,更不要朝向对方。

埃及人的穿着主要是长衣、长裤和长裙。又露又短的奇装异服,埃及人通常是不愿问津的。埃及城市里的下层平民,特别是乡村中的农民,平时主要还是穿阿拉伯民族的传统服装——阿拉伯大袍,同时还要头缠长巾,或是罩上面纱。埃及的乡村妇女很喜爱佩戴首饰,尤其讲究佩戴脚镯,不穿绘有星星、猪、狗、猫以及熊猫图案的衣服。

(二) 饮食习惯

在通常情况下,埃及人以一种称为"耶素"的不用酵母的平圆形面包为主食,并且喜欢将它同"富尔""克布奈""摩酪赫亚"一起食用。"富尔"即煮豆,"克布奈"即"白奶酪","摩酪赫亚"为汤类。埃及人很爱吃羊肉、鸡肉、鸭肉、土豆、豌豆、南瓜、洋葱、茄子和胡萝卜。他们口味较淡,不喜油腻,爱吃又甜又香的东西,尤其喜欢吃甜点。冷菜、带馅的菜以及用奶油烧制的菜,特别是被他们看作象征着"春天"与勃物生机的生菜,备受欢迎。在饮料上,埃及人酷爱酸奶、茶和咖啡,埃及人有在街头的咖啡摊上用午餐的习惯。用餐的时候,埃及人多以手取食。在正式场合他们习惯于使用刀、叉和勺子。用餐之后,他们一定要洗手。埃及人在用餐时,忌用左手取食,忌在用餐时与别人交谈,因为他们认为那样会浪费粮食,是对真主的大不敬。埃及人按照伊斯兰教教规,是不喝酒的。他们忌食的东西有:猪肉、狗肉、驴肉、骡肉、龟、鳖、虾、蟹、鳝,动物的内脏,动物的血液,自死之物,未诵安拉之名所宰之物。整条的鱼和带刺的鱼他们也不喜欢吃。

(三) 节庆习俗

埃及的国庆节为 7 月 23 日。4 月下旬(科普特历八月中旬)是埃及传统节日——惠风节,人人都要吃象征春风绿地的生菜,象征生命开始的鸡蛋和有关崇拜的腌鱼。8 月,当尼罗河水漫过河堤时,举行泛滥节,欢庆尼罗河定期泛滥带来沃土。众人聚集在尼罗河边进行祈祷,唱宗教赞歌,跳欢快的舞蹈。6 月 17 日或 18 日是尼罗娶媳妇节,人们纷纷来到尼罗河边载歌载舞。穆斯林在斋月(伊斯兰教历九月)中实行斋戒,从日出到日落均不得进食。斋月结束后举行开斋节,连续三天,举行盛大的庆祝活动,到清真寺做礼拜,亲友互相走访。这三天也是举行婚礼的吉祥日子。伊斯兰教历十二月十日为宰牲节,也是盛大节日,各家各户根据自己的经济实力,宰牛宰羊,馈赠亲友,招待宾客,送给穷人。

(四)禁忌

除讨厌猪之外,外形被认作与猪相近的大熊猫也为埃及人所反感。黑色和蓝色在埃及人看来均是不祥之色。对信奉基督教的科普特人而言,"13"是最令人晦气的数字。在埃及非常忌讳针,而且"针"是骂人的词,在下午3:00~5:00严禁买卖针,被认为会带来贫困与灾祸。在埃及如不给人小费,往往会举步维艰。

与埃及人交谈时,应注意下面几点:一是男子不要主动找妇女攀谈;二是切勿夸奖埃及妇女身材窈窕,因为埃及人以体态丰腴为美;三是不要称道埃及人家中的物品,在埃及这种做法会被人理解为索要此物;四是不要与埃及人讨论宗教纠纷、中东政局以及男女关系。

二、南非

(一)礼节礼貌

南非的见面礼节主要是握手礼。南非人对交往对象的称呼则主要是"先生""小姐"或"夫人"。西方人所讲究的绅士风度、女士优先、守时践约等基本礼仪,南非人不仅耳熟能详,而且早已身体力行。在具体称呼上他们保留自己的传统,即在称呼时在姓氏之后加上相应的辈分,以表明双方关系异常亲密。比如,称南非黑人为"乔治爷爷""海伦大姐",往往会令其喜笑颜开。

在正式场合,南非人讲究着装端庄、严谨。在进行官方交往或商务交往时,最好要穿样式保守、色彩偏深的套装或裙装,不然就会被对方视作失礼。在日常生活中,南非人大多爱穿休闲装。白衬衣、牛仔装、西装短裤,均受其喜爱。南非黑人穿这类服装,不分男女老幼,往往对色彩鲜艳者更为偏爱,尤其爱穿花衬衣。

(二)饮食习惯

在饮食习惯上,当地的白人平日以吃西餐为主,经常吃牛肉、鸡肉、鸡蛋和面包,并且爱喝咖啡与红茶。南非黑人的主食是玉米、薯类、豆类。在肉食方面,他们喜欢吃牛肉和羊肉,但是一般不吃猪肉,也不太吃鱼;不喜欢生食,爱吃熟食。"如宝茶"深受南非各界人士的推崇,与钻石、黄金一道,被称为"南非三宝"。与南非的印度人打交道时,务必要注意:信仰印度教者不吃牛肉,信仰伊斯兰教者不吃猪肉。

(三)节庆习俗

南非节庆活动较多,新年是1月1日,人权日是3月21日,耶稣受难日为复活节前的星期五,家庭节为复活节后的第二天。自由日是4月27日,当天全国进行盛大的纪念活动,各种族人民都有不同活动。劳动节是5月1日,举行传统仪式及活动,是典型的宗教节日,有宗教活动,和西方相似。青年节是6月16日,全国适龄青年欢庆活动,是青年迈向成年的仪式。南非的妇女节是8月9日。南非部分地区有过传统节的习俗,时间是9月24日,一般举行传统的歌舞、特色饮食等活动。和解节是12月16日,会举行大型纪念仪式及活动,忘怀种族之间的隔离政策。圣诞节是12月25日,友好节是12月26日。

(四)禁忌

信仰基督教的南非人,最忌讳"13"这一数字。对于"星期五",特别是与"13"日同为一天的"星期五",他们更是讳言忌提,并且尽量避免外出。南非人非常敬仰自己的祖先,特别忌讳外人对其祖先在言行举止上表现出失敬。被其视为神圣宝地的一些地方,诸如火堆、牲口棚等处,绝对是禁止妇女接近的。

任务五 我国港澳台地区的礼俗

知识认知

香港、澳门、台湾是中国不可分割的领土,香港、澳门已回归祖国。在港、澳、台生活的95%以上的人口是炎黄子孙,是我们的骨肉同胞。居民中华人占绝大多数,继承、保存着籍贯的传统礼仪习俗,其姓氏称谓、婚丧礼仪、宗教信仰、节令时尚、饮食习惯等基本与广东和福建相似。同时受西方文化的影响,其节庆的形式与内容是中西合璧的。

(一)礼节礼貌

港、澳、台地区通行的见面礼为是握手礼。因有些人参禅信佛,故也有见人行合十礼和呼"阿弥陀佛"的。港、澳、台同胞在接受饭店服务员斟酒、倒茶时行叩指礼,即把手弯曲,以指尖轻轻叩打桌面以示对人的谢意,这种礼节源于叩头礼。港、澳、台同胞一般比较勤勉、守时。与他们交往时要注意做到不能使他们觉得丢面子;与他们谈话入正题前要说些客套话,多表示些内地人民对他们的热情友好和真诚欢迎。

香港人在正式场合下,男士穿西装,女士穿套裙,平时穿着追求个性、时尚、飘逸、多姿多彩。澳门人的衣着,除了比内地人时髦以外,没有什么奇特的地方,都不穿凉鞋、水鞋,喜欢穿球鞋、皮鞋。除了正规场合西装革履外,平时穿着随意,讲究舒适与时尚。近年来,台湾居民的服饰已逐渐西化。上班时整整齐齐,闲暇时舒适随意。在正规场合,男士西装革履,女士裙裾飘飘。闲暇时间人们喜欢穿各种运动服和休闲服健身娱乐、饮宴应酬。台北女性流行穿旗袍,农村居民则以短衣短裤作日常服装。女子多用金银首饰,尤爱金项链。

(二)饮食习惯

港、澳、台同胞的饮食习惯和内地基本相仿。许多人回内地探亲访友、旅游观光时喜欢吃家乡菜和各地传统的风味小吃。一般喜欢品尝有特色的名菜、名点,爱喝"茅台"一类的名酒以及龙井、铁观音等名茶。

香港人的饮食特点:讲究菜肴鲜、嫩、爽,注重菜肴营养成分,口味喜清淡,偏爱甜味;以米为主食,也喜欢吃面食;爱吃鱼、虾、蟹等海鲜及鸡、鸭、蛋类、猪肉、牛肉、羊肉等;喜欢茭白、油菜、西红柿、黄瓜、柿子椒等新鲜蔬菜;调料爱用胡椒、花椒、料酒、葱、姜、糖、味精等。他们对各种烹调技法烹制的菜肴均能适应,偏爱煎、烧、烩、炸等烹调方法制作的菜肴。他们对内地各种风味菜肴均不陌生,最喜爱粤菜、闽菜;喜欢鸡尾酒、啤酒、果酒等,饮料爱喝矿泉水、可乐、可可、咖啡等,也喜欢乌龙茶、龙井茶等;爱吃香蕉、菠萝、西瓜、柑橘、洋桃、荔枝、龙眼等水果以及腰果等干果。他们绝大多数人都使用筷子,个别人也使用刀叉用饭。

澳门人在饮食方面,"以中为主,中葡结合"。澳门人的饮食习惯与珠江三角洲一带的居民差别不大,由于长期华洋杂处,其生活习俗在有些方面也是中西混合的。澳门人的"吃"

文化也是博大精深。出于传统习惯和节省时间考虑，澳门人早餐和午餐常用"饮茶"来代替。不过名曰饮茶，事实上澳门人喝茶总少不了各类点心和粥粉面饭。澳门还有不少当地出生的葡萄牙人喜爱的食品，如咸虾酱、喳咋和牛油糕等。

台湾人在吃上讲究清淡，喜甜味，与内地江浙一带口味相近，但不同地域、不同人群，在饮食上也各有特色。台湾人的饮食很杂，缺少自己独具的特色，但普遍在吃上很讲究，追求精细与营养。他们在宴席上不劝酒，让客人随意，但主人喝起酒来还是有量的，很豪爽。

（三）节庆习俗

香港、澳门和台湾的节庆习俗如同内地，注重过中国传统的农历节日，如端午节、春节等。过节时他们要祭神、祭祖，其形式、规矩讲究较多。当然，由于受西方文化的影响，许多人也习惯过西方的圣诞节等节日。

（四）禁忌

港、澳、台同胞，尤其是上了年纪的老一辈人迷信的不少，他们忌讳说不吉利的话，而喜欢讨口彩。如香港人特别忌"4"字，因粤语中"4"与"死"谐音；又如他们住饭店不愿进"324"房间，因其在粤语里的发音与"生意死"谐音，不吉利。过年时他们喜欢别人说"恭喜发财"之类的恭维话，不说"新年快乐"，因"快乐"音近"快落"，不吉利。由于长期受西方的影响，他们忌讳"13""星期五"等；忌讳别人打听自己的家庭地址；忌询问个人的工资收入、年龄状况等情况。送礼时他们忌讳送钟，它是死亡的象征；在台湾不要送剪刀或其他锐利的物品，它们象征断绝关系。台湾人禁用手巾赠人，因在台湾手巾是给吊丧者的留念，意为让吊丧者与死者断绝往来，故台湾有"送巾断根"或"送巾离别"之说；禁用扇子送人，有"送扇，无相见"之说；禁用雨伞送人，因在台湾，"命"与"散"同音，"雨"与"给"同音，"雨伞"与"给散"同音，故拿伞送人，会引起对方误会；禁用甜果送人，因甜果是民间逢年过节祭祖拜神之物，送甜果会使对方有不祥之感。

技能训练

➢ 案例分析

国内某家专门接待外国游客的旅行社，有一次准备在接待来华的意大利游客时送每人一件小礼品。于是，该旅行社订购了一批纯丝手帕，是杭州制作的，还是名厂生产，每个手帕上绣着花草图案，十分美观大方。手帕装在特制的纸盒内，盒上又有旅行社社徽，是很像样的小礼品。中国丝织品闻名于世，料想会受到客人的喜欢。

旅游接待人员带着盒装的纯丝手帕，到机场迎接来自意大利的游客。欢迎词热情、得体。在车上他代表旅行社赠送给每位游客两盒包装甚好的手帕，作为礼品。

没想到车上一片哗然，议论纷纷，游客显出很不高兴的样子。特别是一位夫人，大声叫喊，表现得极为气愤，还有些伤感。旅游接待人员心慌了，好心好意送人家礼物，不但得不到感谢，还出现这般景象。

思考：

1. 中国人总以为送礼人不怪，这些外国人为什么怪起来了呢？
2. 如何做到尊重他国人民的习惯？

模块二

宗教礼俗

任务要求

1. 了解三大宗教的起源及基本教义。
2. 掌握三大宗教的基本礼仪。
3. 了解三大宗教的习俗与禁忌。

案例导入

海盗的逻辑

据法新社2009年12月23日报道，索马里海盗表示，将允许近两个月前被俘的英国夫妇过圣诞节，还可能为他们准备传统的圣诞食物。

英国《泰晤士报》报道称，这对10月被索马里海盗绑架的英国退休夫妇已被转移到索马里首都北部哈拉代雷港附近的海盗据点，以防其他组织的武装分子将两人再次劫持。

一名海盗指挥官表示，他们将准许这对被俘夫妇过自己的圣诞节。该指挥官称，"我们从来没有否认他们的圣诞节。我们尊重他们的自由、生命以及宗教信仰，因为没有一种宗教可以容许冒犯其他宗教。"该指挥官还补充说，"如果他们想要庆祝节日，我们可以准备他们喜爱的食物，像是薯条、通心粉、鱼肉以及啤酒。我认为他们订的餐不会全部都有，但是我们将尝试着让他们在被俘期间过个快乐的圣诞节。"

宗教礼仪，是指宗教信仰者为对其崇拜对象表示崇拜与恭敬所举行的各种例行的仪式、活动，以及与宗教密切相关的禁忌与讲究。在社会生活里，宗教礼仪不仅是各种宗教之间相互区别的显著标志，而且也是各种宗教用以扩大宗教组织、培养宗教信仰的重要的常规性手段。

宗教礼仪大体可以分为三种：第一种是物象礼仪，即向神佛供献各类供物，几乎所有宗教都有这样的礼仪。第二种是示象礼仪，这是较高层次的宗教礼仪，指在表达对神佛的崇拜、敬畏和祈祷等感情时，将一些宗教礼仪规范化、符号化、象征化，以增加宗教礼仪的崇高性和神圣性。世界上各大宗教礼仪多为这种礼仪，它是宗教生活的重要组成部分。第三种是意象礼仪，它是超越了一般形式的礼仪，是最高层次的宗教礼仪，它是一种心灵的礼仪，是信教者发自内心深处的对宗教的理性认可。

世界上存在着多种宗教，自然也就存在着多种宗教礼仪。本模块主要介绍世界上影响最大、流传最广的三大宗教，即基督教、伊斯兰教、佛教的礼仪。之所以能成为三大宗教，是因为这三种宗教是世界上目前仅有的三个各自被一部分国家列为国教的宗教，如基督教在欧美的一些国家、伊斯兰教在中东一些国家、佛教在不丹和柬埔寨分别被列为国教。三大宗教中基督教人数最多，伊斯兰教人数次之，佛教人数最少。虽说三大宗教在发展历史、分布区域及教义上都有很大差别，但他们都提倡和平共处，可以相互交流文化，慈悲、博爱、和平、向善是宗教的真谛。

任务一　基督教礼俗

一、基督教概述

基督教指奉耶稣基督为救世主，以《新旧约全书》为经典的各教派。基督教于公元1世纪出现在巴勒斯坦地区，是古代犹太人反抗罗马帝国奴役的宗教产物。基督教的基本经典是《圣经》，又名《新旧约全书》，分为《旧约全书》和《新约全书》两部分。《旧约全书》是犹太教的经书，共39卷，后被基督教所承袭，作为基督教圣经的前一部分。基督教的自身经典是《新约全书》，共27卷。基督教的标志为十字架，它是耶稣受难的象征。

在基督教的历史上，共经历了两次大的分裂，形成了三大基督教派别——东正教、天主教和新教。第一次分裂缘于罗马帝国的分裂，公元395年，罗马帝国分裂为东罗马帝国和拜占庭帝国，基督教也从此分裂为东西两派，即东部以正教自居的东正教和西部的罗马公教（罗马天主教）。第二次分裂发生于公元16世纪，罗马西部天主教中有一些代表资产阶级愿望的市民斥责教会的腐朽和贪婪，认为靠个人的虔诚信仰即可直接从上帝那里获得救赎，无须依赖教会，并纷纷宣布脱离罗马教皇的控制，建立起独立自主的教会，后把这些教派统称为新教。新教派中最著名的两位领袖是德国的路德和法国的加尔文，他们所创办的教派分别为路德宗和加尔文宗，是新教中最大的两个教派。

基督教是世界上信徒最多、分布最广的宗教，遍布世界242个国家。全球74亿人口中，广泛的基督徒为24.6亿，占全球人口的33%。在西方国家，它的影响更是举足轻重。

二、基督教的基本教义

早期基督教的教义主要来自《圣经》，之后随着社会的发展，教派不断涌现，各派的教义侧重点也各异，但以下信条基本是共同承认的：

（一）上帝创世说

基督教认为，上帝主宰天地，是天地万物的唯一创造者，他是全知全能全善的，也是真善美的最高体现。上帝是人类的创造者和赏赐者，人类必须无条件地敬畏和服从上帝，否则就要受到上帝的惩罚。上帝有三个"位格"，即圣父、圣子和圣灵。圣父是万有之源造物之主，圣子是太初之道而降世为人的耶稣基督，圣灵受圣父之差遣运行于万有之中、更受圣父及圣子之差遣而运行于教会之中。三者是一个本体，格不能乱，体不能分。

（二）原罪救赎说

原罪说是基督教承袭了犹太教教义的一种说法。基督教认为，人类的祖先亚当与夏娃在伊甸园中违逆上帝，出于爱的命令偷吃禁果，想要脱离造物主而获得自己的智慧，从此与上帝的伊甸园隔绝，开始经历各种痛苦与磨难。后世人皆为两人后裔，因此人生来就有这种原罪。此外还有违背上帝意志而犯的各种"本罪"。人不能自我拯救，不论做了多少善事也脱离不了原罪，而要靠耶稣基督的救赎。

人类既有原罪，又无法自救，上帝不忍心让人类永远沉沦，于是差遣上帝圣子降世为人，用自己的生命为赎价，被钉在十字架上代人受死，并于第三天复活。

（三）天堂地狱说

救赎，是和天堂地狱联系在一起的。天堂指上帝的居所和得救的灵魂安居的地方，而地狱指未获救赎的灵魂受惩罚的地方。他们宣称，人类居住的现实世界是罪恶的渊源，人类生活在这个世界上是无法摆脱苦难的，只有相信上帝和上帝派来的救世主耶稣基督，一切顺从神的安排，死后的灵魂才能升入天堂，否则就会受到末日审判，被抛入地狱。他们宣称，人一半是天使，一半是禽兽，一半是海水，一半是火焰。人来到世界，一只脚踏进天堂而另一只脚还在地狱的门口，而最终能否得到上帝的救赎，还要看人的现世表现。

三、基督教的主要节日

基督教传播久远，支派繁杂，纪念节日在各国都有不同。各教派基本共同的、影响较大的节日有圣诞节、复活节和圣灵降临节。

（一）圣诞节

圣诞节是纪念耶稣"诞生"的节日，可以说是基督教最重要的节日。一般认为历史上并无耶稣其人，《圣经》也没有记载耶稣的出生日期。早期基督教亦无此节日。公元354年，罗马帝国西部的拉丁教的年历上，首次写明12月25日是耶稣生日。此后基督教则以12月25日为圣诞节。正教和其他东方教会由于历法不同，其12月25日相当于公历1月6日或7日。

圣诞节在欧洲、美洲、大洋洲等基督教盛行的地区，成为民族风俗习惯中最主要的全民性节日。圣诞节从12月25日算起，为时一周。其间要举行许多形式的宗教活动，如组织歌咏队，唱圣诞节歌"报佳音"，举行子时弥撒、圣诞节礼拜等。此外，还有许多丰富多彩的庆祝活动，主要有：假扮圣诞老人、装点圣诞树、互赠圣诞贺片、制作圣诞蛋糕等，如图120和图121所示。近些年来，每逢圣诞节，罗马教皇一般都要向全世界天主教徒发表圣诞文告或圣诞贺词。

图 120　圣诞节的标志

图 121　圣诞橱窗

（二）复活节

复活节是纪念耶稣"复活"的节日，时间为每年春分月圆之后第一个星期日，是基督教仅次于圣诞节的重大节日。根据教会传说，耶稣被钉死在十字架上，这一天正好是星期五，西方称为"耶稣受难日"（故视该日为不祥之日）。受难后第三天（星期日）耶稣从坟墓里复活、升天。东方教会规定，如果满月恰逢星期日，则复活节再推迟一周。因此，节期大致在3月22日至4月25日。与其他节日不相同的是，复活节象征着希望与重生，是人们表达对生命顽强感到惊叹与喜悦的节日。

对于复活节的庆祝方式，各个国家和地区有所不同。最为流行的是互赠彩蛋的活动。鸡蛋是复活节的象征，因为它预示着新生命的降临，相信新的生命一定会冲脱出世。节日期间，人们按照习俗把鸡蛋煮熟后涂上红色，代表生命女神降生后的快乐；大人孩子会聚在一处用彩蛋做游戏。复活节的另一象征是小兔子，原因是它具有极强的繁殖能力，人们视它为新生命的创造者。节日中，成年人会形象生动地告诉孩子们复活节彩蛋会孵化成小兔子。复活节这一天，教会还会举行隆重的宗教仪式，一般吸收新教徒的洗礼仪式也在复活节举行。从复活节起的一周内称复活节周。

（三）圣灵降临节

圣灵降临节也称"圣灵降临瞻礼"，据《新约全书》载，耶稣复活后第40天升天，第50天差遣圣灵降临，门徒领受圣灵后开始传教。据此，教会规定每年复活节后第50天为圣灵降临节，又称"五旬节"，约3世纪末开始举行，4世纪在基督教文献中有耶路撒冷教会欢庆此节日的记述。由于历法不同，正教和其他东方教会在具体日期上常比天主教、新教迟十三四天。

各个国家对此节日庆祝的方式有所不同。在英国，教徒们会去教堂聚餐并举行群众游艺及体育活动，有的村庄还会屠宰一只小羊，抬着游行、跳舞，然后把小羊烤熟，将肉卖给参加活动的群众。在德国，每个家庭都会买一个或扎一个枞树枝做的花环，装饰上雪人、天使、圣诞老人或彩球等挂件，并插上四支粗粗的蜡烛，在圣诞节前一一点燃；同时还会烤制各式各样的圣诞小饼干以示庆祝。

四、基督教的礼仪

（一）称谓礼仪

天主教：最高领袖称教皇或教宗；最高级主教称枢机主教（俗称红衣主教）；管理一个教省的负责人称大主教；管理一个教区的称主教；管理一个堂区的称神父（司铎）；离家进修会

的男教徒称修士，女教徒称修女。

东正教：最高领袖称牧首；重要城市的主教称都主教；地位低于都主教的称大主教；教堂负责人称主教或神父。修士和修女的称呼同天主教。

新教：最高领袖称主教，教堂负责人称牧师。修士和修女称呼同天主教。

（二）宗教仪式

基督教三大教派的宗教仪式不尽相同，天主教和东正教尤其注重宗教仪式，主要表现为七件圣事，即洗礼、坚振、告解、圣体、婚配、神品和终敷。基督教路德宗只承认洗礼和圣餐为圣事。

1. 洗礼

洗礼为基督教的一种重要宗教仪式。基督徒认为洗礼是表示信仰皈依的仪式，是耶稣所立的圣事，表明赦免本人一切的"罪"，脱去旧人做新人。仪式分点水礼和浸水礼两种。点水礼，即用手指蘸水点在额上；浸水礼，即全身浸没于水中。如图122和图123所示。受洗礼后才成为正式信徒，并有资格领受圣餐。

图122　点水礼

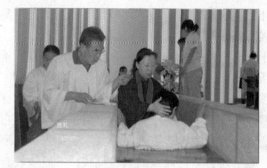

图123　浸水礼

2. 坚振

坚振也称坚信礼、坚振礼。即入教者在接受洗礼后，一定时间内再接受主教的按手礼坚振，如此可使圣灵降于其身，以坚定信仰，振奋心灵。

3. 告解

告解俗称忏悔，是耶稣基督为赦免教徒对上帝所犯各种罪，使他们重新获得上帝恩宠而定立的。举行告解时，由教徒向神父告明对上帝所犯罪过，以示忏悔。神父对教徒所告各种罪，应严守秘密，并指示今后应如何补赎。

4. 圣体

天主教称圣体为圣体圣事，对其仪式则称弥撒。东正教称圣体为圣体血，基督教新教称圣体为圣餐。教徒吃了经主教祝圣后的面饼和葡萄酒，象征吸收了耶稣的血和肉而得到了耶稣的宠光。据《新约全书》载，耶稣受难前夕同门徒共进最后的晚餐时，对饼和酒进行祝祷，分给他们领食，称其为自己的身体和血，是为众人免罪而舍弃和流出的，并命后世门徒常如此行之以纪念他。

5. 婚配

教徒在教堂内，由神职人员主礼，按照教会规定的仪式正式结为夫妻，以求得上帝的祝福。

6. 神品

神品是授予神职的一种仪式。一般由神父或主教将手按于领受者头上，念诵一段祈祷经文，宣称担任神职者可以圣化，称为圣者，今后即有资格主持圣事。

7. 终敷

一般在教徒病情危重或临终时，由神父用经过主教祝圣过的橄榄油，抹在病人的耳、目、口、鼻、手、足，并念一段经文，以赦免其一生罪过，帮助敷者减轻痛苦，或是让他安心地去见上帝。

（三）礼拜、祈祷

礼拜是基督教主要的崇拜活动，内容包括祈祷、读经、唱诗、讲道、祝福等，《新约全书》记载，耶稣基督在星期日复活，因而大多数基督教徒在这一天祈祷，进行礼拜。《旧约全书》记载星期六是安息日，为安息日礼拜，少数教派在星期六进行礼拜。主礼人为牧师或长老，若无神职人员时亦可推举一位信徒主领。信徒在教堂礼拜之前，要排除一切干扰，保持一颗虔诚平静之心；还应该做到衣履整洁、庄重，不能穿汗背心、超短裙、短衬裤和拖鞋进教堂；戴帽子和围巾的人，在进教堂前必须将其摘掉。除星期日公众礼拜外，还有一些特殊的礼拜，如结婚礼拜、丧事礼拜、追思礼拜、感恩礼拜等。基督教认为礼拜仪式可以使人快乐、敬畏、安静、感动和友爱。

祈祷指向上帝和耶稣基督求告，也称祷告，其内容包括赞颂、求福、求恩、感恩、悔罪、求罚恶人等。《圣经》中有很多优美的诗篇都可以作为祷告的内容。祷告并不需要什么特定的环境，它是与神的交谈，你可以随时将你心中的话告诉上帝，当然如果有条件，最好是跪下来闭上眼睛低头合手出声祷告。基督徒每天起床、睡觉、吃饭都要祷告，出门的时候祈求上帝赐下平安，回家的时候感谢上帝所赐的平安。依个人的信仰习惯，有出声的口祷和不出声的默祷，可以个人独自在家进行，也可以利用聚会时，由牧师或神父作为主礼人进行祈祷。祈祷结束时，须念"阿门"，表达教徒的真诚之意。

五、基督教的禁忌

（一）交往禁忌

基督教徒只崇拜上帝，因此与基督徒交往时要尊重基督教徒的信仰，不能以上帝起誓，更不能拿上帝开玩笑。

非基督徒进入教堂应衣冠整洁、神态庄严、举止检点。对于衣着不整或穿拖鞋、短裤入堂者是绝对禁忌的。同时也禁止在教堂内来回乱窜、大声喧哗、争抢座位等，更不允许在教堂内吃东西、抽烟。进入教堂后要脱帽。非教徒进入教堂时一定要遵守教堂规则，不要造成不良影响。

当教徒们祈祷或唱诗时，旁观的非教徒不可出声；当全体起立时，应当跟其他人一起起立；若有人分饼和面包给自己，应谢绝。

根据教会的传统，天主教的主教、神父、修女是不结婚的。所以，同天主教徒交往时，见到主教不可问"有几个子女"这样的问题，遇到年轻的神父、修女则不可问"爱人在哪里工作"等问题。

（二）饮食禁忌

如果和基督徒一起用餐，要待基督教徒祈祷完毕后，再拿起餐具。在点餐时，不能把动物的血作为食物。其原因是：血象征生命，是旧约献祭礼仪上一项重要的内容，而且，新约把血的作用解释为耶稣基督在十字架上流血舍命而带给人的救赎能力。所以出于纪念，不吃血成为《圣经》对基督徒的一种要求。同时，基督教徒不吃勒死的牲畜和动物内脏，因为勒死的动物的血并未流出，已被吸入动物肉中。

有些教派的基督徒有守斋之习。守斋期间，基督徒绝对不食肉、不饮酒。在一般情况下，基督徒不食用蛇、鳝、鳅、鲶等无鳞无鳍的水生动物。根据教规规定，教徒每周五及圣诞节前夕只吃素菜和鱼类，不食用其他肉类。

（三）数字禁忌

据说耶稣在死前最后一顿晚餐上被其门徒犹大出卖，而犹大正好是晚餐上的第 13 个人，因此基督徒忌讳"13"这个数字。比如房间没有 13 号，宴会的桌号没有 13 等。多数西方国家习惯用字母"M"代替"13"，如很多高层建筑的电梯会用 M 层或 12A、12B 的方式代替 13 层。同时由于耶稣受难的日子是星期五，如果哪个月的 13 日和星期五重合，就称为"黑色星期五"，在这一天，很多基督徒会减少外出活动。

知识链接

西方人为什么忌讳"13"？

这一忌讳源于两种传说：

其一，传说耶稣受害前和弟子们共进了一次晚餐。参加晚餐的第 13 个人是耶稣的弟子犹大，就是这个犹大为了 30 块银元，把耶稣出卖给犹太教当局，致使耶稣受尽折磨。参加最后晚餐的是 13 个人，晚餐的日期恰逢 13 日，"13"给耶稣带来苦难和不幸。从此，"13"被认为是不幸的象征。"13"是背叛和出卖的同义词。

其二，西方人忌讳"13"源于古代希腊。希腊神话说，在哈弗拉宴会上，出席了 12 位天神。宴会当中，一位不速之客——烦恼与吵闹之神洛基忽然闯来了。这第 13 位来客的闯入，招致天神宠爱的柏尔特送了性命。

因为忌讳，西方人千方百计避免和"13"接触。在荷兰，人们很难找到 13 号楼和 13 号的门牌。他们用"12A"取代了 13 号。在英国的剧场，你找不到 13 排和 13 座。法国人聪明，剧场的 12 排和 14 排之间通常是人行通道。此外，人们还忌讳 13 日出游，更忌讳 13 人同席就餐，13 道菜更是不能接受了。正是从此意出发，许多高层建筑都没有第 13 楼，电梯载客过了 12 楼便是 14 楼。

几乎所有基督教国家或原基督教国家都忌讳"13"，此外，非洲的加纳、埃及，亚洲的巴基斯坦、阿富汗、新加坡及拉美一些国家也不大喜欢这个数字。但不是所有西方人都排斥"13"，13 日这一天，飞机照样飞，火车照样开，英国前首相撒切尔夫人就为儿子选择 13 日举行婚礼。

（四）基督教徒的禁忌——"摩西十诫"

"摩西十诫"的内容包括：除耶和华外不可敬拜别的神；不可拜偶像；不可妄称耶和华上帝的名；当纪念安息日，守为圣日；当孝敬父母；不可杀人；不可奸淫；不可偷盗；不可作假见证陷害人；不可贪恋别人一切。

任务二　伊斯兰教礼俗

一、伊斯兰教概况

伊斯兰教又称回教、清教或清真教，于公元7世纪创立于阿拉伯半岛，创立者为麦加人穆罕默德。"伊斯兰"源自阿拉伯语，意为"顺从"，指的是接纳和顺从真主安拉的命令或意志。伊斯兰教的信徒称为穆斯林，意思是"顺从者""臣服者"。它是世界上第二大宗教，在世界三大宗教中，它的创立时间较晚，但发展迅速，政教合一的历史久远。在三十多个国家中，伊斯兰教被定为国教。截止到2009年年底，世界人口约68亿人口中，穆斯林总人数是15.7亿，分布在204个国家和地区，占全世界人口的23%。他们主要分布于西亚、北非、中亚、南亚和东南亚等地区。

伊斯兰教于公元7世纪中叶自西亚、中东传入中国。经宋、元、明、清1 000多年的传播发展，现已成为中国五大宗教信仰之一，有信徒约3 000万人。伊斯兰教在中国不同历史时期有不同的称谓。宋、元称大食教，明代称天方教或回回教，明末至清代称清真教，民国时期称回教。1956年起统称伊斯兰教。目前，我国有回族、维吾尔族、哈萨克族、东乡族、柯尔克孜族、撒拉族、塔吉克族等10个民族信仰伊斯兰教，他们主要聚居于新疆、宁夏、甘肃、青海、陕西等地。穆斯林聚居区均建有规模不等的清真寺，形成以清真寺为中心的穆斯林社区。

《古兰经》和圣训是伊斯兰教的根本纲领，总括伊斯兰教和穆斯林的方方面面，是穆斯林的最好的行动指南和道德纲领。《古兰经》被伊斯兰信徒视为造物主安拉命天使给其使者逐字逐句的启示，按体系来划分，大致分为信仰、法律和伦理三大类。而圣训为造物主最后的先知穆罕默德的言行录，是《古兰经》的补充和注释，是研究伊斯兰教的哲学、历史、法学、伦理道德等的重要文献。尽管穆斯林们分布于世界各地，国籍、民族、肤色和语言各不相同，却共同遵循着统一的教义，每当出现问题和纠葛时都会首先从这两部纲领中寻求答案，解决矛盾。

二、伊斯兰教的两大教派

公元632年，穆罕默德去世后，他的信徒们在继承权问题上发生了激烈的争执。一派主张继承人应由穆斯林公社根据资历、威望选举产生的哈里发（政教合一的领袖，共四人）作为合法继承人，拥护这个主张的穆斯林即后来的逊尼派。另一部分人主张世袭原则，认为穆罕默德的堂弟、女婿阿里作为合法继承人符合世袭原则，支持这一主张的穆斯林后来被称为什叶派。

逊尼派是伊斯兰教中人数最多、分布最广的主流派，又称正统派，占穆斯林总数的75%～

90%，中国的穆斯林也大多是逊尼派。他们强调穆斯林社团的历史传统，重视《古兰经》及圣训的宗教权威。逊尼派会先根据《古兰经》行事，然后才是圣训。如果在《古兰经》和圣训里都找不到法律事务的解决方案，他们会运用四个法学派别提供的法理依据做出裁决。

什叶派是伊斯兰教第二大宗派，是与逊尼派相对立的派别，占穆斯林总数的10%～20%。信徒主要分布伊朗、伊拉克南部及南亚，他们自视为穆斯林里的精英。该派确立了与逊尼派哈里发学说相异的伊玛目教义，主张《古兰经》有表义和隐义之分，只有伊玛目才能通晓和解释《古兰经》的隐义。该派允许教徒在遇到危险和迫害时隐瞒自己的信仰和某些宗教习俗，允许临时婚姻等。

三、伊斯兰教的基本教义

伊斯兰教的基本信条为"万物非主，唯有真主，穆罕默德是安拉的使者"。中国的穆斯林习惯将其称为清真言，代表伊斯兰教"认主独一"的基本信念。具体又有六大信条之说，这六个信条是：

第一，信安拉。相信安拉是宇宙万物的创造者、恩养者和唯一的主宰，是永生永存、无所不知、无所不在、创造一切、独一无二的，宣称除了安拉以外别无神灵，安拉是宇宙间至高无上的主宰。穆罕默德是安拉的最后使者，《古兰经》里断定了他的独一性："除真主外，假若天地间还有许多神明，那么，天地必定破坏了……"穆斯林坚信，真主不仅仅是某个民族的主，而是全人类的主，全世界的主。信安拉是伊斯兰教信仰的核心，体现其一神论的主要特点。

第二，信天使。伊斯兰教认为，天使是安拉用光创造的无形妙体，受安拉的驱使管理天园和火狱，并向人间传达安拉的旨意，记录人间的功过。它们各司其职，但并无神性，只可相信它们的存在，不能膜拜。据《古兰经》所说，天使没有自由意志，有别于人类，他们是完全服从真主的。天使的职责包括转达真主的启示、赞美真主、记下每个人的行为以及在人们去世时取去他们的魂魄。《古兰经》里是这样描述天使的："每个天神具有两翼，或三翼，或四翼。他（神）在创造中增加他所欲增加的……"穆斯林认为天使不能被肉眼所见，穆罕默德等先知都只是通过精神上的接触从天使那里获得启示。由于伊斯兰教不接受把无形的事物形象化，因此伊斯兰艺术一般来说都避免用图画描绘天使。

第三，信经典。所谓经典，即《古兰经》。伊斯兰教认为，《古兰经》是安拉启示的一部天经，穆斯林必须宣读、信仰、遵奉，不得诋毁和篡改。《古兰经》被穆斯林视为真主的原话，并且是真主最后的启示，被广泛认为是阿拉伯语最出色的文学作品。伊斯兰教同时也承认《古兰经》之前安拉曾降示过的经典，如《圣经》等。但《古兰经》是比其他一切经典都更优越、更完善的天启文献，《古兰经》包罗一切经典的意义。

第四，信使者。穆斯林认为伊斯兰教的先知是被真主挑选成为他的信使的人物。虽然有一些先知可以创造奇迹，但穆斯林相信他们是凡人，而不是神明，如亚当、耶稣等。而穆罕默德是最后一位使者，也是最伟大、至圣的先知，负有传达安拉之道的光荣使命。凡信仰安拉的人，都应服从安拉的使者。在伊斯兰教里，穆罕默德生平的事迹被保存下来成为传说，称为圣训，详细叙述他的言语、行为及个人特征。

第五，信前定。根据逊尼派对前定的信条，真主已预定所有事物。穆斯林认为世上发生的所有善或恶的事都是早已预定的，真主不容许的事便不会发生，他把每个人已发生的事和即将发生的事都写在一块被严加保护的板子上。人类只有通过虔诚地向安拉祈祷，然后努力履行宗教义务和职责，真主才会使其结局发生变化。发生过的即是命运，未发生的即是未知。大部分什叶派都不同意前定的说法。

第六，信后世。伊斯兰教认为，宇宙间一切生命，终将有一天要全部毁灭，即世界末日的来临。届时所有的人都将复活，接受安拉的裁判，行善的将进入天堂，永享欢乐，作恶的将被驱入地狱，永食恶果。《古兰经》在地震章里把末日审判描述为"以便他们得见自己行为的报应，行一个小蚂蚁重的善事者，将见其善报；做一个小蚂蚁重的恶事者，将见其恶报"。伊斯兰教提倡两世兼顾，号召穆斯林要在现世努力创造美满生活，多做善功，为后世归宿创造条件，两者相辅相成。穆斯林相信，后世审判可以有效制约人类今生的行为。

四、伊斯兰教的主要节日

（一）开斋节

开斋节是穆斯林最隆重的节日。在新疆，穆斯林称这一节日为肉孜节（波斯语意译）。时间在伊斯兰教历 10 月 1 日。此前，9 月全月封斋，最后一天寻看新月，见月的次日即举开斋，是为开斋节。开斋节这天，穆斯林男女都要沐浴净身，做大、小净，点香，穿新衣戴新帽，打扫房屋，整理宅院，到清真寺参加会礼。会礼后，给亡故的亲友走坟。家家炸油香、搓馓子、喝盖碗茶等，有的还要宰鸡、羊，烹制本民族本地区独具风味的佳肴美馔。如宁夏回族的清炖羊肉、手抓羊肉，新疆的抓饭、烤全羊，兰州的牛肉拉面、清蒸鸡，西安的羊肉馅饼、羊肉泡馍等。好友相见，互道"色俩目"，问好祝安。我国规定每逢开斋节，信仰伊斯兰教的各族人民放假一天。如图 124 和图 125 所示。

图 124　开斋节礼拜

图 125　油香

（二）宰牲节

宰牲节在新疆又称古尔邦节，意为"献牲""献身"，是伊斯兰教三大节日之一。传说伊布拉欣圣人在夜间梦见真主，要他用爱子依斯玛仪献祭，以考验他的忠诚。魔鬼撒旦三次花言巧语引诱伊布拉欣抗旨，伊布拉欣没有受骗，当其子遵命俯首时，真主派天使送来一只羊代替。为纪念伊布拉欣父子对真主的忠诚，伊斯兰教教法规定，这一天（伊斯兰教历 12 月 10 日）为宰牲节。这个节日属于穆斯林朝觐功课的最后一项活动仪式。庆祝活动以宰牲为主要内容。所宰的牲畜一般指牛、羊、骆驼等伊斯兰教教规确定的可食之物，可由一人单独宰一只羊，或七人合宰一头牛或骆驼。所宰牲畜必须是四肢健全、膘肥体壮的无病之畜。屠宰时，一定要请阿訇主刀，一刀切断牲畜的食管、气管、血管等，放净血水方可剖剥。通常将牲肉分为三份：一份施舍给生活比较贫穷的人家，一份赠送给亲友，一份留着节日期间自己家里享用。

充分反映了穆斯林乐善好施、纯朴无私的性格。妇女们要沐浴净身，清洁房前屋后，并准备丰盛的饭菜，以便馈赠亲友和阿訇。

（三）圣纪节

圣纪节的时间在伊斯兰教历3月12日。传说穆罕默德出生和去世的日子都是这一天，为了纪念他而规定此日为节日。圣纪节的活动主要在清真寺里进行。有的清真寺还会张灯结彩，拉起横幅，横幅上写纪念穆罕默德的字样。穆斯林聚集在清真寺里为先知举行诵经祈祷，由阿訇演讲穆罕默德的功绩品德和传教中所受的种种磨难。会礼结束后，穆斯林都要在清真寺内进餐。寺内支起大锅，炸油香、煮肉做菜，招待穆斯林。花费的钱物都由穆斯林自愿捐赠，做饭的人也是自愿前来帮忙的。穆斯林把这一天到清真寺做事看作一种荣幸，所以都踊跃参加。

五、伊斯兰教的礼仪

（一）称谓礼仪

穆斯林间不分职位高低，都可互称兄弟，知己朋友间可称哈毕布。宗教领袖、教长、清真寺的主持人，尊称为伊玛目。主持清真寺教务者尊称为阿訇，其中担任教坊最高首领和经文大师的分别称作教长阿訇和开学阿訇。伊斯兰学者尊称为毛拉。新疆地区有些穆斯林对阿訇也称毛拉。年长者称阿訇老人家。对主持清真寺教务或教学的妇女，称师娘，对在清真寺里求学的学生则称满拉或海里发。伊斯兰教注重称谓，反对在命名中使用吉利的词语，如发财、高贵等，喜欢用天仆、天悯等词语。

（二）殡葬礼仪

伊斯兰教葬礼的三项基本要求是土葬、速葬、薄葬。土葬是世界穆斯林统一的葬仪。它和其他民族土葬的最大区别就是不用棺椁，把遗体用白布包裹直接放入土中，墓穴底部也不铺木板、石板等非土质及烧制的陶类制品，实行彻底的土葬。速葬的目的是使遗体尽快入土为安。若早晨去世，则下午埋葬，黄昏以后去世，则次日埋葬。特殊情况下遗体滞留一般也不得超过三天。薄葬是指丧事从俭。伊斯兰教不主张下葬选择吉日及借丧事讲排场、摆阔气等。他们主张儿女们应该生前好好赡养、多尽孝心，一旦父母归真，要从俭办丧，最好的方式是把父母的积蓄和自己的钱财，拿出一部分直接用于周济穷人或者做公益，这是伊斯兰教所提倡的善行。举行葬礼时，由阿訇或教长至亲等率众站立默祷，为亡人祈福。葬埋程序大体有备殓、浴礼、殡礼、埋葬、坟墓五个方面。伊斯兰教不主张穿孝服，更反对披麻戴孝。在亡人待葬期间，不宴客，不服孝。此外，严禁捶胸顿足，号啕大哭。

（三）宗教仪式

同佛教和基督教相比，伊斯兰教的礼仪略为繁杂一些，带有鲜明的阿拉伯社会的特征。其主要的宗教仪式有念功、拜功、斋功、课功和朝功，谓之五功。伊斯兰教认为此五种崇拜仪式是每个教徒都应遵守的最基本的宗教义务，亦称五大天命。

第一，念功。就是要念诵清真言，这是穆斯林对自己信仰的表白。其内容是用阿拉伯语念诵："我作证：除阿拉外，再没有神，穆罕默德是阿拉的使者。"只要接受这一证言，并当众背诵，就可以成为正式的穆斯林。伊斯兰教把这一信条作为信仰的基础和核心。作为一个穆斯林，必须经常念诵，做到"念念不忘"，不断深化其宗教世界观。信徒在一切隆重的场合都应念诵它，特别是在临死之前，要由死者亲自念诵，或由别人代为念诵。

第二，礼功（礼拜）。伊斯兰教规定，信徒一天必须做五次礼拜以示虔诚。第一次称晨礼，在拂晓举行；第二次称晌礼，在中午1时至3时举行；第三次称晡礼，在下午4时至日落前举行；第四次称昏礼，在日落后或太阳的白光消逝前举行；第五次称宵礼，在入夜后进行。同时，每周五要到清真寺进行集体祈祷，谓之聚礼，阿拉伯语称主麻日礼拜。还有宗教节日时举行的会礼。礼拜的前提条件是身体清洁，礼拜前必须按规定做大净或小净。礼拜的仪式主要由端立、诵念《古兰经》经文、鞠躬、叩头、跪坐等动作构成。

第三，斋功（斋戒）。伊斯兰教历的9月为斋月，据称穆罕默德正是这个月开始得到安拉的启示的，所以这个月被认为是神圣的。在斋月期间，信徒要斋戒一个月，以清心寡欲，专事真主。封斋期间，从黎明到日落戒除一切饮食和房事，到了夜晚才能吃喝。病人或旅行的人可以延缓斋戒，但以后要将所缺的天数补齐。年弱的老人、孕妇和哺乳妇女可以通过赎罪性的施舍免于斋戒。斋月结束之次日为开斋节，穆斯林会制作佳肴，身穿盛装，举行会礼，走访亲友，以示庆祝。

第四，课功（天课）。天课是伊斯兰教以神的名义规定的施舍。穆斯林家庭财产年纯收入达到一定数量时，应该缴纳天课。天课有两层含义：一是净化心灵，二是净化财产。首先缴纳天课者的思想、精神会不断得到升华，摆脱吝啬的控制。同时阿拉伯人认为这个世界上的财富是不洁净的，只有在把它部分地退给真主而使之洁净的条件下，才可以占有和使用。其中"营运生息"的金银或货币每年抽百分之二点五，农产品抽十分之一，各类放牧的牲畜各有不同的比例。随着社会经济的变化，天课的用途在各国或各地区不完全相同。这种课税制可以在各阶层之间创造一种互帮互助、团结友爱的思想美德，逐渐消除贫富差距，使耕者有其田、孤寡有所养、饥寒交迫者有衣食，为社会的发展和稳定起到了积极作用。

第五，朝功（朝觐）。伊斯兰教规定，每个穆斯林，只要身体健康、经济条件许可、旅途平安，一生中至少要到麦加朝觐"克尔白"一次。如图126所示。朝觐的目的是让信徒们去除贪恋，复本归真，参悟正道。大朝的时间在伊斯兰教历每年12月上旬，朝觐的最后一天——12月10日为宰牲节，信徒们会宰献祭的牲畜，向代表魔鬼的柱石投掷石块，朝觐仪式结束。在大朝以外其他时间去的被称为小朝或副朝。凡去朝觐过的，即被尊称为哈知。

图126　克尔白

知识链接

伊斯兰教第一大圣地——麦加

麦加,伊斯兰教第一大圣地,位于阿拉伯半岛希贾兹地区(今沙特阿拉伯的境内)。每年约有两三百万穆斯林从世界各地赶到麦加参加朝觐活动。麦加是阿拉伯文的音译,原意为"吸吮",因沙漠民族渴望吸吮渗透泉水而得名。如图 127 所示。城中有伊斯兰教第一大圣寺——禁寺,寺内的克尔白,为世界穆斯林礼拜的朝向。附近有与朝觐仪礼有关的阿拉法特山、米纳山谷及与穆罕默德事迹有关的希拉山洞等遗迹。现代麦加是沙特阿拉伯麦加省的省会。按沙特阿拉伯的规定,只要是穆斯林,不论是什么国籍,都可以在麦加居住。

图 127 麦加

六、伊斯兰教的禁忌

(一)服饰禁忌

伊斯兰教在服饰方面的基本原则是顺乎自然,不追求豪华,讲求简朴、洁净、美观。服饰的功能主要是蔽体、御寒和装饰。伊斯兰教因男女性别的不同,对服饰要求也各有不同。男子禁止穿戴纯丝织品与佩戴金饰,伊斯兰教认为男子穿戴这些东西与男子刚勇气质不符,且易奢侈腐化。在男子衣服颜色的选择上,伊斯兰崇尚白色、黑色和绿色,黄色和红色使用多有局限。男子遮蔽羞体(即身体不可暴露部分)从肚脐至膝盖,而女子羞体范围相对男子要大得多。女子除面部与双手外,其余身体发肤均为羞体,须用服饰遮蔽。穆斯林女子戴面纱或纱巾盖头原因就在于此。伊斯兰教禁止女子穿着暴露身体和过分矫饰的服饰,面料不能透明,外衣必须宽敞,不可穿紧身衣,以此培养并建立她们自尊自爱的习惯。

此外,禁止男子着装女性化、女子着装男性化。男女两性各有其生理特点和自然天性,若女子有意打扮成男子样或男子有意打扮成女子样,在伊斯兰教看来实际上是男女心理的混乱和行为的颓废。

(二)饮食禁忌

正如《古兰经》所说:"众人啊,你们可以吃大地上所有合法而且佳美的食物。"因此伊斯兰教饮食原则性规定的核心,一是合法,二是佳美。这里的合法指的就是饮食要符合教义的规定，佳美指的是饮食要清洁与卫生。伊斯兰教具体而明确的饮食禁戒也来自《古兰经》的规定："他（指真主）只禁戒你们吃自死物、血液、猪肉，以及诵非真主之名而宰的动物。"除此之外，《古兰经》还明令禁止饮酒。这里简单介绍一下这些饮食禁忌的原因与道理。

1. 禁食自死物与血液

自死物指的是伊斯兰教允许食用的动物，如牛、羊、骆驼、鸡、鸭、鹅等，如未经屠宰而死亡，其肉均不可食。其原因有两个：一是因为自死之物死因不明，如果动物或因伤病、中毒、衰老等原因而死亡，体内潜伏各种细菌病毒，吃后对人体健康不利。二是动物不经屠宰其体内血液没有流出，而血液中往往残存有害物质。

2. 禁食猪肉

《古兰经》说，猪肉是不洁的，这里的"不洁"不单是指卫生，更重要的是指宗教意义上的不纯洁。

3. 禁食未诵真主之名而宰的动物

伊斯兰教规定宰动物时必须诵念真主之名，不得诵念真主以外任何偶像或神灵的名字。他们认为，真主是万物的创造者，是所有生命的赋予者和掌握者。因此，以诵念真主之名所宰的可食动物，其肉才是合法的、清洁的。否则，便是非法的、不洁的，禁止食用。

4. 禁止饮酒及从事与酒有关的营生

伊斯兰教对一切能使人致醉的饮料严加禁戒。《古兰经》明确警示："信道的人们啊！饮酒、赌博、拜偶像、求签，只是一种秽行，是恶魔的行为，故当远离，以便你们成功。"所以一切比酒更有害于人身体的麻醉品和毒品也都在严禁之列。

5. 禁食性情凶残、不反刍、食肉的动物

伊斯兰教规定禁食虎、豹、狼、狗、猫、骡、驴等性情凶残的动物。而性情温顺的、反刍的、吃草的、食谷的以及偶蹄类的动物都可食，如牛、羊、骆驼、兔、鹿、鸡、鸭、鹅等。

（三）婚姻禁忌

伊斯兰教与其他一些禁欲的宗教相反，反对独身主义，主张男大当婚女大当嫁。《古兰经》中说："男女互为对方的衣服。"伊斯兰教认为，婚姻不但是男女两性为了满足情欲而进行的一种结合，而且是一个人对自己、家庭、社会、人类生存延续负有责任的重要行为，因而伊斯兰教积极提倡男女健康合法的婚姻，禁止非法的同居和私通等性关系。同时，为了防止混淆血缘、乱伦等不道德现象，伊斯兰教在婚姻方面也规定了一些禁忌：

（1）严禁与有相近血缘、亲缘、婚缘关系的人结婚。

（2）严禁与外教人结婚，在中国，凡与非穆斯林结合，另一方必须改信伊斯兰教。

（3）严禁娶有夫之妇。

（4）严禁把离婚当作儿戏。

（四）交往禁忌

穆斯林对个人卫生极其讲究。许多地方的穆斯林认为人的左手不洁，所以禁止用左手递送名片或握手等。伊斯兰教禁止偶像崇拜，故此不应将雕塑、画像、照片以及玩具娃娃赠给穆斯林；与穆斯林打交道时，一般不宜问候女主人，不宜向其赠送礼物，不能将酒作为礼品赠送给他们；宴请穆斯林时，要保证餐饮之地是清真餐馆，且食物全部是清真食物；凡经允许进入清真寺的非穆斯林，进去后，要注意衣着端正、洁净，不露"羞体"，不抽烟、不高声喧哗，不讲污秽言语。一般非穆斯林不要进入礼拜大殿，更不能在里面放置偶像或有偶像的东西。

任务三　佛教礼俗

一、佛教概述

佛教是世界三大宗教中最古老的宗教，产生于公元前6世纪～公元前5世纪的古印度，距今大约有2500年。佛教的创始人为悉达多·乔达摩，佛教徒们尊称他为释迦牟尼，意为释迦族的圣人。他又被尊称为"佛""佛陀"，意味着"觉醒了的真理的智者"。截止到2010年，全世界的佛教徒约有5亿，占世界人口的7%。目前主要流行于东亚、南亚、东南亚一带。

佛教是在古印度奴隶制度下，社会极为动荡的历史条件下产生的。创立者释迦牟尼出身于王族，自幼接受过良好的婆罗门教育，他的父亲期待他长大后能继承王位，成为一名功勋显赫的英明君主。但是，具备独立思考精神的悉达多没有按照父亲的意愿成长。舒适安逸的生活条件并未把他的忧患意识消磨掉，现实人生中的生、老、病、死等种种愁烦，使他体悟到世事的无常和人生的变幻莫测。二十九岁那年，悉达多立志出家，找寻一条能够解脱身心痛苦的道路。父亲得知儿子离家出走，无奈之下，只得在王族中选派了五名青年作为侍从尾随他。悉达多削发为僧后，尝尽了万苦千辛，苦修六年，却未得到精神上的解脱。于是他决意放弃苦修，独自一人来到尼连禅河边菩提伽耶附近，面对东方发愿说："我今若不能证得无上大觉，宁可死也不起此座。"经过了七个昼夜的苦思冥想，悉达多终于战胜了各种烦恼魔障，在最后一天的黎明时分豁然开朗，彻悟到人生无尽苦恼的根源和解脱轮回的门径，从而成为无上大觉的佛陀。释迦牟尼成佛后，向过去尾随他的五名侍者宣说自己获得彻悟的道理，五名侍者立即皈依到佛陀的门下，释迦牟尼初转法轮。从此，构成佛教的三个基本要素——佛、法、僧三宝具备，佛教正式创立。

佛教自东汉时期传入我国，历经漫长的封建社会，成为我国传统文化的重要组成部分。它在我国的影响，不仅波及政治经济领域，而且广泛渗入社会生活的各个方面。隋唐以后，佛教逐渐中国化，从而成为中国封建社会上层建筑的重要组成部分，并在中国经历了一个由盛行到衰微的过程。时至今日，国内依然寺庙林立，僧侣众多，善男信女络绎不绝，一派兴旺景象。据不完全统计，目前中国的佛教徒人数有1亿多人。

《大藏经》，它是佛教经典的总集，一般由经、律、论三部分组成。经是指释迦牟尼佛亲口所说，由其弟子所集成的法本。律是指释迦牟尼为其弟子所制定的戒条。论是释迦牟尼的弟子们在学习佛经后的心得。《大藏经》是在佛教发展的漫长历史中逐渐积累而成的，在释迦牟尼有生之年，他的学说只是口头传承，并未书于文字，释迦牟尼圆寂后弟子为了继承其传教事业，开始以集体忆诵和讨论的方法收集整理他的言论，经过四次结集，形成了佛经。其内容博大精深，除佛教教义外，也包含了政治、伦理、哲学、文学、艺术、习俗等方面的论述，是人类历史上一笔丰厚的文化遗产，其中主要佛经有《大般若波罗蜜多经》《金刚经》《妙法莲华经》《观音经》《大方广佛华严经》等。佛教的标志是字符"卍"（或卐），古代曾被看作火或太阳的象征，梵文意为"吉祥之所集"。

二、佛教的发展时期

佛教自创立以来，就在古印度广泛传播，按照时间发展的顺序，可将佛教分为原始佛教时期、部派佛教时期、大乘佛教时期、密宗佛教时期。

（一）原始佛教时期

原始佛教时期是指释迦牟尼创教及其弟子传教阶段。从释迦牟尼创立佛教开始，到释迦牟尼圆寂后一百年这段时间，佛教的思想和组织基本保持佛陀在世时的原始面貌，因此称为原始佛教。在释迦牟尼传法的50余年里，佛法已传播到中印度的7个国家，范围已超过12.95万平方千米，如果我们考虑到释迦牟尼及其弟子都是以步行传法，这已是一个了不起的记录，也证明了释迦牟尼及其弟子传教的成功。

自释迦牟尼圆寂百年后起，原始佛教内部由于对教义的理解不同，曾发生多次分裂，进入部派佛教时期。

（二）部派佛教时期

释迦牟尼圆寂后一百年间，随着佛教向古印度各地的传播，各地的佛教僧团纷纷兴起，由于各地僧团对戒律和教义的理解各有不同，佛教分裂成严格遵守戒律的上座部佛教和主张戒律可以变通的大众部佛教。这是佛教历史上发生的第一次大分裂，史称"根本分裂"。之后，在根本分裂的基础上，佛教又发生更多小的分裂，并形成了许多部派，史称"枝末分裂"。这些分裂从公元前4世纪一直持续到公元2世纪，因此这一时期的佛教就被称为"部派佛教"。部派佛教时期是佛教史上比较混乱的阶段，这一时期不但派系众多，而且互相对立，但这些派系并不是不同的宗教，而是佛教的不同道路，他们有着共通的基本教理，只是修行的方法不同。

（三）大乘佛教时期

大乘佛教是从部派佛教的大众部发展出来的，但其教理有较大发展。公元1世纪左右，大众部佛教中出现一群不急于自我解脱，而以利益众生为宗旨的修行者，他们认为修行的目的不只是度己，更重要的是度人，使众生都达到觉悟。所谓"大乘"，就是大的交通工具，即"获得真知、达到解脱的大的途径与方法"。大乘佛教认为十方世界都有佛，修行的果位分为罗汉、菩萨、佛三个等级，修行的最终目的在于成佛。汉传佛教基本都属于此类。

在大乘佛教兴起后，大乘修行者将以前的原始佛教及部派佛教中的一些流派贬称为"小乘"，意思是小的交通工具、小的途径与方法。小乘佛教认为世界上只有一个佛（释迦牟尼），主张修行重在自我解脱，即"自觉"，众生修行的最高果位是罗汉。

大乘佛教和小乘佛教虽然有着诸多不同，但最根本的区别则在于修行的目的。直到现在，人们仍在使用大乘和小乘的名称，这只是为了区别佛教发展过程中的不同思想和流派，一般没有褒贬之意。

（四）密宗佛教时期

密宗佛教是大乘佛教吸收印度教及民间信仰诸神而形成的特殊的宗教形态。它主要在师徒之间秘密传授，并自称接受了大日如来佛深奥的教旨和其密传亲授的教义，因而也叫作密宗或者密教。它以《大日经》和《金刚顶经》为根本经典，以高度组织化的咒术、仪轨和世俗信仰为特征，在修行上则重视导师的引导和秘密的仪式。密教在日本和西藏最兴盛。

三、佛教的基本教义

佛教的教义是一个相当庞大、精细的唯心主义体系，后来由于不断的传播，发展成为许许多多不同的流派，教义就显得更为杂乱。但大致可分为关于因果修行的理论方面和生命宇宙真相方面两大块内容，最主要的包括以下四方面的内容：

（一）十二因缘

十二因缘又称十二缘起，是佛教的核心理论，也是佛教的人生观。缘是指事物存在的原因或条件，缘起是指世界上所有事物都处在一种相互依存的关系之中，并依据一定的条件而生灭变化。它的具体内容是：无明缘行，行缘识，识缘名色，名色缘六入，六入缘触，触缘受，受缘爱，爱缘取，取缘有，有缘生，生缘老死。它基本上贯穿了人一生中各个方面和各个阶段的活动与过程。它说明众生生死流转都是有因果关联的，强调十二个环节按照顺序构成因果链条，任何一个生命体在未解脱前都会按照这样的因果律"生生于老死，轮回周无穷"。它宣扬人们在社会中所处的地位和各种遭遇，都是自己前世所做"善业"或"恶业"的结果，是早就注定了的，无法改变的。

（二）四谛

四谛是佛教各派共同承认的基本教义，是佛教最基本的人生观和解脱观。四谛，即苦、集、灭、道，谛即真理的意思。四谛就是佛教的四大真理。苦、集二谛说明了人生的本性及其形成的原因；灭、道二谛指明人生解脱的归宿和解脱的手段及方法。苦谛揭示了人生现状，佛教认为人生在世，谁也免不了生老病死，这些苦难不会因为人死亡结束，因为人死之后不是彻底消失，仍然会轮回不息，不论在地狱、人间还是天堂，苦总是存在的。集谛揭示了苦产生的原因，佛教认为世上没有无因之果，也没有无果之因。业和惑是产生人生苦果的根本原因，如果断绝业和惑，苦果自然随之断绝，就可以达到"寂灭为乐"的境界，这就叫灭谛。道谛是指为了脱离轮回，达到理想的境界，必须进行修行。佛教所说的道就是涅槃之道。依八正道，便可以达到涅槃，永远从轮回中解脱出来。

（三）八正道

八正道是对四谛中道谛的进一步具体化，指出了达到涅槃境界的八种途径和方法。这八种方法是正见（正确见解）、正思维（正确思维）、正语（正确的语言）、正业（正确的行业）、正命（正确的生活）、正精进（正确的努力）、正念（正确的意念）、正定（正确的禅定）。八正道中最根本的一道是正见，即认同佛陀所讲的理论并坚定不移地学习和运用。佛教并不反对其他的宗教，凡是能有助于个人修行的都可以融汇于佛教中。因而把正见当作最重要的一道，而其余七道则都是在正见的基础上进行精进不懈的修行。

（四）法印

所谓法印，又称法本、本末等，是佛教徒用来鉴别佛法真伪的标准。法，指佛教教义，印，喻世俗印玺，能印证真伪的佛法之印，故名法印。佛教认为，凡符合法印的是佛法，违背法印的则非佛法。小乘佛教有三法印、四法印、五法印之说。三法印，即"诸行无常，诸法无我，涅槃寂静"。四法印在三法印之外加上"诸行皆苦"。五法印则是在四法印外加上"一切法空"。大乘佛教则以诸法实相作为法印，称一实相印。佛教认为，世俗认识的一切现象均为假象，唯有摆脱世俗认识才能显示诸法常住不变之真实相状，故称实相。

四、佛教的主要节日

佛教有很多节日，佛菩萨出生、出家、成道、涅槃都在各自的信仰者中形成节日，历经传承，孕育出许多佛教节日。以下列举三个重要的佛教节日：

（一）浴佛节

浴佛节又称佛诞节，时间为农历四月初八，是佛教徒纪念释迦牟尼诞辰的重要节日。相传在释迦牟尼从摩耶夫人的肋下降生时，一手指天，一手指地，说"天上天下，惟我独尊。"于是大地为之震动，九龙吐水为之沐浴。因此各国各民族的佛教徒通常都以浴佛等方式纪念佛的诞辰。节日当天，寺庙香炉的几案上会安放一个注满香汤的铜盆，将释迦牟尼像立于其中。沐浴开始前，寺院住持率领全寺僧众礼赞诵经，随后持香跪拜，唱浴佛偈，僧众和居士们一边念一边依次拿小勺舀汤浴佛。浴完佛像后再用一点香汤点浴自己，表示洗心革面，消灾除难。整个仪式庄严隆重，洋溢着一片吉祥喜庆的气氛。由于围绕浴佛节的活动往往持续多日，参加的人众多，以至年复一年，在许多寺院形成了传统的庙会。我国云南的泼水节就是由浴佛节而来。

知识链接

佛陀的诞生

在印度，无忧树被人们认为是圣树，如爱神卡玛手拿的五支箭中，其中有一支就是用无忧树做成的。人们都相信这种树能消除人们的悲伤，因此称之为无忧树。

据经典记载，佛陀是在无忧树下降生。在佛陀诞生前，摩耶夫人曾经做了一个很奇特的梦：她梦见四大天王将她的卧榻高高举起，来到雪山，那里有一块广大的平原，其中有高七由旬的大娑罗树。四大天王把摩耶夫人安置在树下后，就恭敬地退立一旁。这时天王们的妃子把摩耶夫人送到阿耨达池，并请夫人沐浴，涤除人间的不净垢秽。沐浴完毕后，天女就为夫人穿上圣妙的天衣，并以天花仔细地妆饰夫人。这时，一头如雪般白净美丽的大象，从黄金山上下来，绕着摩耶夫人的卧榻转了三圈，然后就从夫人右肋钻进胎中安住。于是，摩耶夫人便有了身孕。

摩耶夫人怀孕后，当接近产期之际，便依照当时的风俗，回娘家拘利城待产。在返回娘家的途中，经过蓝毗尼园，四周草木青枝绿叶，流泉潺潺。当时无忧树正绽放着美丽芬芳的花朵，摩耶夫人情不自禁地伸手摘取时，就手攀着一株苍翠的无忧树而生下了佛陀。

（二）盂兰盆节

盂兰盆节又称佛欢喜日，时间为农历七月十五，是佛教徒举行供佛敬僧仪式及超度先亡的节日。之所以称为盂兰盆节，是源于经书中目犍连救母的故事。传说目犍连尊者于禅定中见到亡母在饿鬼道中受倒悬之苦，虽使尽神通也无法使母亲摆脱痛苦，于是向佛哭诉求助。佛告诉他可以在七月十五日众僧修行圆满的日子，敬设盛大的盂兰盆供，用百味饮食供养十方僧，借助十方众僧的威力使其母得到救脱。目犍连按照佛说的方法照做，他的母亲果然脱离了饿鬼之苦。当目犍连问佛将来佛弟子是否也可以通过盂兰盆供救度自己的父母时，佛说，从今以后，凡佛弟子行慈孝者，都可于七月十五僧自恣日、佛欢喜日，备办百味饮食，广设盂兰盆供，供养众僧，以使现世父母增福延寿，过去父母脱离恶道。这里的盂兰盆，为梵文的音译，意译为"救倒悬"，意为救度亡灵倒悬之苦；盆指的是盛食供僧的器皿。后演变成民间所称的鬼节。

（三）成道节

成道节又称腊八节，时间为农历十二月初八，是佛教徒纪念佛祖悟道成佛的节日。根据牧羊女献乳糜供佛的传说，节日期间人们要举行煮粥供佛的活动。相传当年释迦牟尼为寻求人生真谛与生死解脱，在雪山苦行六年，常日食一麦一麻。后发现一味苦行并非解脱之道，便放弃苦行下山。这时一位牧羊女见他虚弱不堪，便熬乳糜供养他。释迦牟尼的体力由此恢复，随后于菩提树下入定七日，在腊月初八悟道成佛。据此传说，汉传佛寺每年的腊月初八都要以各种形式予以纪念，寺院也形成了熬"八宝粥"的习惯，即将莲子、红枣、薏仁、云豆、白果、黍米、白糖、花生等八种东西一起同煮供佛。寺庙当天会煮得特别多，以满足前来寺院参加纪念法会的善男信女的需要。有的信众专门奔"粥"而来，认为腊八供过佛的粥特别吉祥，不仅自己食用，有时还会带回家给家人享用。这样年复一年，寺院做腊八粥的传统便广泛传播到民间，形成了民间腊八节吃八宝粥的习惯。

五、佛教的礼仪

（一）称谓礼仪

佛教的称谓是一种礼仪，代表着当事者的身份或职务，也是一种修持程度的表征。称谓的先后大小具有维系佛门纲常的功用。大致分为身份性称谓、礼节性称谓两大类。

按照佛门弟子受戒律等级的不同，可分为出家五众和在家两众。出家五众是指沙弥、沙弥尼、式叉摩尼、比丘、比丘尼。比丘指的是佛教徒中受过具足戒的男性出家人，简称僧，俗称和尚；比丘尼特指受过具足戒的女性出家人，俗称尼、二僧等，可尊称师太；沙弥特指已剃度，受过沙弥十戒，但尚未受具足戒的男性出家人；沙弥尼特指已剃度，仅受过沙弥十戒，尚未受过具足戒的女性出家人；式叉摩尼意为学戒女，特指准备受具足戒，先修学两年的沙弥尼。在家两众是指优婆塞和优婆夷。优婆塞特指皈依三宝，信奉佛法的在家男信众，俗称居士；优婆夷则是对皈依三宝，信奉佛法的在家女信众的称呼，俗称女居士。这七种名称均为梵语译音，是佛教中非常重要的、最常用的书面称谓。

寺院中的主要负责人称住持或方丈，为一寺之长。负责协助方丈处理寺院内部事物的称监院，大寺可设数名监院。负责对外联系的称知客，他们可被尊称为高僧长老、大师、法师等。对于出家人，信徒可普遍统称为师父或法师。如受戒师父、剃度师父等。法师则代表"以法为师、以法师人"，研修律藏有成者称律师，专门修习禅坐者称禅师。

（二）佛事仪式

佛教的佛事，又称法事，是佛教的宗教活动。它有一整套的固定仪式，主要有受戒、顶礼、功课等。

1. 受戒

受戒是佛教徒接受戒律的仪式。受过戒的佛教徒应自觉遵守佛教的各种戒律。戒律有三皈五戒、十戒和具足戒。

（1）三皈五戒。三皈，是皈依佛、法、僧三宝；五戒，是佛教的根本戒。皈依三宝是进入佛教的初步仪式，表示正式做一个佛教徒。受持五戒，是学佛必须遵守的基本原则。五戒，是对在家优婆塞、优婆夷的受戒条，即居士应遵循的戒律，具体包括不杀生、不偷盗、不邪淫、不妄语、不饮酒。

（2）十戒。十戒是指沙弥、沙弥尼所受的十条戒律。沙弥、沙弥尼是指7岁以上、20岁以下受过十戒的出家男子和女子。十条戒律除了五戒之外，还包括离高广大床戒、离花戒、离歌舞等戒、不蓄金银财宝戒、离非时食戒五戒。

（3）具足戒。也称近圆戒，年满二十岁至七十岁者，身体康健，剃去须发，披上袈裟，遵行数百条戒律，而受过受戒仪式的人，才正式成为比丘（尼）。

2. 顶礼

顶礼，指跪下，两手伏地，以头顶着所尊敬的人的脚，是佛教徒和众生拜佛的姿势。它是佛教徒最高的敬礼。顶礼有全身顶礼与五体投地顶礼之别。五体投地是拜佛的基本要求。五体，指两手、两膝、头顶等，头面接足，表示恭敬至诚。出家的教徒对佛像必须行顶礼，站起来的时候腰要端直、头要正，行顶礼的时候不能跟别人说话，不能东张西望，否则都是不恭敬的顶礼。拜佛除了消除业障、增长福慧智慧以外，还具有忏悔罪过、感恩礼敬和提升人格的意义。

3. 功课

佛教寺院每天必不可少的修行仪式就是课诵，由于僧人在念诵时能够获得功德，所以课诵又称为功课。佛教寺院的课诵有早晚两次，所以称为朝暮课诵或早晚功课。早课的时间一般在早上4时起床后进行，僧人们齐集在大雄宝殿念诵《楞严咒》《心经》等。晚课在下午4时进行，僧尼立诵《阿弥陀经》和跪念八十八佛忏悔文、发愿、回向、放蒙山。念诵经文并非照经书高声诵读，而是有独特的方式方法、语气语调。汉化寺院经文的念诵方法来自古印度。

（三）见面礼仪——合十

这是佛教徒最为常用的见面礼节，亦称合掌，即对合左右双掌及十指，以表示身心专一、不敢散乱的一种敬礼。佛教徒间相遇均可用合十表示问候，如果经过法师身旁，或穿越大殿佛前，也可以合十的姿态，稍稍欠身经过，表示自己对僧、佛的礼貌与尊重。合十的动作，不仅可以达到收摄内心的作用，也给人一种谦和的印象。这个把双手合十放在胸前的动作，看似简单，但是对平稳情绪非常有效。

（四）仪态礼仪——四威仪

四威仪是指僧尼的行、站、坐、卧应保持的威仪德相，不容许表现举止轻浮，一切都要遵礼如法。所谓行如风、站如松、坐如钟、卧如弓，就是僧尼应尽力做到的。这是因为所受具足戒戒律上对行、站、坐、卧的动作都有严格的规定，如果举止违反规定，就不能保持其威严。

六、佛教的禁忌

（一）佛教徒应遵守的禁忌

1. 饮食方面

佛教规定出家人饮食方面的禁忌很多，其中素食是最基本、最重要的一条。素食的概念包括不吃荤和腥。荤是指有恶臭和异味的蔬菜，如大蒜、大葱、韭菜等。《楞严经》说，荤菜生食生嗔，熟食助淫。所以佛教要求禁食。所谓腥是指肉食，即是各种动物的肉，甚至蛋。对此类食物，在家两众也不能吃。此外，佛教还要求出家人不饮酒、不吸烟。不饮酒也包括不饮一切能麻醉人的饮料，比如果酒、大麦酒、啤酒等。吸烟虽然不是五戒范围的内容，但是吸烟是一种精神依赖，体现了一种精神的追求和贪欲，同佛教要求的清净无我的境界不相符，因此吸烟当然也是佛教的禁忌之一。不吃零食也是佛教对出家人的要求，这既是出家人威仪的需要，也是出家人的修行需要。所以，同出家人共处时，不宜向出家人敬烟；同桌就餐时，不宜向出家人敬酒、劝酒，或者劝吃肉，也不宜提议同出家人干杯。

过午不食是佛陀为出家人制定的戒律。在律部中正确的说法叫"不非时食"，也就是说不能在规定许可以外的时间吃东西。就从太阳到正中午后，一直到次日黎明，这段时间是不允许吃东西的。佛言：日中后不食有五福，一者少淫，二者少卧，三者得一心，四者无有下风，五者身安稳亦不作病。受持斋戒的教徒如果非时而食，名为破斋，犯非时食戒。

2. 五戒十善

佛教对教徒最基本的戒律是五戒十善。五戒，就是杀生戒，偷盗戒，邪淫戒，妄语戒，饮酒戒。十善实际上是五戒的分化和细化，分为身、语、意三业的禁忌，其内容包括：身体行为的禁忌：不杀生，不偷盗，不邪淫；语言方面的禁忌：不妄语，不两舌，不恶口，不绮语；意识方面的禁忌：不贪欲，不嗔恚，不邪见。

3. 个人生活方面

佛教在个人生活方面的禁忌主要有：不结婚（只针对汉传佛教中的比丘和比丘尼），不蓄私财等。佛教认为出家人担负着住持佛法、续佛慧命的重大责任和终身事业，因此必须独身出家才能成就，积蓄私财是违背出家本意的。除此以外，这方面的禁忌还包括不听歌，不观舞，不坐卧高级豪华床位，不接受金银象马等财宝，不做买卖，不看相算命等。出家受戒后，戒律还要求比丘、比丘尼分别住在各自寺院中，不能同住一个寺院。

因此，与出家人交往时不宜问是否已经结婚之类的话，不宜邀请出家人唱歌、跳舞，或参加其他不符合佛教清规戒律的娱乐活动。同比丘尼交往要注意，男子同比丘尼说话时要有另外的人在场，不要主动与比丘尼握手，到比丘尼寺院参观、拜佛，应衣冠整齐，等等。女子到比丘寺院也要注意，不要随意到关闭的地方去。

（二）非佛教徒的礼佛禁忌

进入佛教寺庙时以靠左行为礼，忌居中直行；不要跨中间门槛，更不可站在或坐在门槛上，那是对佛菩萨的不敬。以仪表整洁、举止安静为礼，忌喧哗吵闹、敲打钟鼓、触摸经书、指点佛像，甚至将荤腥食品带入寺内；烧香拜佛时以单数为礼，忌双数；点香时火头应上下摆灭，或用手摇灭，不可用口吹灭香火；在佛殿内只能右绕（顺时针方向），不可左旋，以示正道；与僧尼交谈时忌谈论其他信仰与宗教；与僧尼见面问好，不能握手，而要行双手合十礼；不可在僧人面前谈及酒肉、女色等佛门禁忌话题；不可碰触僧人，需与僧人保持一米距离以示尊重。

案例分享

在曼谷的国际电讯公司

有一家外国电讯公司在泰国首都曼谷设立分公司，在为公司选址时，经理看中了一处房价适中、交通方便且游人众多的地段。这栋楼的对面树立着一尊虽然并不十分高大，但却又十分显眼的如来佛像。对此，有关心者警告经理说，如果贵公司在此开业，生意一定会非常糟糕。但这位公司经理没有听从对方的意见，他认为这是不可能的，因为公司在中东地区开设的另外几家分公司业务都开展得非常好，所以，设在这里的公司也一定会非常红火。因此，公司就在这里如期开业。

然而，事实还真的被那位建议人士言中了。几年下来，这家公司的生意果然不温不火，一直没有达到预期中的业务量。公司经理终于面对现实，不得不挪动了公司地址，生意这次明显好转起来。对此，经理始终感到迷惑不解，到处打听这其中的缘由。最后，他从别人那里得到的解释是，业务不景气的根源在于公司的大楼在高度上超过了对面的如来佛像，也就是说，公司的位置在如来佛像之上。这在一个信仰佛教的国家是严重犯忌的，没有尊重当地人对佛像的信仰和敬畏，他们自然产生感情上的不快甚至愤怒，因此当然不愿意与公司有过多的业务往来了。

案例中的经理因为宗教礼仪的无知而付出了沉重的金钱和时间代价。当我们走出国门时，要随时具备这样一种意识，即我们所面对的外国伙伴在习俗和宗教信仰方面有哪些礼仪和禁忌，这样，我们的麻烦会更少。

技能训练

➢ 参观佛教寺庙

（1）要求。掌握规范的佛教礼仪。

（2）方法。现场参观，实景实训。

（3）具体操作。根据课堂所学内容，在参观过程中遵守仪表礼、仪态礼、问候礼、称呼礼、交谈礼。

（4）实训总结。以实训小组为单位进行总结。

综合实训

➢ 宗教礼仪知识竞赛

（1）程序和规则

① 竞赛以实训小组为单位，活动地点设在教室或比较宽敞的房间。

② 准备阶段。每个小组选出一人成立命题组，题型可包括抢答题、必答题、风险题和自救题等，命题组规定好每类题型的分值，题目出好后交由老师审核；在全班中选出一名同学

担任主持、一名同负责计时、一名同学负责计分；制作抢答器；布置赛场（主持台、选手台、观众区、出题板等）。

③ 实施阶段。每个实训小组选出两男两女参加比赛。比赛过程中其他同学要保持安静，不得提醒比赛选手。

④ 得分最高的小组即为获胜小组，根据比赛得分给小组成员打分。

（2）竞赛题目内容

基督教、伊斯兰教和佛教的礼仪知识、常识知识，如"基督徒忌讳的数字""伊斯兰教徒禁食的食物""佛教的五戒指的是哪些"等。

（3）实训目的

通过竞赛的形式加深学生对三大宗教相关知识的理解和记忆，尤其是礼仪和禁忌的内容。

参考文献

[1] 王义平. 职场礼仪 [M]. 上海：同济大学出版社，2009.
[2] 金正昆. 商务礼仪教程 [M]. 北京：中国人民大学出版社，2005.
[3] 秦保红. 职场礼仪教程 [M]. 北京：中国人民大学出版社，2016.
[4] 尚明娟. 旅游交际礼仪 [M]. 北京：北京交通大学出版社，2011.
[5] 张岩松. 现代交际礼仪 [M]. 北京：清华大学出版社，北京交通大学出版社，2008.
[6] 黄琳. 商务礼仪 [M]. 北京：机械工业出版社，2005.
[7] 金正昆. 实用商务礼仪 [M]. 第2版. 北京：中国人民大学出版社，2015.
[8] 吴宝华，张杨莉. 礼貌礼节 [M]. 北京：高等教育出版社，2012.
[9] 李建峰，董媛. 社交礼仪实务 [M]. 第3版. 北京：北京理工大学出版社，2014.
[10] 刘玉梅，牛静. 民航空乘礼仪教材 [M]. 北京：中国广播电视出版社，2007.
[11] 李莉、实用礼仪教程 [M]. 北京：中国人民大学出版社，2002.
[12] 全细珍，黄颖. 职场礼仪实训教程 [M]. 北京：北京交通大学出版社，2009.
[13] 胡静. 实用礼仪教程 [M]. 武汉：武汉大学出版社，2003.
[14] 关彤. 现代实用交际礼仪 [M]. 北京：中华工商联合出版社，2007.
[15] 王为民. 快递服务礼仪与规范 [M]. 北京：人民邮电出版社，2012.
[16] 李荣建. 商务礼仪教程 [M]. 北京：中国传媒大学出版社，2010.
[17] 赵鸿渐，职场礼仪价值百万 [M]. 北京：工人出版社，2009.
[18] 陈静. 职场礼仪一本通 [M]. 南昌：百花洲文艺出版社，2012.
[19] 肖晓. 职场礼仪——职场生存与发展的智慧 [M]. 北京：经济管理出版社，2014.
[20] 杨珩. 职场礼仪与沟通 [M]. 北京：中国水利水电出版社，2014.
[21] 刘文涛. 饭店服务礼仪 [M]. 北京：中国劳动社会保障出版社，2001.
[22] 陈雪琼. 前厅、客房的服务与管理 [M]. 北京：机械工业出版社，2004.
[23] 彭蝶飞. 酒店服务礼仪 [M]. 上海：上海交通大学出版社，2011.
[24] 周伟，陈晖. 金融保险企业岗位培训教材 [M]. 北京：清华大学出版社，2013.
[25] 王旭，杨茳，金正昆. 金融服务礼仪 [M]. 北京：北京师范大学出版社，2011.
[26] 李鸿，杨连学. 模拟导游 [M]. 上海：上海交通大学出版社，2011.
[27] 冯海霞. 旅游景区服务与管理实训 [M]. 上海：上海交通大学出版社，2011.
[28] 金正昆. 社交礼仪教程 [M]. 第2版. 北京：中国人民大学出版社，2006.
[29] 陈光谊. 现代实用社交礼仪 [M]. 北京：清华大学出版社，2009.
[30] 新浪网：http://news.sina.com.cn.
[31] 百度文库：http://wenku.baidu.com.
[32] 中华文本库：http://www.chinadmd.com.
[33] 中国礼仪网：http://www.welcome.org.cn.